普通高等教育“十四五”系列教材

可编程控制器原理及应用

（第2版）

主　编　魏德仙

副主编　漆海霞

中国水利水电出版社
www.waterpub.com.cn
·北京·

内 容 提 要

本书共分十章，以日本三菱公司的FX系列可编程控制器（PLC）为例，介绍了PLC的产生及定义、特点、组成及工作原理、基本性能指标和内部编程元件；着重介绍了PLC的指令系统、编程应用、PLC步进顺控指令系统；阐述了特殊功能模块、输入/输出接口技术；最后比较详细地介绍了PLC与PC通信的编程及PLC应用实例等内容。附录中对编程软件的操作及 $N:N$ 网络有关的标志和数据寄存器进行了说明。

本书主要作为普通高等学校电气工程及其自动化、电力系统及其自动化、机械制造及其自动化、工业自动化及相关专业的教材；也可作为有关研究人员和工程技术人员的参考用书。

图书在版编目（CIP）数据

可编程控制器原理及应用 / 魏德仙主编. -- 2版
. -- 北京 : 中国水利水电出版社, 2022.3
普通高等教育“十四五”系列教材
ISBN 978-7-5170-9654-2

Ⅰ. ①可… Ⅱ. ①魏… Ⅲ. ①可编程序控制器—高等学校—教材 Ⅳ. ①TP332.3

中国版本图书馆CIP数据核字(2021)第113452号

书　　名	普通高等教育“十四五”系列教材 **可编程控制器原理及应用（第2版）** KEBIANCHENG KONGZHIQI YUANLI JI YINGYONG
作　　者	主　编　魏德仙 副主编　漆海霞
出版发行	中国水利水电出版社 （北京市海淀区玉渊潭南路1号D座　100038） 网址：www.waterpub.com.cn E-mail：sales@mwr.gov.cn 电话：（010）68545888（营销中心）
经　　售	北京科水图书销售有限公司 电话：（010）68545874、63202643 全国各地新华书店和相关出版物销售网点
排　　版	中国水利水电出版社微机排版中心
印　　刷	清淞永业（天津）印刷有限公司
规　　格	184mm×260mm　16开本　15.25印张　371千字
版　　次	2013年7月第1版第1次印刷 2022年3月第2版　2022年3月第1次印刷
印　　数	0001—2000册
定　　价	**45.00元**

第2版前言

日本三菱公司生产的小型系列可编程控制器产品是最早进入我国市场的 PLC 产品之一，目前比较有代表性的产品有 FX2N、FX3U、FX3GA，在我国电气自动化控制系统中有较多的应用。我国大部分高等院校实验室配置的是三菱公司的产品。为了适应高等教育的教学要求，本书选择了比较有代表性的三菱 FX 系列可编程控制器进行讲述。

本书以日本三菱公司的 FX 系列 PLC 为例，阐述其组成、工作原理、内部编程元件、基本指令系统、步进顺控指令系统、功能指令系统、特殊功能模块的编程及应用技术、外围接口电路技术、通信及网络技术、系统设计及应用等内容。本书力求精练、前后衔接自然，使读者能比较系统地掌握可编程控制器程序设计方法、技能。本书内容符合教学规律，在教学过程中，可根据专业需求，选择内容进行授课，适用于 32～64 学时的理论课程教学安排；也可以供从事相关工作的工程专业技术人员参考。

本书第 1 版自 2013 年出版已重印多次，现对其进行修订，主要从以下几个方面进行完善：

（1）调整和修订部分章节内容。

（2）增加了部分章节习题内容。

（3）增加 PPT 课件。

本书由魏德仙担任主编，漆海霞为副主编，各章编写的具体分工如下：陈瑜编写了第一章、第二章和第五章；杨秀丽编写了第三章；毕敏娜编写了第四章和第六章；邢航编写了第七章；魏德仙编写了第一章第五节、第四章和第五章部分习题、第八章、第十章，其中第四章扩充的典型例题及其解题思路，可扫描二维码进行学习；漆海霞编写了第九章；

罗文锦编写了附录，并负责部分插图的绘制，全书由魏德仙审稿、定稿。

在编写本书的过程中，参阅了一些老师编写出版的内容和材料，对原作者表示衷心感谢。由于编者水平有限，错漏之处在所难免，敬请读者批评指正。

编　者

2021年12月

第1版前言

可编程控制器（PLC）是一种以微处理器为基础的工业控制装置，它是综合了计算机技术、自动化技术和网络通信技术的一种新型、通用的自动控制产品，具有功能强、可靠性高、使用灵活方便、易于编程及适应工业环境下应用等一系列优点，因此，PLC已广泛应用于机械、冶金、石油、化工、轻工、纺织、电力、电子、食品、交通等行业，PLC的应用还扩大到远离工业控制的其他领域，如快餐厅、医院手术室、旋转门和车辆，甚至引入家庭住宅、娱乐场所和商业部门。所以，学好、用好PLC已越来越重要。

本书以日本三菱公司的FX系列PLC为例，阐述其结构、工作原理、指令系统、编程应用，特殊功能模块、输入/输出接口、通信及PLC应用实例等内容，使读者能尽快掌握可编程控制器的应用程序的设计技能。

在教学过程中，可根据专业需要，选择本书内容进行授课。

本书由魏德仙主编，漆海霞为副主编；陈瑜编写了第一、二、五章；杨秀丽编写了第三章；毕敏娜编写了第四、六章；邢航编写了第七章；魏德仙编写了第八、十章；漆海霞编写了第九章；罗文锦编写了附录及绘制了部分插图，全书由魏德仙初审、统稿、定稿。

本书由张铁民教授审稿，并提出了许多有益的建议和意见。在此表示衷心的感谢。在编写本书的过程中，参阅了一些老师编写出版的内容和材料，对原作者也一并致谢。

由于编者水平有限加之时间仓促，错误和疏漏之处在所难免，敬请读者批评指正。

编　者

2013年5月

目　录

第一章　概　　述

第一节　可编程控制器的产生及定义

一、可编程控制器的产生

在可编程控制器（programmable logic controller，PLC）问世之前，工业控制领域中的顺序控制大都采用继电器逻辑控制系统。这种控制系统采用固定接线的硬件设计来实现特定的控制要求。继电器逻辑控制系统存在体积大，耗电多，可靠性差，寿命短，运行速度慢，尤其对生产工艺多变的系统适应性差等缺点。如果生产任务和工艺发生变化，必须重新设计，并改变硬件结构，造成时间和资金的浪费。此外，继电器逻辑控制系统的设计和制造周期长，维护困难，没有运算、处理和通信等功能，不能实现复杂的控制要求。显然，继电器逻辑控制系统已不能满足工业发展的需要。

1968年，美国通用汽车公司（GM公司）为在每次翻新汽车型号或改变工艺流程时，能不改动原有控制柜内的继电器接线，以降低生产成本，缩短新产品开发周期，提出研制一种新型的逻辑控制装置取代传统的继电器逻辑控制系统的设想，并为此提出了以下10项面向社会公开招标的指标：

（1）编程简便，可现场修改程序。

（2）维修方便，采用插件式结构。

（3）可靠性高于继电器控制装置。

（4）体积小于继电器控制装置。

（5）数据可直接送入计算机。

（6）成本可与继电器控制装置相竞争。

（7）输入可为市电（交流115V）。

（8）输出可为市电，能直接驱动电磁阀、接触器等。

（9）扩展时原系统变更最少。

（10）可以存储用户程序，存储容量大于4KB。

美国数字设备公司（DEC公司）根据GM公司的这10项指标，于1969年研制出世界上第一台可编程控制器（型号为PDP—14），并投入GM公司的汽车生产线控制中，且获得成功。从此，这项新技术迅速发展起来。1971年，日本从美国引进PLC技术，由日立公司研制成功日本第一台PLC。1973年，西欧国家也研制出他们的第一台PLC。我国从1974年开始研制，于1977年研制出我国的第一台PLC，并开始应用于工业控制。

二、可编程控制器的定义

早期的PLC只能完成顺序控制，仅有逻辑运算、定时和计数等顺序控制功能，只能进行开关量的逻辑控制，因此被称为可编程序逻辑控制器。

随着微处理器技术的发展，PLC 的处理速度大大提高，增加了许多特殊功能，使得 PLC 不仅能实现继电器所具有的逻辑判断、定时和计数等顺序控制功能，同时还具有执行算术运算、对模拟量进行控制等功能。因此，美国电气制造商协会（NEMA）于 1980 年正式将它命名为可编程控制器（programmable controller，PC）。然而“PC”在我国早已成为个人计算机（personal computer）的代名词，为了不造成混淆，习惯上仍用 PLC 表示可编程控制器。

在 PLC 发展初期，不同的 PLC 开发制造商对 PLC 有不同的定义。为使这一新型的工业控制装置的生产和发展规范化，国际电工委员会（IEC）于 1982 年 11 月和 1985 年 1 月对可编程控制器作了以下的定义：“可编程控制器是一种数字运算操作的电子系统，专为在工业环境下应用而设计。它采用可编程序的存储器，用来在其内部存储执行逻辑运算、顺序控制、定时、计数和算术运算等操作的命令，并通过数字式、模拟式的输入和输出，控制各种类型的机械或生产过程。PLC 及其有关设备，都应按易于与工业控制系统联成一个整体，易于扩充功能的原则而设计。”

由此可见，PLC 是专为在工业环境下应用而设计的一种数字式的电子装置，它是一种工业控制计算机产品。如今，PLC、工业机器人和 CAD/CAM 构成了现代工业的三大支柱。

第二节 可编程控制器的特点

一、可编程控制器的优点

PLC 是面向用户的专用工业控制计算机，它是综合了继电器、接触器控制的优点和计算机灵活、方便的优点设计、制造和发展起来的，这就使 PLC 具有许多明显的特点。

1. 可靠性高，抗干扰能力强

PLC 是专为工业控制而设计的，因此人们在设计 PLC 时，从硬件和软件两个方面都采用了抗干扰措施，如屏蔽、滤波、隔离、故障检测和信息自动恢复等措施，使 PLC 具有很强的抗干扰能力，使其平均无故障时间达到几万小时以上。

2. 编程简单，直观易学

PLC 是面向用户、面向工业环境下应用而设计的，考虑到大多数电气技术人员熟悉电气控制线路的特点，它采用了一种面向控制过程的梯形图语言。梯形图语言与继电器原理图相类似，形象直观，易学易懂。电气工程师和具有一定知识的电工、工艺人员都可以在短时间内学会，使用起来得心应手。因此，世界上许多国家的公司生产的 PLC 把梯形图语言作为第一用户语言。

3. 适应性好，使用方便

由于 PLC 产品已标准化、系列化、模块化，因此用户在进行控制系统的设计时，不需要自己设计和制作硬件装置，只需根据控制要求灵活、方便地进行系统配置，就能组成规模不同、功能不同的控制系统。用户所做的工作只是设计满足控制对象的控制要求的应用程序。而 PLC 是通过程序实现控制的，所以当生产工艺发生变化或控制要求发生改变时，不必改变 PLC 硬件设备，只需修改程序即可。

4. 功能完善，接口功能强

目前的 PLC 已具有数字量和模拟量的输入/输出（I/O）、逻辑和算术运算、定时、计数、顺序控制、通信、人机对话、自检、记录和显示等功能，使设备控制水平大大提高。接口功率驱动极大地方便了用户，常用的数字量输入/输出接口就电源而言有交流 110V、220V 和直流 5V、24V 等多种；负载能力可在 0.5～5A 的范围内变化；模拟量的输入/输出有－10～10V、0～10V、4～20mA 等多种规格。可以很方便地将 PLC 与各种不同的现场控制设备直接连接，组成应用系统。例如，输入接口可直接与各种开关量和传感器进行连接，输出接口在多数情况下也可以与各种传统的继电器、接触器及电磁阀等相连接。

5. 安装简单，调试方便，维护工作量小

PLC 控制系统的安装接线简单，只需将现场的各种仪器设备与 PLC 相应的 I/O 端相连。PLC 软件设计和调试大多可在实验室里进行，例如用模拟实验开关代替输入信号，或用相应的 PLC 模拟仿真软件都可进行调试。模拟调试好后，再将 PLC 控制系统安装到工业现场，进行现场联机调试，这样既省时、省力又方便。PLC 本身可靠性高，有完善的自诊断功能，一旦发生故障，可以根据报警信息迅速查明原因。排除软件编程出错后，如果是 PLC 本身出错，则可用更换模块的方法排除故障。这样既提高了维护的工作效率，又保证了生产正常进行。

6. 体积小，能耗低

在体积上，PLC 是继电器逻辑控制系统的 1/5。在耗电方面，PLC 一般比同样功能的继电器逻辑控制系统节电 50%以上。在价格上，当控制系统中的继电器个数大于 10 个时，用 PLC 控制比较经济。

二、可编程控制器与其他顺序逻辑控制系统相比所具有的特点

1. 与继电器顺序逻辑控制系统的比较

（1）工作原理：PLC 控制功能主要用软件实现。

（2）功能：PLC 采用计算机技术，具有顺序控制、定时、计数、运动控制、数据处理、闭环控制和通信联网等功能；继电器只有顺序控制功能。

（3）可靠性与可维护性：继电器可靠性差，电路设计复杂，故障诊断及排除困难平均修复时间长；PLC 用软继电器，可靠性高，故障率低，易诊断和排除故障。

（4）灵活性：继电器线路固定，功能单一，不易修改，灵活性差；PLC 仅改变程序就可以改变控制功能。

（5）响应速度：继电器靠触点动作，几十毫秒，且存在触点抖动；PLC 采用无触点动作，响应速度快。

（6）设计与调试：PLC 设计复杂电路周期短，并且可以模拟调试。

（7）定时与计数：PLC 内部继电器的精度高，定时范围宽，时间调整方便。

2. 与计算机控制系统的比较

（1）与工控机比较：工控机采用总线式结构，与 PC 机兼容，有实时操作系统支持，在快速、实时性强、功能复杂中占优势，且价格较高，用于开关量控制以取代继电器系统有些大材小用。接线用多芯扁平电缆和插头、插座，不如 PLC 方便。

（2）与单片机比较：单片机不能直接与外部 I/O 信号连接，采用汇编语言、高级语言，硬件设计和程序设计工作量大。

3. 与集散控制系统的比较

集散控制系统（distributed control system，DCS）是用计算机技术对生产过程进行集中监视、操作、管理和分散控制的一种新型控制装置，由集中管理部分、分散控制监控部分和通信部分组成，具有通用性强、系统组态灵活、控制功能完善、数据处理方便、显示操作集中、人机界面友好、安装高度方便、运行安全可靠等特点。但由于 PLC 增加了数值运算，比例-积分-微分（PID）闭环调节等功能，能与 PC 联网或自身构成网络，也能实现 DCS 所完成的功能，而且成本比 DCS 低很多。

第三节　可编程控制器的分类及技术性能指标

一、可编程控制器的分类

目前市场上的 PLC 种类繁多，可有以下几种分类方法。

1. 按输入/输出点数可分为 6 种类型

（1）微型 PLC：I/O 点数小于 32。

（2）超小型 PLC：I/O 点数为 32～128。

（3）小型 PLC：I/O 点数为 128～256。

（4）中型 PLC：I/O 点数为 256～1024。

（5）大型 PLC：I/O 点数为 1024～4000。

（6）超大型 PLC：I/O 点数在 4000 以上。

以上这种划分界限不是固定不变的，它会随着 PLC 的发展而改变。

2. 按结构形式可分为整体式和模块式两种

（1）整体式结构又称单元式或箱体式。整体式 PLC 是将 CPU、存储单元、I/O 单元、I/O扩展单元、外部设备接口单元及电源单元等集中装在一个机箱内。其结构紧凑、体积小、价格低，一般小型 PLC 采用这种结构。整体式 PLC 由不同 I/O 点数的基本单元和扩展单元组成，基本单元内有 CPU、I/O 和电源，扩展单元内只有 I/O 和电源。基本单元和扩展单元之间用扁平电缆连接。整体式 PLC 一般配备有特殊功能单元，如模拟量输入/输出单元、位置控制单元等。整体式结构适用于单体设备的开关量自动控制和机电一体化产品的开发应用。

（2）模块式结构是将 PLC 的各部分即 CPU、存储单元、I/O 单元等做成各自独立的模块，再组装在一个带电源单元的机架或母板上。模块式结构配置灵活，装配方便，便于扩展和维修。一般大、中型 PLC 都采用模块式结构，也有的小型 PLC 采用这种结构。模块式结构适用于复杂过程控制系统的应用。

3. 按功能可分为低档、中档和高档 3 类

（1）低档：以逻辑控制为主，适用于开关控制场合。

（2）中档：兼有开关量和模拟量控制，适用于小型连续生产过程的复杂逻辑控制和闭环调节控制。

（3）高档：可与其他PLC、上位计算机构成分布式生产过程综合控制管理系统。

二、可编程控制器的技术性能指标

PLC的技术性能指标有一般指标和技术指标两种：一般指标主要指PLC的结构和功能情况，是用户选用PLC时必须首先了解的；技术指标可分为一般性能规格和具体性能规格。一般性能规格是指使用PLC时应注意的问题，主要包括电源电压、耐压情况、使用环境温度和湿度、接地要求等。具体性能规格是指PLC所具有的技术能力，如果只是一般地了解PLC的性能，了解以下的一些PLC的基本技术性能指标即可。

（1）I/O点数：PLC外部输入、输出端子的总数，这是PLC一项重要的技术指标。

（2）扫描速度：一般指执行一步指令的时间，单位是μs/步。

（3）内存容量：一般小型PLC的存储容量为1KB到几KB，大型PLC则为几十KB，甚至1～2MB，通常以PLC所能存放用户程序的多少来衡量。在PLC中，程序指令按“步”存放，一条指令往往不止一步，一步占用一个地址单元，一个地址单元一般占用两个字节。

（4）指令条数和指令功能：是衡量PLC软件功能强弱的主要指标。

（5）内部寄存器：在PLC内部用于存放变量状态、中间结果和数据等，还有许多辅助寄存器给用户提供特殊功能，以简化程序设计。它是衡量PLC硬件功能的一个指标。

（6）特殊功能模块：用以实现一些专门功能。常用的特殊功能模块有A/D模块、D/A模块、高速计数模块、位置控制模块、温度控制模块、通信模块等。这些特殊功能模块使PLC不但能进行开关量顺序控制，而且能进行模拟量控制、定位控制和速度控制，还可以和计算机通信，直接用高级语言编程，从而为用户提供强有力的工具。因此特殊功能模块已成为衡量PLC产品水平高低的一个重要标志。

第四节　可编程控制器的发展

一、可编程控制器的发展过程

PLC在工业自动化中起着举足轻重的作用，在国内外已广泛应用于机械、冶金、石油、化工、轻工、纺织、电力、电子、食品、交通等行业。经验表明，80%以上的工业控制可以使用PLC来完成。PLC的应用扩大到远离工业控制的其他领域，如医院手术室、旋转门和车辆，甚至被引入家庭住宅、娱乐场所和商业部门。随着PLC应用领域的不断扩大，PLC本身也在不断发展。

在科技领域，计算机技术、半导体集成技术、控制技术、数字技术、通信网络技术等高新技术的发展也推动了PLC的快速发展。

从控制功能来分，PLC的发展经历了以下4个阶段。

（1）初创阶段：从第一台PLC问世至20世纪70年代中期。CPU由中、小规模的数字集成电路组成，控制功能较简单，主要完成逻辑功能。

（2）扩展阶段：20世纪70年代中期至70年代末期。产品的主要控制功能得到较大发展，朝两个方面发展：

1）从PLC发展而来的控制器，主要是逻辑运算，同时也扩展了其他运算功能。

2）从模拟仪表发展而来的控制器，主要是模拟运算，同时扩展了逻辑运算功能。

（3）通信功能实现阶段：20 世纪 70 年代中期至 80 年代末期。与计算机通信发展相联系，初步形成了分布式通信网络体系；数学运算功能增强。

（4）开放阶段：20 世纪 80 年代末期至今。主要表现为通信系统开放，各制造业的 PLC 产品可以通信，通信协议标准化。

二、可编程控制器的发展趋势

（1）向高速度、大存储容量方向发展（CPU 处理速度 ns 级；内存 2MB）。

（2）向多品种方向发展和提高可靠性（超大型和超小型）。

（3）产品更加规范化、标准化（硬件、软件兼容的 PLC）。

（4）分散型、智能型、与现场总线兼容的 I/O。

（5）加强联网和通信的能力。

（6）控制的开放和模块化的体系结构 OMAC（open modular architecture for control）。

三、可编程控制器的国内、外发展状况

1969 年美国研制出世界上第一台 PLC 以后，日本、德国、法国等国相继研制了各自的 PLC。

美国 PLC 发展最快，有 70 余家 PLC 的生产厂家，生产近 300 种 PLC。著名厂家有艾伦-布拉德利（Allen－Bradley）公司、国际并行机器（International Parallel Machines）公司、西屋电气（Westinghouse Electric）公司、通用电气发那科（General Electric Fanuc）公司等。

欧洲 PLC 的厂家有 60 余家，包括德国西门子（Siemens）公司、法国的施耐德（Schneide）公司、瑞士的史力顿（Selectron）公司等。

日本生产 PLC 的厂家有 40 余家，包括三菱电机（MITSUBISHI）、欧姆龙（OMRON）、富士电机（Fuji Electric）、东芝（TOSHIBA）等公司。

我国在 20 世纪 70 年代开始引进 PLC。我国早期独立研制 PLC 的单位有北京机械工业自动化研究所、上海工业自动化仪表研究所、中科院北京计算机所及自动化所等单位，但都没有形成规模化生产。

第五节 FX 系列可编程控制器编程软件简介

一、概述

三菱公司 FX 系列可编程控制器的编程输入工具主要有手持编程器和计算机编程软件。手持编程器体积小，携带方便，用于现场编程和程序调试比较方便，但只能以指令的形式输入，分析理解程序不太方便。目前比较常用的方法是采用计算机编程软件。

二、编程软件介绍

三菱公司针对 FX 系列 PLC 的编程软件为 GX Developer 或 GX WORKS2，它的运行环境为 Windows 98/2000/XP，至少要 512MB 内存，以及有 100MB 空余容量的硬盘。安装完成后可对 FX 系列 PLC 进行程序输入，监控 PLC 中各软元件的实时状态。GX Developer编程软件有 3 种编辑窗口：梯形图编辑窗口（图 1－1）、指令表编辑窗口（图 1－2）和顺序功能图编辑窗口（图 1－3）。

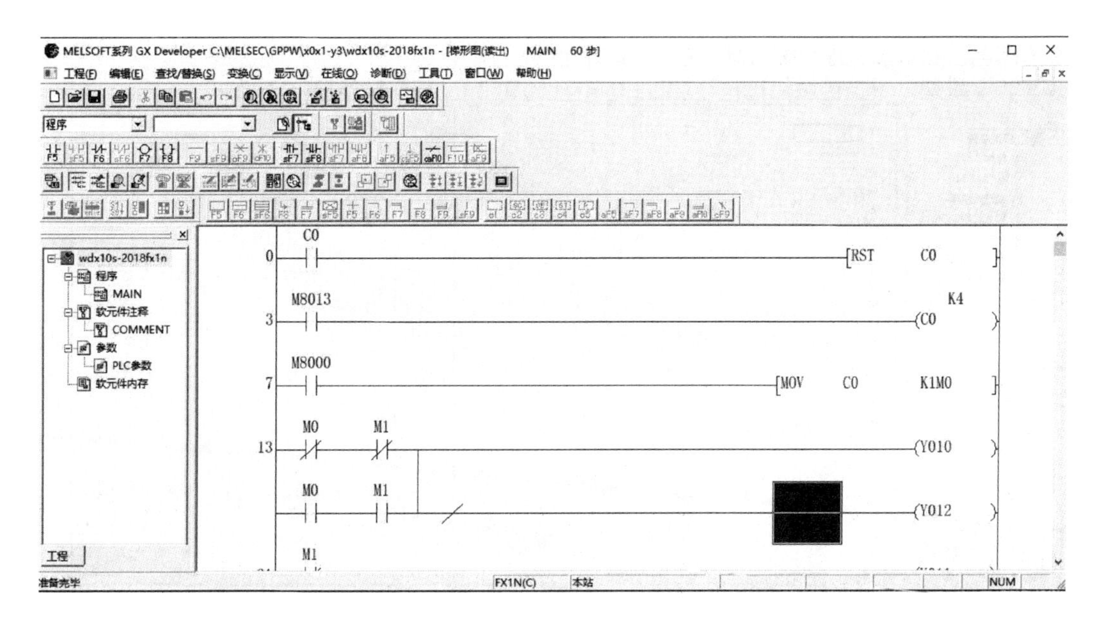

图 1－1 梯形图编辑窗口

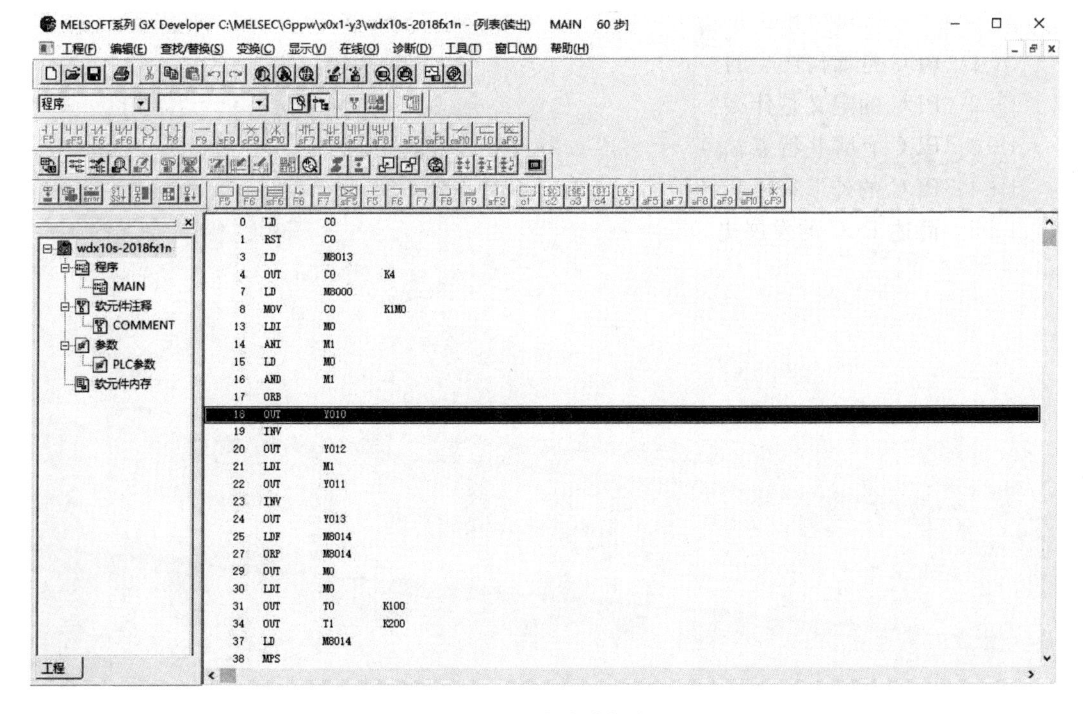

图 1－2 指令表编辑窗口

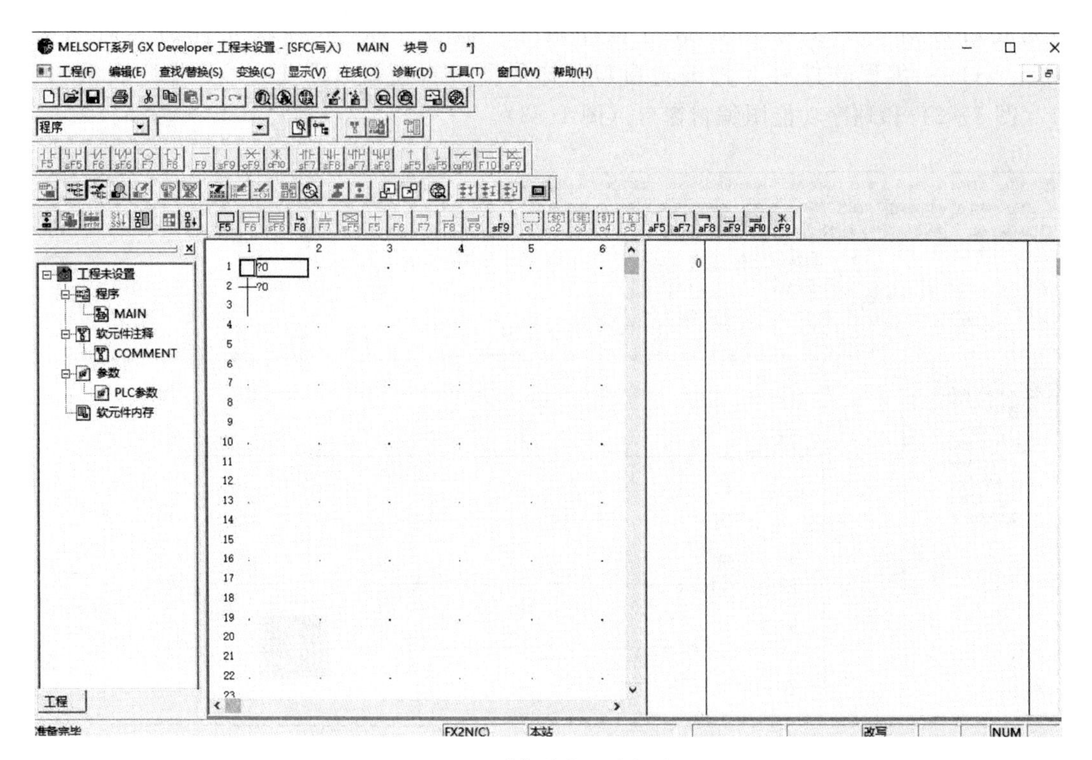

图 1－3　顺序功能图编辑窗口

习 题 及 思 考 题

1－1　PLC 是如何产生的？

1－2　PLC 的定义是什么？

1－3　PLC 有哪些特点？

1－4　PLC 的外形有哪几种结构？各有什么特点？

1－5　简述 PLC 的发展史。

第二章　可编程控制器的基本组成及工作原理

第一节　可编程控制器的基本组成

PLC实际上是一种新型的工业控制计算机，其组成与计算机类似，其功能的实现不仅基于硬件的作用，更要依靠软件的支持。现在国内、外市场上有各种各样不同类型和结构的PLC，但其组成原理基本相同，都由硬件和软件两部分构成。

一、可编程控制器的硬件结构

PLC主要由中央处理单元（central processing unit，CPU）、存储器、输入/输出（I/O）单元、电源、编程器等几部分组成，其内部结构框图如图2-1所示。

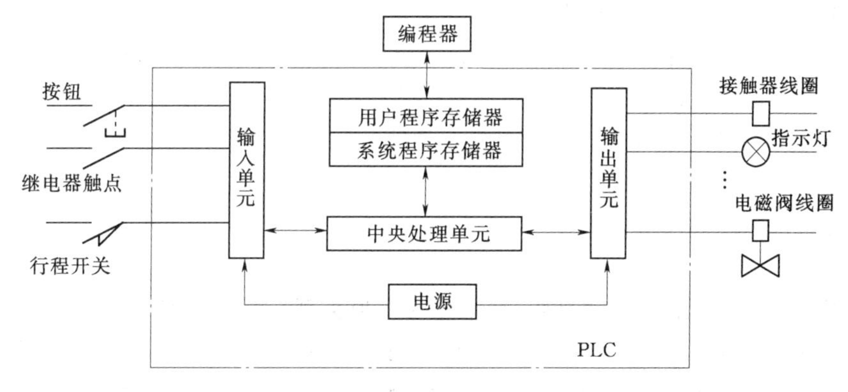

图2-1　PLC内部结构框图

1. 中央处理单元

同一般的微型计算机（简称微机）一样，CPU是PLC的核心。PLC中所配置的CPU随机型不同而不同，常用的有3类：通用微处理器（如Z80、8086、80286等）、单片微处理器（如8031、8096等）和位片式微处理器（如AMD29W等）。小型PLC大多采用8位通用微处理器和单片微处理器；中型PLC大多采用16位通用微处理器或单片微处理器；大型PLC大多采用高速位片式微处理器。PLC的档次越高，CPU的位数就越多，运算速度也越快，功能指令也就越强。FX_2系列PLC使用的微处理器是16位的8096单片机。

目前，小型PLC为单CPU系统，而大、中型PLC则大多为双CPU系统，甚至有些PLC中多达8个CPU。双CPU系统是指在CPU模板上装两个CPU芯片，一般一个为字处理器，采用8位或16位处理器；另一个为位处理器，采用由各厂家设计制造的专用芯片。字处理器为主处理器，用于执行编程器接口功能，监视内部定时器，监视扫描时间，处理字节指令以及对系统总线和位处理器进行控制等。位处理器为从处理器，主要用于处理位操作指令和实现 PLC 编程语言向机器语言的转换。位处理器的采用减轻了主处理器的负担，提高了 PLC 的速度，使 PLC 更好地满足实时控制要求。

2. 存储器

存储器用于存放程序和数据，按使用类型分为随机存取存储器（random access memory，RAM）和只读存储器（read - only memory，ROM）。PLC 配有两种存储系统：存放系统程序的系统程序存储器和存放用户程序的用户程序存储器。系统程序相当于个人计算机的操作系统，能完成 PLC 设计者规定的工作；可由生产厂家设计并固化在 ROM 内，用户不能直接读取。用户程序由用户设计，决定了 PLC 的输入信号与输出信号之间的关系。存储器容量一般以字（1 个字由 16 位二进制数组成）为单位。小型用户程序存储器容量在 1K 字（$1K=1024=2^{10}$）左右，大型 PLC 的用户程序存储器容量可达数百 K 字甚至数 M 字。

常用的存储器有以下几种：

（1）可进行读、写操作的随机存储器（COMS RAM），用于存放用户程序，生成用户数据区。存放在 RAM 中的用户程序可方便地修改。COMS RAM 存储器是一种高密度、低功耗、价格便宜的半导体存储器，可用锂电池做备用电源，停电时可以有效地保持存储信息。锂电池的寿命一般为 5～10 年，若经常带负载可维持 2～5 年。

（2）只读存储器（ROM），用于固化系统管理程序和用户程序。

（3）电可擦除只读存储器（EPROM），往往也用于固化系统管理程序和用户程序。

（4）电可擦除可编程序的只读存储器（EEPROM 或 E^2PROM），既可按字节进行擦除，又有可整片擦除的功能。

3. 输入接口电路

各种 PLC 的输入电路基本相同，通常分为 2 种类型：第一种是直流（direct current，DC）12～24V 输入，第二种是交流（alternating current，AC）100～120V、200～240V 输入。外界输入器件可以是无源触点或有源传感器，这些外部输入器件是通过 PLC 输入端子与 PLC 相连的。

PLC 输入电路中有光电隔离器和 RC 滤波器，用于消除输入触点的抖动和外部噪声干扰。当输入开关闭合时，一次电路中流过电流，输入指示灯亮，光耦合器被激励，三极管由截止状态变为饱和导通状态，这就是一个数据输入过程。

图 2 - 2 所示为一直流输入方式的输入接口电路。其中 LED 为相应输入端在面板上的指示灯，用于表示外部输入的通/断（ON/OFF）状态，输入信号接通时，输入电流一般小于 10mA，响应滞后时间一般小于 20ms。例如，FX_2 系列 PLC 的输入电流为 DC 24V、7mA，响应滞后时间为 10ms。

4. 输出接口电路

PLC 的输出接口电路有 3 种形式（图 2 - 3）：继电器（R）输出电路、晶体管（T）输出电路、晶闸管（S）输出电路。输出电路的负载电源由外部提供，负载电流一般不超过 2A。

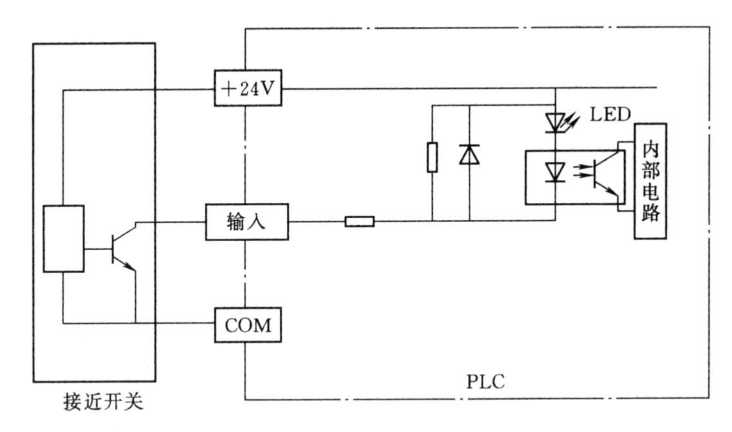

图 2-2　输入接口电路

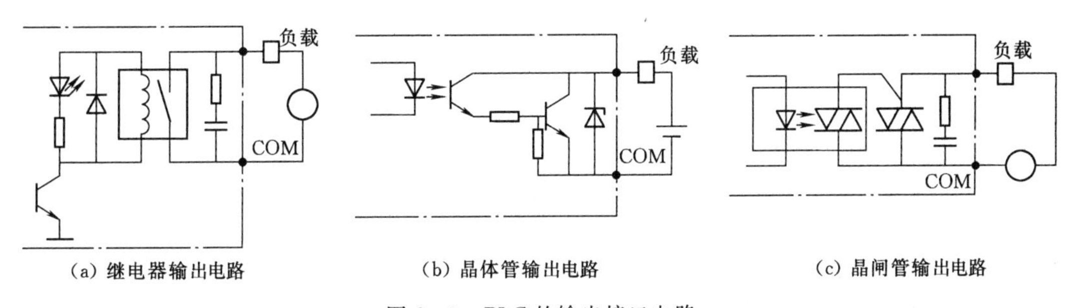

(a) 继电器输出电路　(b) 晶体管输出电路　(c) 晶闸管输出电路

图 2-3　PLC 的输出接口电路

(1) 继电器输出电路。

1) 利用继电器线圈和触点间的电气隔离，将内部电路与外部电路进行隔离，继电器同时起隔离和功率放大作用，线圈电流仅有几十毫安。

2) CPU 控制继电器线圈通电或失电，接点相应闭合或断开，每路只给用户提供一对常开触点，控制外部负载电路的通、断。

3) 与触点并联的 RC 串联电路和压敏电阻用来消除触点断开时产生的电弧。

4) 适用于交流负载或直流负载的场合。

(2) 晶体管输出电路。

1) 通过晶体管截止或饱和控制外部负载电路。

2) 采用光耦合进行电气隔离。

3) 电路延迟时间 (≤1ms) 很小。

4) 适用于直流负载的场合。

(3) 晶闸管输出电路。

1) 利用光触发型双向晶闸管，使 PLC 内部电路和外部电路进行了电气隔离。

2) 并联在光触发型双向晶闸管两端的 RC 吸收电路和压敏电阻，用来抑制晶闸管的关断过电压和外部浪涌电压。

3) 光触发型双向晶闸管由关断变为导通延迟时间小于 1ms，由导通变为关断延迟时间小于 10ms。

4）适用于交流负载的场合。

I/O端子的外部接线方式有汇点式、分组式和分隔式3种。

（1）汇点式：各I/O电路有一个公共点，各输入点或各输出点共享一个电源。

（2）分组式：I/O点分成若干组，每组的I/O电路有一个公共点，共享一个电源，各组之间是分隔开的，可分别使用不同的电源。

（3）分隔式：各I/O点之间相互隔离，每一个I/O点都可以使用单独的电源。

5. 电源

PLC的供电电源一般是市电，也有用直流24V电源供电的。PLC对电源稳定性要求不高，一般允许电源电压在±15%的范围内波动。PLC内部有一个稳压电源，用于对PLC的CPU和I/O单元供电，一般小型PLC电源往往和CPU单元合为一体，大、中型PLC都有专门的电源单元。有些PLC电源部分还有DC 24V输出，用于对外部传感器供电，但输出电流往往只是毫安级。另外，PLC输出端子上接的负载所需负载工作电源须由用户提供。

6. 编程器

编程器是PLC最重要的外围设备。它用于用户程序的输入、编辑、调试和监视，可通过键盘去调用和显示PLC的一些内部继电器状态和系统参数。编程器一般由PLC生产厂家提供，只能用于某一生产厂家的某些PLC产品，分为简易编程器和智能编程器。

简易编程器由简易键盘、发光二极管阵列或液晶显示器（LCD）组成，体积小，价格便宜，可直接插在PLC编程器插座上，或用电缆与PLC相连。

智能编程器又称图形编程器，由微处理器、键盘、显示器及总线接口组成，可直接生成和编辑梯形图程序，分为LCD显示和CRT显示两种。

小型PLC常用简易编程器，大、中型PLC多用智能型CRT编程器。

除此以外，在个人计算机上可以用PC作编程器。用PC作编程器是以PC机为基础的编程系统，由生产厂家向用户提供的个人计算机的PLC程序开发系统的编程软件包括编程软件和文件编制软件。编程软件是最基本的软件，允许用户生成、编辑、存储和打印程序。文件编制软件与程序生成软件一起，可对梯形图中触点和线圈加上文字注释，指示其在程序中的作用，能在梯形图中附加注释，解释程序功能，使程序易于阅读和理解。

7. PLC的外部设备

除了编程器之外，PLC还有以下几种常用的外部设备。

（1）人机接口装置：用于实现操作员与PLC控制系统的对话和相互作用。例如，小型PLC的人机接口装置是由安装在控制台上的按钮、转换开关、拨码开关、指示灯、LED数字显示器和声光报警器等组件组成。而大、中型PLC的人机接口装置常用带有智能型的人机接口，可长期安装在操作台和控制柜面板上，可放在主控室里，用彩色或单色CRT显示器，有自己的微处理器和存储器，通过通信接口与PLC相连，接收和显示外部信息，与操作员交换信息。

（2）外存储器：指U盘或磁盘驱动器的磁盘，用于备份或离线编程。

（3）打印机：打印程序，记录实时事件，还可以打印各种生产报表。

二、可编程控制器的软件结构

像计算机一样，仅有硬件的PLC是不能工作的，软件必不可少。PLC的软件分为监控程序和用户程序两大部分。

监控程序是由PLC厂家编制的，用于控制PLC本身的运行。监控程序包含系统管理程序、用户指令解释程序、标准程序模块和系统调用三大部分。

用户指令解释程序是PLC的使用者编制的，用于实现对具体生产过程的控制，可以是梯形图、指令表、步进功能图、高级语言等。

三、可编程控制器的编程语言

PLC是一种工业控制计算机，不仅需要有硬件，软件也必不可少。一提到软件就必然和编程语言相联系。PLC的编程语言吸取了广大电气工程技术人员最为熟悉的继电器线路图的特点，形成了其特有的编程语言——梯形图。自从PLC问世以来，使用最普遍的编程语言是梯形图和语句表达式（语句表）。尽管生产厂家不同，使用的编程语言也不完全相同，但梯形图的形式与编程方法大同小异。目前PLC常用的编程语言除了梯形图和语句表外，还有顺序功能图和高级语言。

1. 梯形图

梯形图是在原电气控制系统中常用的继电器、接触器梯形图的基础上演变而来的。图2-4所示为继电器梯形图和PLC梯形图。

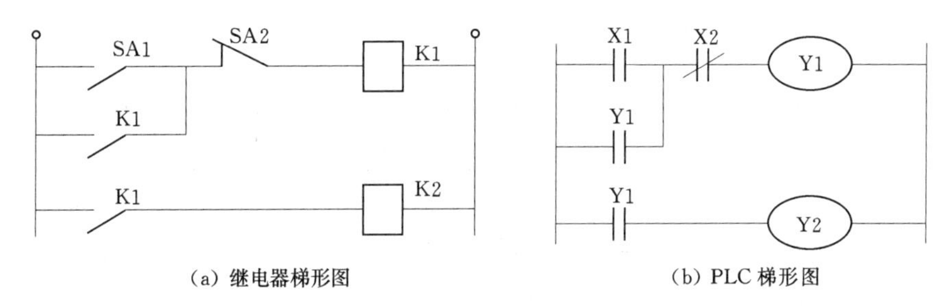

(a) 继电器梯形图　　(b) PLC梯形图

图2-4　两种控制图

从图2-4中可以看出，两种梯形图的基本表达思想是一致的，但具体表达方法有所区别。继电器线路采用硬件逻辑并行运行方式；而PLC梯形图使用的是“软”继电器，是由软件实现的。PLC梯形图的编程语言有一定的格式：

(1) 每个梯形图网络由多个梯级组成，每个输出元素构成一个梯级，每个梯级可由多个支路组成，每个支路可容纳多个编程元素，最右边的必须是输出元素。

(2) 梯形图两侧的竖线类似电气控制图的电源线，称为母线，每一行从左到右，左侧安排输入接点，尽量把输入多的并连接点支路靠近左母线。

(3) 输入接点不论是按钮、行程开关还是继电器触点，在图形符号上只用常开和常闭，而不计其物理属性。输出线圈用圆形或椭圆形表示。

2. 语句表

语句表是一种与汇编语言类似的助记符编程方式，用一系列操作指令组成的语句表将控制流程描述出来，并通过编程器送到PLC中去。这里需要指出的是，不同厂家的PLC指令语句表使用的助记符并不相同。表2-1是三菱公司FX型PLC指令语句完成图

2－4（b）所示梯形图功能编写的程序。

表 2－1　　三菱公司 FX 型 PLC 指令语句表

步序	操作码（助记符）	操作数（参数）	说　明
1	LD	X1	逻辑行开始，输入 X1 常开触点
2	OR	Y1	并联 Y1 的自保触点
3	ANI	X2	串联 X2 的常闭触点
4	OUT	Y1	输出 Y1 逻辑行结束
5	LD	Y1	输入 Y1 常开接点逻辑行开始
6	OUT	Y2	输出 Y2 逻辑行结束

指令语句表是由若干条语句组成的程序，语句是程序的最小独立单元。每个操作功能由一条或几条语句来执行。PLC 的语句表达形式与微机的语句表达形式类似，也由操作码和操作数两部分构成。操作码用助记符表示（如 LD 表示“取”，OR 表示“或”等），用来说明要执行的功能，例如逻辑运算的与、或、非，算术运算的加、减、乘、除，时间或条件控制中的计时、计数、位移等功能，告诉 CPU 该进行什么操作。操作数一般由标识符和参数组成。标识符表示操作数的类别，如表明是输入继电器、输出继电器、定时器、计数器等。参数表明操作数的地址或一个预先设定值。

语句表编程对经验丰富的程序员更合适。

3. 顺序功能图（SFC）

顺序功能图（也称步进功能图）是按控制系统的流程来表达的一种编程语言。将一个生产过程按控制动作的先后顺序分成若干功能块，把这些功能块用箭头串联起来，并给出顺序步的步进条件，就可以得到控制系统的步进功能图。这种编程语言多用于顺序控制系统。利用这种先进的编程方法，初学者也很容易编出复杂的顺控程序，即便是熟练的电气工程师用这种方法后也能大大提高工作效率。但不同厂家的 PLC 对这种编程语言所用的符号和名称不一样。

顺序功能图 SFC 用于编制复杂的顺控程序。FX 系列 PLC 在基本指令系统之外，还增加了两条步进顺控指令 STL 和 RET，同时在 PLC 内设置大量的状态继电器。状态继电器与步进顺控指令在 PLC 监控程序的平台上构筑起类似于顺序功能图的状态转移图编程方式，使复杂的顺控系统又进一步得到了简化。

4. 高级语言

近年来推出的 PLC，特别是大、中型 PLC 已开始使用高级语言来编程。有的 PLC 采用 BASIC 语言，有的 PLC 采用类似于 PASCAL 语言的专用编程语言。采用高级语言编程后，用户可以像使用普通微型计算机一样操作 PLC，除了完成逻辑功能外，还可以进行 PID 调节、数据采集和处理以及与上位机通信等。

梯形图、语句表、功能图是常见的编程方法，用户一般可以根据需要选择一种、两种或三种。目前各种类型的 PLC 一般都能同时使用两种或两种以上的编程语言，而且大多数都能同时使用梯形图和语句表。不同生产厂家和不同类型的 PLC 的梯形图、语句表、功能图等编程语言使用方法也有差异，但编程的基本原理和方法是相同的或类似的。这几种编程方法仅在表示形式上不同，实际上它们之间是可以相互转换的。本书以三菱公司的FX系列PLC为样机，重点介绍其梯形图、语句表、步进功能图三种编程语言以及它们之间的相互转换。

第二节　可编程控制器的工作原理

一、可编程控制器的工作方式

PLC采用循环扫描的工作方式，系统上电后，在系统程序监控下，周而复始按固定顺序对系统内部各种任务进行查询、判断和执行。

用户程序通过编程器输入并存放在PLC的用户存储器中。当PLC运行时，用户程序中有众多的操作需要去执行，但CPU是不能同时执行多个操作的，它只能按分时操作原理工作，即每一时刻只执行一个操作。由于CPU的运算处理速度很高，使得外部出现的结果从宏观上看好像是同时完成的。这种按分时原则顺序执行程序的各种操作的过程称为CPU对程序的扫描。执行一次扫描的时间称为扫描周期。

当PLC投入运行时，它首先执行系统程序和CPU自检等工作，然后开始顺序执行用户程序。用户程序的执行是按顺序扫描工作方式完成的。在没有中断或跳转控制的情况下，CPU从第一条指令开始，顺序逐条地执行用户程序，直到用户程序结束。每扫描完一次程序就构成一个扫描周期，然后再返回第一条指令开始新的一轮扫描，PLC就是这样周而复始地重复上述的扫描周期。

一个扫描周期＝输入采样时间＋用户程序执行时间＋输出刷新时间

一个扫描周期的典型值为1～100ms，输入采样和输出刷新阶段只需1～2ms，一个扫描周期主要由用户程序执行时间决定。

PLC在一个扫描周期内要执行六大任务。

（1）运行监控任务：PLC内部设置了系统定时计时器（watch dog timer，WDT），在每个扫描周期都对WDT进行复位，如果扫描周期超时，则自动发出报警信号，PLC停止运行。WDT设定值为100～200ms（为一个扫描周期的2～3倍），可由硬件或软件设定。

（2）与编程器交换信息任务：在每个扫描周期内都把与编程器交换信息的任务单独列出。

（3）与数字处理器DPU交换信息任务：大、中型PLC常为双处理器系统，为双处理器系统时，就会有与DPU交换信息的任务。

（4）与外部设备接口交换信息任务：PLC与上位计算机、其他PLC或一些终端设备（彩色图形显示器、打印机）进行信息交换。没有外设，则该任务跳过。

（5）执行用户程序任务：在每个扫描周期把用户程序执行一遍，结果装入输出状态暂存区中，实现系统控制功能。

（6）输入/输出任务：实现输入/输出状态暂存区与实际输入/输出单元的信息交换。在每个扫描周期都执行该任务。

需要补充说明的一点是，在PLC工作过程中，如有中断申请信号输入，系统则要中断正在执行的程序而转向执行中断子程序，但PLC对中断的响应不是在每条指令执行结束后进行，而是在扫描周期内某个任务完成后进行。当有多个中断源时，将按中断的优先级排队处理；中断源有优先顺序，但无嵌套关系。在中断程序执行中如有中断发生，只能在原中断处理程序结束后，再进行新中断处理。

二、可编程控制器的工作原理

（一）PLC的工作原理

PLC采用循环扫描的方式工作，其扫描过程如图2-5所示。这个工作过程分为内部处理、通信操作、输入处理、程序执行、输出处理几个阶段。在内部处理阶段，PLC检查CPU模块的硬件是否正常，复位监视定时器等。在通信操作阶段，PLC与一些智能模块通信，响应编程器输入的命令，更新编程器的显示内容等，当PLC处于停止（STOP）状态时，只进行内部处理和通信操作等内容。PLC在处于运行（RUN）状态时，从内部处理、通信操作、输入处理、程序执行到输出处理，一直循环扫描工作。

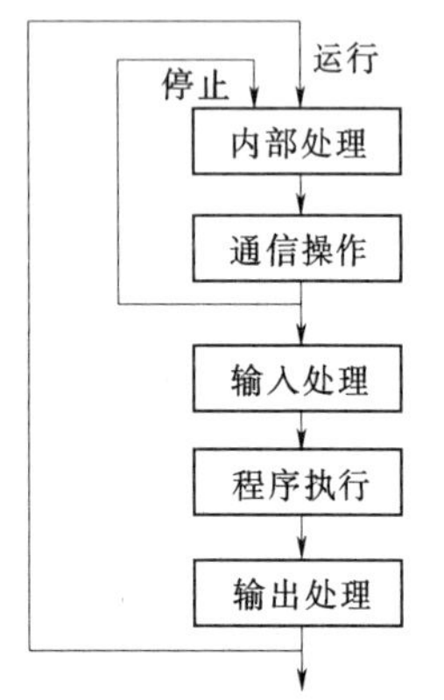

图2-5 扫描过程

（二）PLC执行梯形图的工作过程

在一个循环扫描周期内，PLC工作过程分为3个阶段：输入采样阶段、程序执行阶段、输出刷新阶段。

1. 输入采样阶段

在输入采样阶段，PLC用扫描方式把所有输入端的外部输入信号的通/断（ON/OFF）状态一次写入输入映像寄存器（或称输入状态寄存器）中，此时，输入映像寄存器被刷新。接着进入程序执行阶段，在程序执行阶段或输出处理阶段，输入映像寄存器与外界隔离，即使外部输入信号的状态发生了变化，输入映像寄存器的内容也不会随之改变。而输入信号变化了的状态，只能在下一个扫描周期的输入采样阶段才被读入。换句话说，在输入采样阶段采样结束之后，无论输入信号如何变化，输入映像寄存器的内容都保持不变，直到下一个扫描周期的输入采样阶段，才重新写入输入端的新内容。

2. 程序执行阶段

在程序执行阶段，PLC逐条解释和执行程序。若是梯形图程序，则按先左后右、先上后下的顺序，逐句扫描，执行程序。若遇到程序跳转指令，则根据跳转条件是否满足来决定程序的跳转地址。若用户程序涉及输入/输出状态时，PLC从输入映像寄存器中读出上一阶段采入的对应输入端子状态，从输出映像寄存器读出对应映像寄存器的当前状态。根据用户程序进行逻辑运算，运算结果再存入有关器件寄存器中。对每个器件而言，器件映像寄存器中所寄存的内容会随着程序执行过程而变化。

3. 输出刷新阶段

程序执行完毕后将输出映像寄存器的状态，在程序输出处理阶段转存到输出锁存器，通过隔离电路，驱动功率放大电路，使输出端子向外界输出控制信号，驱动外部负载。

PLC重复地执行上述3个阶段，重复一次的时间即为一个扫描周期，扫描周期的长短与用户程序的长短有关。

（三）在每个扫描周期内PLC对I/O的处理规则（图2-6）

（1）输入映像寄存器中的数据是在输入采样阶段扫描到的输入信号的状态集中写进去

的，在本扫描周期中，不随外部输入信号变化而变化。

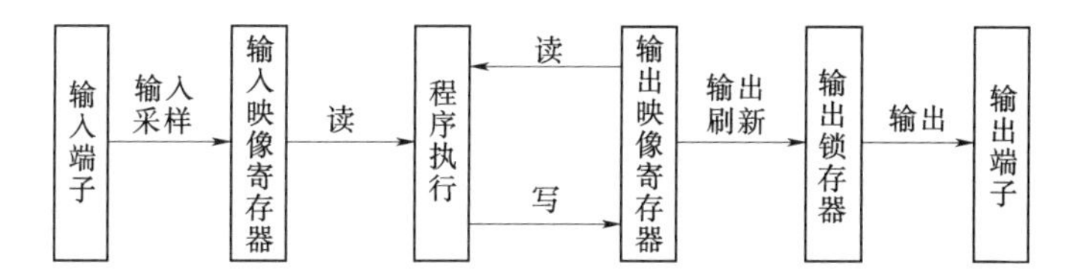

图 2-6　PLC 对输入/输出的处理规则

（2）输出映像寄存器的状态由用户程序中输出指令的执行结果来决定。

（3）输出锁存器中的数据在输出刷新阶段从输出映像寄存器中集中写进去。

（4）输出端子的输出状态是由输出锁存器中的数据确定的。

（5）执行用户程序时所需输入、输出状态从输入映像寄存器和输出映像寄存器中读出。

循环扫描的工作方式是 PLC 的一大特点，也可以说 PLC 是“串行”工作的，这和传统的继电器逻辑控制系统“并行”工作有质的区别。PLC 的串行工作方式避免了继电器接触器控制系统中触点竞争和时序失配的问题。

值得说明的是，PLC 的扫描除可按固定的顺序进行外，还可按用户程序规定的可变顺序进行。这不仅仅因为有的程序不需要每扫描一次就执行一次，而且也因为在一些大系统中需要处理的 I/O 点数多，通过安排不同的组织模块，采用分时分批扫描的执行方法，可缩短循环扫描的周期和提高控制的实时响应性。

三、可编程控制器的输入/输出滞后现象

从 PLC 输入端有一个输入信号发生变化到 PLC 的输出端对该输入变化作出反应，所需时间称为响应时间或滞后时间。响应滞后影响了控制的实时性，但对于一般的工业控制是无妨的。如需快速响应，可选用快速响应模块、高速计数模块，或采用中断处理功能来缩短滞后时间。影响响应时间的因素如下：

（1）输入滤波器的时间常数（输入延迟）。PLC 输入滤波器是个积分环节，故输入滤波器的输出电压相对现场实际输入组件的变化信号有一个时间延迟，导致实际输入信号在进入输入映像寄存器前就有一个滞后时间。如果输入导线很长，由于分布参数的影响，也会产生一个“隐形”滤波器效果。在实时性要求很高的情况下，可考虑用快速响应输入模块。

（2）输出继电器的机械滞后（输出延迟）。PLC 数字量输出常采用继电器触点的形式，由于继电器固有动作时间，导致继电器的实际动作相对线圈的输入电压的滞后效果，如采用双向可控硅或晶体管的输出方式，可减少滞后时间。继电器输出型电路滞后时间在 10ms 左右，双向可控硅型输出电路在负载接通时的滞后时间约为 1ms，负载由导通到断开时的最大滞后时间为 10ms，晶体管型输出电路的滞后时间在 1ms 左右。

（3）PLC 的循环扫描工作方式。要减少程序扫描时间，必须优化程序结构，可能情况下，采用跳转指令。

（4）PLC 对输入采样、输出刷新的集中批处理方式（图 2-7）。PLC 循环扫描的工作方式决定了输入信号到输出响应间有一个时间上的滞后。

（5）用户程序中语句顺序安排不当，以 FX 系列 PLC 为例，如图 2-8 所示。

分析图 2-8 所示梯形图如下：

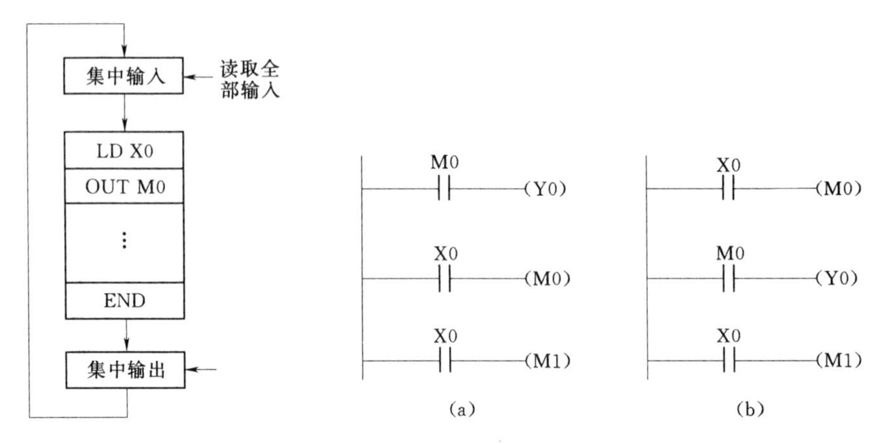

图 2-7　处理方式

图 2-8　语句顺序安排不当导致响应滞后的示例

X0—输入继电器；M0，M1—辅助继电器；Y0—输出继电器

(1) 图 2-8 (a) 假定在当前扫描周期内，X0 的闭合信号已经在输入采样阶段送到了输入映像寄存器，在程序执行时，M0 为“1”，M1 也为“1”，而 Y0 要等到下一个扫描周期才变为“1”。Y0 相对于 X0 的闭合信号，滞后了一个扫描周期。

(2) 如果 X0 的闭合信号是在当前扫描周期的输入采样阶段后发出的，则 M0、M1 都要等到下一个扫描周期才变为“1”，而 Y0 还要等一个扫描周期后才能变为“1”。Y0 相对于 X0 的闭合信号，滞后了两个扫描周期。

(3) 对于图 2-8 (b)，把图 2-8 (a) 中的第一行与第二行交换位置，就可使 M0、M1、Y0 在同一个扫描周期内同时为“1”。

(4) 由于 PLC 的循环扫描工作方式，响应时间与收到输入信号时刻有关。

由以上分析可知，在一个扫描周期刚结束时就收到了有关输入信号变化状态，则下一个扫描周期一开始这个变化信号就可以被采样到，使输入更新，这时响应时间最短，称为最短响应时间，它等于输入延迟时间加上一个扫描周期，再加上输出延迟时间。

如果在一个扫描周期刚开始时收到一个输入信号的变化状态，由于存在输入延迟，则在当前扫描周期内这个输入信号对输出不会起作用，要到下一个扫描周期快结束时的输出刷新阶段输出才会作出反应，这个响应时间最长，称为最长响应时间，它等于输入延迟时间加上两个扫描周期，再加上输出延迟时间。

习题及思考题

2-1　PLC 由哪几部分组成？各有什么作用？

2-2　PLC 输出接口电路有哪几种输出方式？各有什么特点？

2-3　小型 PLC 有哪几种编程语言？

2-4　PLC 的软件结构是怎样的？

2-5　简述 PLC 的工作过程。

2-6　何谓 PLC 的扫描周期？详细说明 PLC 的工作扫描原理。

第三章　可编程控制器的基本性能指标和内部编程元件

第一节　FX 系列可编程控制器简介

一、三菱小型可编程控制器

（一）概述

三菱电机公司 20 世纪 80 年代推出的 F 系列小型 PLC 在 90 年代被 FX_1 系列和 FX_2 系列取代。FX_2 系列在硬件和软件功能上有很大的提高，以后推出的 FX_0、FX_{0S}、FX_{0N} 和 FX_{2N} 系列产品实现了微型化、产品多样化，以满足不同用户的需求。FX_1、FX_2 系列属于淘汰产品，目前三菱公司的 FX 系列产品有 FX_{1S}、FX_{1N}、FX_{2N}、F_{2NC}、FX_{3U} 和 FX_{3GA} 等子系列，与过去的产品相比，性价比提高许多。

（二）特点

1. 体积小

FX_{1S}、FX_{1N} 和 FX_{2N} 等系列 PLC 体积小，适合于在机电一体化产品中使用；内置 24V 直流电源可以作为输入电源和传感器电源。

2. 外观美

FX 系列 PLC 吸收了整体式和模块式 PLC 的优点，其基本单元、扩展单元和扩展模块的高度、深度相同，仅宽度不同。它们之间用扁平电缆连接，紧密拼装后可组成一个整体的长方形。

3. 产品丰富，可满足不同用户的需求

FX 系列 PLC 由于品种多样，不同的系统可根据生产实际情况选用不同的子系列，避免了功能浪费，可使用户用最少的投资来满足系统的要求。

4. 系统配置灵活

FX 系列 PLC 的用户除了可以选用不同的子系列外，还可以选用多种基本单元、扩展单元和扩展模块，组成不同 I/O 点和不同功能的控制系统，各种配置都可以得到很高的性价比。由于 FX 系列的基本单元采用整体式结构，故它的硬件配置就像模块式 PLC 一样灵活，并且具有比模块式 PLC 更高的性价比。

功能扩展板可以安装在 PLC 的基本单元内，有以下品种：4 点开关量输入板、2 点开关量输出板、2 路模拟量输入板、1 路模拟量输出板、8 点模拟量调整板、RS—232C 和 RS—422 通信接口板。

FX 系列还有许多特殊模块，如模拟量输入/输出模块、热电阻/热电偶温度传感器用模拟量输入模块、温度调节模块、高速计数器模块、脉冲输出模块、定位控制器、可编程凸轮开关、CC—Link 系统主站模块、CC—Link 接口模块、RS—232 通信接口模块、RS—232C 适配器、RS—485 通信板适配器，RS—232C/RS—485 转换接口、MELSEC 远程 I/O 连接系统主站模块、AS—i 主站模块、DeviceNet 接口模块及 Profibus 接口模块等。

此外，还有多种规格的数据存储单元，可以用来修改定时器、计数器的设定值和数据寄存器的数据，也可以用来做监控装置，显示字符或画面。

5. 功能强，使用方便

FX 系列体积虽小，但功能却极强。其内置高速计数器有输入/输出刷新、中断、输入滤波时间调整、恒定扫描时间等功能；有高速计数器专用比较指令；使用脉冲序列输出功能，可以直接控制步进电机；脉冲宽度调制功能可用于温度控制或照明灯的调光控制；可以设置 8 位数字密码，以防止用户程序被误改写或盗用。

FX 系列 PLC 可以在线修改程序，可以用调制解调器和电话线实现远程监视和编程，元件注释可以存储在程序存储器中。

二、FX 系列可编程控制器的型号

FX 系列 PLC 型号名称的含义如下：

$$FX_{\square\square}—\underline{\square\ \square}\square\ \square—\square$$

①　　②　③　④　⑤

①为子系列名称：1S、1N、2N、2NC、3U、3GA。

②为输入/输出总点数：14～256。

③为单元类型：M——基本单元；E——输入/输出混合扩展单元与扩展模块；EX——输入专用模块；EY——输出专用模块。

④为输出形式：R——继电器输出；T——晶体管输出；S——双向晶闸管输出。

⑤为电源和输入、输出类型等特性：D 和 DS 为 DC 24V 电源；DSS 为 DC 24V 电源，源晶体管输出；ES 为 AC 电源；ESS 为 AC 电源，源晶体管输出。

如 FX_{1N}—60MT—D 的含义是：FX_{1N} 系列，60 个 I/O 点的基本单元，晶体管输出，DC 24V 电源。

三、FX 系列可编程控制器的一般技术指标

PLC 的主要性能指标是衡量和选用 PLC 的重要依据，包括硬件指标和软件指标。

（一）硬件指标

硬件指标包括一般技术指标、输入技术指标和输出技术指标。PLC 对环境的要求很低，一般的工业场合都能满足要求。一般技术指标见表 3－1。输入、输出技术指标分别见表 3－2 和表 3－3。

表 3－1　FX 系列 PLC 一般技术指标

项　目	一般技术指标
环境温度	0～55℃
环境湿度	35%～89%RH（不结露）
抗振	JIS C0911 标准 10～55Hz、0.5mm（最大 2GB）3 轴方向各 2h

续表

项　目	一般技术指标	
抗冲击	JIS C0911 标准 10GB 3 轴方向各 3 次	
抗噪声干扰	用噪声仿真器产生电压为 1000V_{P-P}、噪声脉冲宽度为 1μs、频率为 30～100Hz 的噪声，在此噪声干扰下 PC 工作正常	
耐压	AC 1500V　1min	各端子与接地端之间
绝缘电阻	5MΩ 以上	
接地	第 3 种接地。不能接地时，也可浮空	
使用环境	禁止腐蚀性气体，严禁尘埃	

表 3-2　　FX 系列 PLC 输入技术指标

项　目	输入技术指标	
输入电压	DC 24V±10%	
元件号	X0～X7	其余输入点
输入信号电压	DC 24V±10%	
输入信号电流	DC 24V，7mA	DC 24V，5mA
输入开关电流 OFF→ON	>4.5mA	>3.5mA
输入开关电流 ON→OFF	<1.5mA	
输入响应时间	10ms	
可调节输入响应时间	X0～X17 为 0～60ms（FX_{2N}），其余系列为 0～15ms	
输入信号形式	无电压触点，或 NPN 集电极开路输出晶体管	
输入状态显示	输入 ON 时 LED 灯亮	

表 3-3　　FX 系列 PLC 输出技术指标

项　目		继电器输出	晶闸管输出（仅 FX_{2N}）	晶体管输出
外部电源		最大 AC 240V 或 DC 30V	AC 85～242V	DC 5～30V
最大负载	电阻负载	2A/1 点，8A/COM	0.3A/1 点 0.8A/COM	0.5A/1 点 0.8A/COM
	感性负载	80VA，AC 240V 120V/240V	36VA，AC 240V	12W，DC 24V
	灯负载	100W	30W	0.9W/DC，24V（FX_{1S}），其他系列 1.5W/DC 24V
最小负载		电压<DC 5V 时，2mA； 电压<DC 24V 时，5mA（FX_{2N}）	2.3VA，AC 240V	—
响应时间	OFF→ON	10ms	1ms	<0.2ms；<5μs（Y0/Y1）
	ON→OFF	10ms	10ms	<0.2ms；<5μs（Y0/Y1）
开路漏电流		—	2.4mA/AC 240V	0.1mA/DC 30V
电路隔离		继电器隔离	光敏晶闸管隔离	光耦合器隔离
输出动作显示		线圈通电时 LED 亮		

（二）软件指标

软件指标包括运行方式、速度、程序容量、元件种类和数量、指令类型等。

机型不同软件指标不同。软件指标的高低反映 PLC 的运算规模。软件指标的另一部分是指令类型，指令的种类和功能决定了 PLC 的运算功能。FX 系列 PLC 的各项软件指标见表 3－4。

表 3－4　　　　FX 系列 PLC 软件指标

<table>
<tr><th colspan="2">项　目</th><th colspan="2">性能指标</th><th colspan="2">注　释</th></tr>
<tr><td colspan="2">操作控制方式</td><td colspan="2">反复扫描程序</td><td colspan="2">由逻辑控制器 LSI 执行</td></tr>
<tr><td colspan="2">I/O 刷新方式</td><td colspan="2">批处理方式（在 END 指令执行时成批刷新）</td><td colspan="2">有直接 I/O 指令及输入滤波器时间常数调整指令</td></tr>
<tr><td colspan="2">操作处理时间</td><td colspan="2">基本指令：0.74μs/步</td><td colspan="2">功能指令：几百 μs/步</td></tr>
<tr><td colspan="2">编程语言</td><td colspan="2">继电器符号语言（梯形图）＋步进顺控指令</td><td colspan="2">可用顺序功能图的方式编程</td></tr>
<tr><td colspan="2" rowspan="2">程序容量、
存储器类型</td><td colspan="2">2K 步 RAM（标准配置）</td><td colspan="2" rowspan="2"></td></tr>
<tr><td colspan="2">4K 步 EEPROM 卡盒（选配）
8K 步 RAM，EEPROM
EPROM 卡盒（选配）</td></tr>
<tr><td colspan="2">指令数</td><td colspan="4">基本逻辑指令 20 条，步进顺控指令 2 条，功能指令 85 条</td></tr>
<tr><td rowspan="2">输入
继电器</td><td>DC 输入</td><td colspan="2">DC 24V，7mA，光电隔离</td><td rowspan="2">X0～X177
（八进制）</td><td rowspan="5">I/O 点数一共 128 点</td></tr>
<tr><td>—</td><td colspan="2">—</td></tr>
<tr><td rowspan="3">输出
继电器</td><td>继电器</td><td colspan="2">AC 250V，DC 30V，2A（电阻负载）</td><td rowspan="3">Y0～Y177
（八进制）</td></tr>
<tr><td>双向晶闸管</td><td colspan="2">AC 242V，0.3A/点，0.8A/4 点</td></tr>
<tr><td>晶体管</td><td colspan="2">DC 30V，0.5A/点，0.8A/4 点</td></tr>
<tr><td rowspan="3">辅助
继电器</td><td>通用型</td><td colspan="2"></td><td>M0～M499</td><td rowspan="2">范围可通过参数设置来改变</td></tr>
<tr><td>锁存型</td><td colspan="2">电池后备（保持）</td><td>M500～M1023</td></tr>
<tr><td>特殊型</td><td colspan="2"></td><td colspan="2">M8000～M8255</td></tr>
<tr><td rowspan="4">状态
继电器</td><td>初始化用</td><td colspan="2">用于初始状态</td><td colspan="2">S0～S9</td></tr>
<tr><td>通用</td><td colspan="2"></td><td>S10～S499</td><td rowspan="2">范围可通过参数设置来改变</td></tr>
<tr><td>锁存</td><td colspan="2">电池后备（保持）</td><td>S500～S899</td></tr>
<tr><td>报警</td><td colspan="2">电池后备（保持）</td><td colspan="2">S900～S999</td></tr>
<tr><td rowspan="4">定时器</td><td>100ms</td><td colspan="2">0.1～3276.7s</td><td colspan="2">T0～T199</td></tr>
<tr><td>10ms</td><td colspan="2">0.01～327.67s</td><td colspan="2">T200～T245</td></tr>
<tr><td>1ms（积算）</td><td>0.001～32.767s</td><td rowspan="2">电池后备
（保持）</td><td colspan="2">T246～T249</td></tr>
<tr><td>100ms（积算）</td><td>0.1～3276.7s</td><td colspan="2">T250～T255</td></tr>
<tr><td rowspan="5">计数器</td><td rowspan="2">加计数器</td><td rowspan="2">16bit，1～32，767</td><td>通用型</td><td>C0～C99</td><td rowspan="2">范围可通过参数设置来改变</td></tr>
<tr><td>电池后备</td><td>C100～C199</td></tr>
<tr><td rowspan="2">加/减计数器</td><td rowspan="2">32bit，－2147483648～2147483647</td><td>通用型</td><td>C200～C219</td><td rowspan="2"></td></tr>
<tr><td>电池后备</td><td>C220～C234</td></tr>
<tr><td>高速计数器</td><td>32bit 加/减计数器</td><td>电池后备</td><td colspan="2">C235～C255（单相计数）</td></tr>
</table>

续表

<table>
<tr><th colspan="2">项　目</th><th colspan="3">性 能 指 标</th><th colspan="2">注　释</th></tr>
<tr><td rowspan="5">数据寄存器</td><td rowspan="2">通用数据寄存器</td><td>16bit</td><td rowspan="2">一对处理32bit</td><td>通用型</td><td>D0～D199</td><td rowspan="2">范围可通过参数设置来改变</td></tr>
<tr><td>16bit</td><td>电池后备</td><td>D200～D511</td></tr>
<tr><td>特殊寄存器</td><td colspan="3">16bit</td><td colspan="2">D8000～D8255</td></tr>
<tr><td>变址寄存器</td><td colspan="3">16bit</td><td colspan="2">V，Z</td></tr>
<tr><td>文件寄存器</td><td>16bit（存于程序中）</td><td colspan="2">电池后备</td><td colspan="2">D1000～D2999，最大2000点，可由参数设置</td></tr>
<tr><td rowspan="2">指针</td><td>跳转/调用</td><td colspan="3"></td><td colspan="2">P0～P127</td></tr>
<tr><td>中断</td><td colspan="3">用X0～X5作中断输入，计时器中断</td><td colspan="2">I0WW～I8WW</td></tr>
<tr><td colspan="2">嵌套标志</td><td colspan="3">主控线路用</td><td colspan="2">N0～N7</td></tr>
<tr><td rowspan="2">常数</td><td>十进制</td><td colspan="5">16bit：－32768～32767；32bit：－2147483648～2147483647</td></tr>
<tr><td>十六进制</td><td colspan="5">16bit：0～FFFF；32bit：0～FFFFFFFF</td></tr>
</table>

四、FX系列可编程控制器

FX系列PLC型号众多，可供不同用户选用。基本单元有FX_{1S}、FX_{1N}、FX_{2N}等多个系列，其中每个系列又有14点、16点、32点、48点、64点、80点、128点等不同输入/输出点数的机型，每个系列从输出形式上分有继电器输出、晶体管输出和晶闸管输出3种。另外，还提供扩展单元与扩展模块，扩展单元和扩展模块也有输入/输出点数和输出形式的不同。

（一）FX_{1S}系列

FX_{1S}系列为用于极小规模系统的超小型PLC，可以降低成本。该系列有16种基本单元、10～30个I/O点，用户存储器（EEPROM）容量为2000步。FX_{1S}可以使用一块I/O点扩展板、串行通信扩展板或模拟量扩展板，可以同时安装显示模块和扩展板，有两个内置的设置参数用的小电位器；同时可以输出2点100kHz的高速脉冲，有7条特殊的定位指令。其基本单元见表3-5。

通过通信扩展板可以实现多种通信和数据链接，如RS—232C、RS—422和RS—485通信，*N*∶*N*链接、并行链接和计算机链接。

表3-5　　FX_{1S}系列基本单元

AC电源，DC 24V输入		DC 24V电源，DC 24V输入		输入点数（漏型）	输出点数
继电器输出	晶体管输出	继电器输出	晶体管输出		
FX_{1S}—10MR—001	FX_{1S}—10MT	FX_{1S}—10MR—D	FX_{1S}—10MT—D	6	4
FX_{1S}—14MR—001	FX_{1S}—14MT	FX_{1S}—14MR—D	FX_{1S}—14MT—D	8	6
FX_{1S}—20MR—001	FX_{1S}—20MT	FX_{1S}—20MR—D	FX_{1S}—20MT—D	12	8
FX_{1S}—30MR—001	FX_{1S}—30MT	FX_{1S}—30MR—D	FX_{1S}—30MT—D	16	14

（二）FX_{1N}系列

FX_{1N}系列有13种基本单元，见表3-6，可以组成14～128个I/O点的系统，并能使用特殊功能模块、显示模块和扩展板。用户存储器容量为 8000 步，有内置的定时器。

表 3-6　　FX_{1N} 系列基本单元

AC 电源，DC 24V 输入		DC 电源，DC 24V 输入		输入点数	输出点数
继电器输出	晶体管输出	继电器输出	晶体管输出		
FX_{1N}—14MR—001	—	—	—	8	6
FX_{1N}—24MR—001	FX_{1N}—24MT	FX_{1N}—24MR—D	FX_{1N}—24MT—D	14	10
FX_{1N}—40MR—001	FX_{1N}—40MT	FX_{1N}—40MR—D	FX_{1N}—40MT—D	24	16
FX_{1N}—60MR—001	FX_{1N}—60MT	FX_{1N}—60MR—D	FX_{1N}—60MT—D	36	24

PID 指令用于实现模拟量闭环控制，一个单元可以同时输出 2 点 100kHz 的高速脉冲，有 7 条特殊的定位指令，有两个内置的设置参数用的小电位器。

应用通信扩展板或特殊适配器可以实现多种通信和数据链接，如 CC—Link、AS—i 网络、RS—232C、RS—422 和 RS—485 通信，$N:N$ 链接、并行链接、I/O 链接和计算机链接。

（三）FX_{2N} 系列

FX_{2N} 是 FX 系列中功能最强、速度最高的微型 PLC。它的基本指令执行时间高达 0.08μs，内置的用户存储器为 8K 步，可以扩展到 16K 步，最大可扩展到 256 个 I/O 点，有多种特殊功能模块和功能扩展板，可以实现多轴定位控制；机内有定时器，PID 指令用于模拟量闭环控制；数学运算功能强，可以进行浮点数、开平方和三角函数等运算。每个 FX_{2N} 基本单元可扩展 8 个特殊单元，见表 3-7。

表 3-7　　FX_{2N} 系列基本单元

AC 电源，DC 24V 输入		DC 电源，DC 24V 输入		输入点数	输出点数
继电器输出	晶体管输出	继电器输出	晶体管输出		
FX_{2N}—16MR—001	FX_{2N}—16MT	—	—	8	8
FX_{2N}—32MR—001	FX_{2N}—32MT	FX_{2N}—32MR—D	FX_{2N}—32MT—D	16	16
FX_{2N}—48MR—001	FX_{2N}—48MT	FX_{2N}—48MR—D	FX_{2N}—48MT—D	24	24
FX_{2N}—64MR—001	FX_{2N}—64MT	FX_{2N}—64MR—D	FX_{2N}—64MT—D	32	32
FX_{2N}—80MR—001	FX_{2N}—80MT	FX_{2N}—80MR—D	FX_{2N}—80MT—D	40	40
FX_{2N}—128MR—001	FX_{2N}—128MT	FX_{2N}—128MR—D	FX_{2N}—128MT—D	64	64

通过通信扩展板或特殊适配器可实现多种通信和数据链接，如 CC-Link、AS-i、Profibus、DeciceNet 等开放式网络通信，RS—232C、RS—422 和 RS—485 通信，$N:N$ 链接、并行链接、I/O 链接和计算机链接。FX_{1N} 和 FX_{2N} 系列带电源的 I/O 扩展单元见表 3-8，扩展 I/O 模块见表 3-9。扩展模块可用于 FX_{1N}、FX_{2N} 和 FX_{2NC}，输入扩展板 FX_{1N}—4EX—BD 有 4 点 DC 24V 输入，输出扩展板 FX_{1N}—2EYT—BD 有 2 点晶体管输出，可用于 FX_{1S} 和 FX_{1N} 系列。

表 3-8　　FX$_{1N}$和 FX$_{2N}$系列带电源的 I/O 扩展单元

AC 电源，DC 24V 输入		DC 电源，DC 24V 输入		输入点数	输出点数	可连接的 PLC
继电器输出	晶体管输出	继电器输出	晶体管输出			
FX$_{2N}$—32ER	FX$_{2N}$—32ET	—	—	16	16	FX$_{1N}$、FX$_{2N}$
FX$_{0N}$—40ER	FX$_{0N}$—40ET	FX$_{0N}$—40ER—D	—	24	16	FX$_{1N}$
FX$_{2N}$—48ER	FX$_{2N}$—48ET	—	—	24	24	FX$_{1N}$、FX$_{2N}$
—	—	FX$_{2N}$—48ER—D	FX$_{2N}$—48ET—D	24	24	FX$_{2N}$

表 3-9　　FX$_{1N}$和 FX$_{2N}$系列的扩展 I/O 模块

输入模块	继电器输出模块	晶体管输出模块	输入点数	输出点数
FX$_{0N}$—8ER		—	4	4
FX$_{0N}$—8EX	—	—	8	—
FX$_{0N}$—16EX	—	—	16	—
FX$_{2N}$—16EX	—	—	16	—
—	FX$_{0N}$—8EYR	FX$_{0N}$—8EYT	—	8
—	FX$_{0N}$—16EYR	FX$_{0N}$—16EYT	—	16
—	FX$_{2N}$—16EYR	FX$_{2N}$—16EYT	—	16

（四）FX$_{2NC}$系列

FX$_{2NC}$系列具有很高的性能体积比和通信功能，可以安装到比标准 PLC 小很多的空间内。I/O 型连接器可以降低接线成本，节约接线时间。I/O 点数可以扩展到 256 点，最多可以连接 4 个特殊功能模块，利用内置功能可以控制两轴（包括插补功能）的运动，通过扩展单元可以控制多轴。

FX$_{2NC}$的通信功能与 FX$_{2N}$相同，可以使用 FX$_{0N}$和 FX$_{2N}$的扩展模块，其基本单元见表 3-10，扩展模块见表 3-11。

表 3-10　　FX$_{2NC}$系列基本单元

DC 电源，DC 24V 输入		输入点数	输出点数
继电器输出	晶体管输出		
FX$_{2NC}$—16MR—T	FX$_{2NC}$—16MT	8	8
—	FX$_{2NC}$—32MT	16	16
—	FX$_{2NC}$—64MT	32	32
—	FX$_{2NC}$—96MT	48	48

表 3-11　　FX$_{2NC}$系列扩展模块

DC 电源，DC 24V 输入模块		输出模块		
输入模块	输入点数	输出模块	输出点数	备注
FX$_{2NC}$—16EX—T	16	FX$_{2NC}$—16EYR—T	16	继电器型
FX$_{2NC}$—16EX	16	FX$_{2NC}$—16EYT	16	晶体管型
FX$_{2NC}$—32EX	32	FX$_{2NC}$—32EYT	32	晶体管型

第二节　FX 系列可编程控制器的编程软元件

一、基本数据结构

（一）位元件

FX 系列 PLC 有 4 种基本编程元件，为了分辨各种编程元件，分别为它们指定了专门的字母符号。

X：输入继电器，用于存放外部输入电路的通断状态。

Y：输出继电器，用于从 PLC 直接输出物理信号。

M（辅助继电器）和 S（状态继电器）：PLC 内部的运算标志。

这些元件称为“位（bit）元件”，它们只有两种不同的状态，即 ON 和 OFF，可以分别用二进制数 1 和 0 来表示这两种状态。

（二）字元件

8 个连续的位组成一个字节（Byte），16 个连续的位组成一个字（Word），两个连续的字组成一个双字（Double Word）。定时器和计数器的当前值和设定值均为有符号的字，最高位（第 15 位）为符号位，正数的符号位是 0，负数的符号位是 1，有符号的字可以表示的最大正整数位 32767。

二、编程软元件

（一）输入继电器与输出继电器

FX 系列 PLC 梯形图中的编程元件的名称由字母和数字组成，分别表示元件的类型和元件号，如 Y10、M129。输入继电器和输出继电器的元件号用八进制数表示。表 3－12 给出了 FX_{2N} 系列的输入/输出继电器元件号。

表 3－12　FX_{2N} 系列 PLC 输入/输出继电器元件号

型号	FX_{2N}—16M	FX_{2N}—32M	FX_{2N}—48M	FX_{2N}—64M	FX_{2N}—80M	FX_{2N}—128M	扩展时
输入	X0～X7	X0～X17	X0～X27	X0～X37	X0～X47	X0～X77	X0～X267
输出	Y0～Y7	Y0～Y17	Y0～Y27	Y0～Y37	Y0～Y47	Y0～Y77	Y0～Y267

1. 输入继电器（X）

输入继电器是 PLC 接收外部输入开关量信号的窗口。PLC 通过光耦合器，将外部信号的状态读入并储存在输入映像寄存器中。输入端可以外接常开触点或常闭触点，也可以接多个触点组成的串并联电路或电子传感器。在梯形图中，可以多次使用输入继电器的常开触点和常闭触点。

图 3－1 所示为 PLC 控制系统示意图，X0 端子外接的输入电路接通时，它对应的输入映像寄存器的状态为 1，断开时为 0。输入继电器的状态唯一地取决于外部输入信号的状态，不受用户程序的控制，所以在梯形图中绝对不能出现输入继电器的线圈。

由于 PLC 只在每一扫描周期开始读取输入信号，输入信号为 ON 或 OFF 的持续时间应大于 PLC 的扫描周期，若低于扫描周期可能导致输入信号丢失。

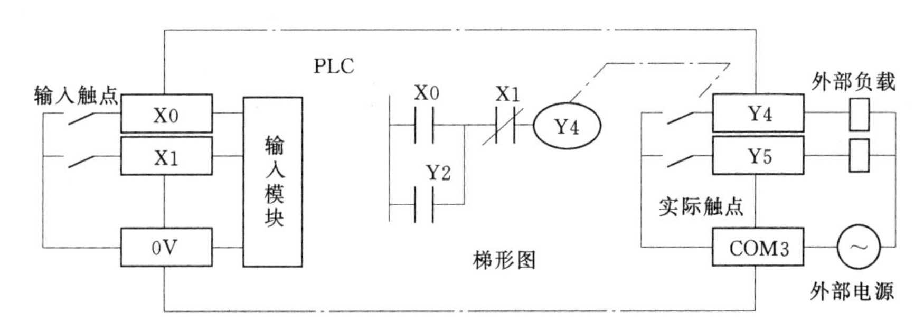

图 3-1　PLC 控制系统示意图

2. 输出继电器（Y）

输出继电器是 PLC 向外部负载发送信号的窗口。输出继电器用来将 PLC 的输出信号输送给输出模块，再由后者驱动外部负载。图 3-1 所示的梯形图中输出继电器 Y4 线圈“通电”，继电器型输出模块中对应的硬件继电器的常开触点闭合，使外部负载工作。输出模块中的每一个硬件继电器仅有一对常开触点，但是在梯形图中，每一个输出继电器的常开触点和常闭触点都可以多次使用。

（二）辅助继电器（M）

辅助继电器的点数和分区见表 3-13。它是用软件来实现驱动的，不能接收外部的输入信号，也不能直接驱动外部负载，外部负载必须由输出继电器驱动，是一种内部的状态标志，相当于继电器控制系统中的中间继电器。

表 3-13　　辅助继电器的点数和分区

PLC	FX_{1S}	FX_{1N}	$FX_{2N/2NC}$
通用辅助继电器	M0～M383，384 点	M0～M383，384 点	M0～M499，500 点
电池后备/锁存辅助继电器	M384～M511，128 点	M384～M1535，1152 点	M500～M3071，2572 点
总计	512	1536	3072

逻辑运算中常用一些中间继电器作为辅助运算用。这些元件不直接对外输入、输出，经常用作状态暂存、移动运算等。在辅助继电器中还有一类特殊辅助继电器，它们有各种特殊功能，如定时时钟、进/借位标志、启动/停止、单步运行等，这类元件的数量反映了 PLC 功能的强弱。辅助继电器按功能分为 3 类，现说明如下。

1. 通用辅助继电器

FX 系列 PLC 的通用辅助继电器没有断电保持功能，元件号采用十进制。如果在 PLC 运行时电源突然中断，输出继电器和通用辅助继电器将全部变为 OFF。若电源再次接通，除了因外部输入信号而变为 ON 的外，其余的仍将保持为 OFF 状态。

2. 电池后备/锁存辅助继电器

某些控制系统要求记忆电源中断瞬时的状态，重新通电后再现其状态，电池后备/锁存辅助继电器可以用于这种场合。在电源中断时用锂电池保持 RAM 中的映像寄存器的内容，或将它们保存在 EEPROM 中。它们只是在 PLC 重新通电后的第一个扫描周期保持断电瞬时状态。为了利用它们的断电记忆功能，可以采用有记忆功能的电路。图 3-2 中

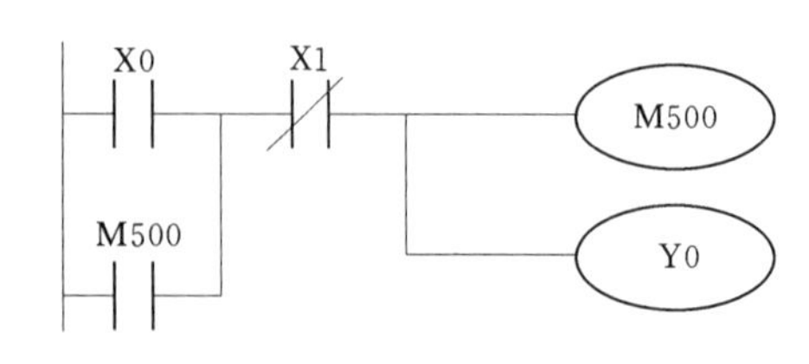

图 3－2　电池后备/锁存辅助继电器的应用

X0 和 X1 分别是启动按钮和停止按钮，M500 通过 Y0 控制外部电动机，如果电源中断时 M500 为 1 状态，因电路具有记忆功能，重新通电后 M500 将保持为 1 状态，使 Y0 继续为 ON，电动机重新开始运行。

3. 特殊辅助继电器

特殊辅助继电器共有 256 点，用来表示 PLC 的某些状态，提供时钟脉冲和标志（如进位、借位标志），设定 PLC 的运行方式，或者用于步进顺控、禁止中断、设定计数器是加计数器还是减计数器等。特殊辅助继电器分为两类。

（1）触点利用型特殊辅助继电器。由 PLC 的系统程序驱动线圈，在用户程序中直接使用其触点，但不能出现线圈。

M8000（运行监视）：当 PLC 执行用户程序时，M8000 为 ON；停止执行时，M8000 为 OFF，其用法如图 3－3 所示。M8000 可作为 PLC 正常运行的标志上传给上位计算机。

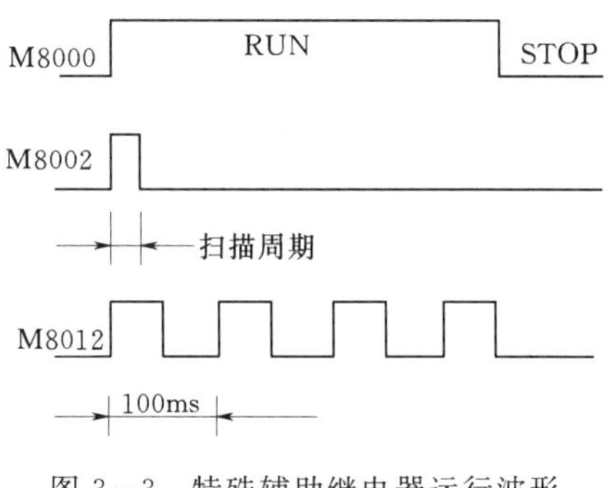

图 3－3　特殊辅助继电器运行波形

M8002（初始化脉冲）：M8002 仅在 M8000 由 OFF 变为 ON 状态时的一个扫描周期内为 ON，如图 3－3 所示，可以用 M8002 的常开触点使有断电保持功能的元件初始化复位，或将某些元件置初始值。

M8011～M8014 分别是 10ms、100ms、1s 和 1min 时钟脉冲。

M8005（锂电池电压降低）：电池电压下降至规定值时变为 ON，可以用它的触点驱动输出继电器和外部指示灯，提醒工作人员更换锂电池。

（2）线圈驱动型特殊辅助继电器。由用户程序驱动线圈，使 PLC 执行特定的操作，用户并不使用它们的触点。

M8030 的线圈通电后，电池电压降低，发光二极管熄灭。

M8034 的线圈通电后，禁止所有的输出，但是程序仍然正常执行。

（三）状态继电器（S）

状态继电器是用于编制顺序控制程序的一种编程元件（状态标志），与 STL 指令（步进梯形指令）一起使用，分为 5 类：

初始状态：S0～S9。

回零：S10～S19。

通用：S20～S499。

保持：S500～S899。

报警：S900～S999。

下面通过如图 3－4 所示状态继电器组成的步进顺控系统状态转移图说明状态继电器如

何使用。当PLC上电后，初始状态继电器S2为ON。X0＝ON，S20＝ON，Y0＝ON，S2＝OFF，下降电磁阀动作，系统开始下降运行。当下降到一定位置使X1＝ON，S21＝ON，Y1＝ON，S20＝OFF，Y0＝OFF，系统停止下降，执行夹紧动作。夹紧动作完成后X2＝ON，S22＝ON，Y2＝ON，S21＝OFF，Y1＝OFF，系统开始上升。若X0＝OFF，S20＝OFF，S21＝OFF，S22＝OFF，Y0＝OFF，Y1＝OFF，Y2＝OFF，系统负载没有响应。

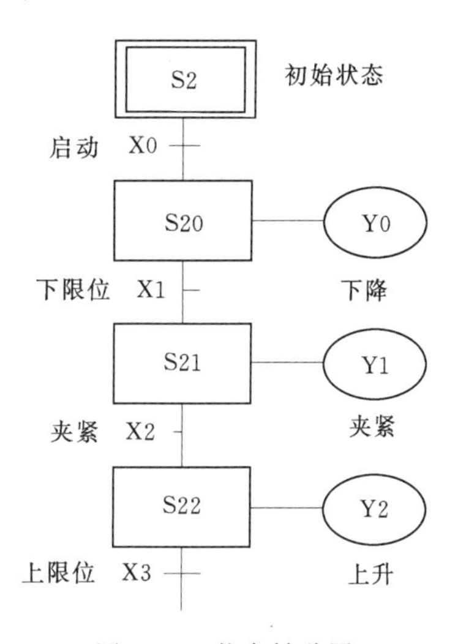

图3－4　状态转移图

在使用应用指令ANS（信号报警器置位）和ANR（信号报警器复位）时，状态继电器S900～S999可以用作外部故障诊断的输出元件，作为信号报警器。

（四）定时器（T）

PLC中的定时器相当于继电器系统中的时间继电器。它有一个设定值寄存器字，有一个当前值寄存器字和一个用来存储其输出触点状态的映像寄存器位，这3个存储单元使用同一个元件号。FX系列PLC的定时器分为通用定时器和积算定时器。

常数*K*可以作为定时器的设定值，也可以用数据寄存器（D）的内容来设置定时器。如外部数字开关输入的数据可以存入数据寄存器，将其作为定时器的设定值。通常使用有电池后备的数据寄存器，可保证在断电时不丢失数据。

定时器通过对某一脉冲累积个数实现定时，常用脉冲有3种：1ms、10ms和100ms。当用户需要不同定时时间时，通过设定脉冲个数来完成，当定时器达到设定值时，输出触点动作。

1. 通用定时器

各系列的定时器个数和元件编号见表3－14。100ms定时器的定时范围为0.1～3276.7s，10ms定时器的定时范围为0.01～327.67s。FX_{1S}的特殊辅助继电器M8028的状态为1时，T32～T62被定义为10ms定时器。如图3－5所示，当X0＝ON时，T200的当前值计数器从0开始，对10ms时钟脉冲进行累加计数。当前值等于设定值1234时，定时器的常开触点接通，常闭触点断开，也就是T200的输出触点在其线圈被驱动10×1234＝12.34（s）后动作。当X0＝OFF时，定时器被复位，其常开触点断开，常闭触点接通，当前值恢复为0。

表3－14　定时器个数和元件编号

PLC	FX_{1S}	$FX_{1N}/FX_{2N}/FX_{2NC}$
100ms定时器	32点，T0～T31	200点，T0～T199
10ms定时器	31点，T32～T62	46点，T200～T245
1ms定时器	1点，T63	—
1ms积算定时器	—	4点，T246～T249
100ms积算定时器	—	6点，T250～T255

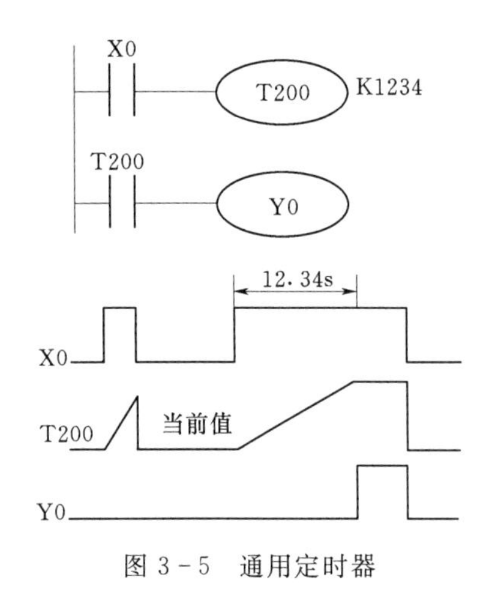

图 3-5　通用定时器

对于需要在定时器的线圈“通电”时就动作的瞬动触点，可以在定时器线圈两端并联一个辅助继电器的线圈，并使用它的触点。

通用定时器没有保持功能，在输入电路断开或停电时被复位。FX 系列的定时器只能提供其线圈“通电”后延迟动作的触点，如果需要在输入信号变为 OFF 之后的延迟动作，可以用如图 3-6 所示电路。

2. 积算定时器

100ms 积算定时器的定时范围为 0.1～3276.7s。其应用见图 3-7，X1 的常开触点接通时，T250 的当时计数器对 100ms 时钟脉冲进行累加计数。X1 的常开触点断开或由于其他原因停止时，当前值保持不变，

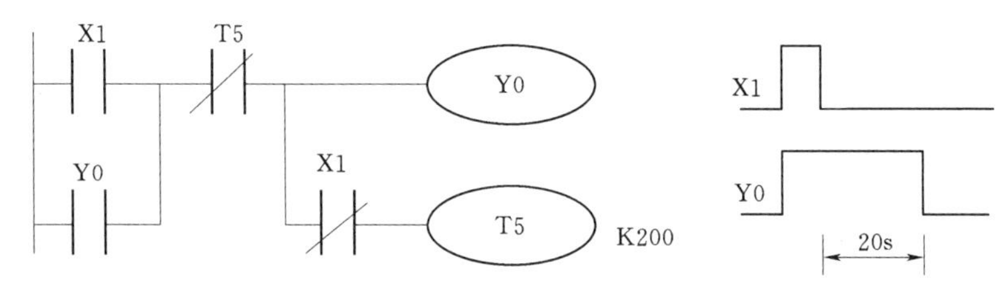

图 3-6　输入信号 OFF 后延时的电路

D20 的值为 5678，X1 的常开触点再次接通或重新上电时继续定时，累计时间 t_1+t_2 为 5678×100ms＝567.8s，T250 的触点动作，RST 用来对 T250 强制复位。

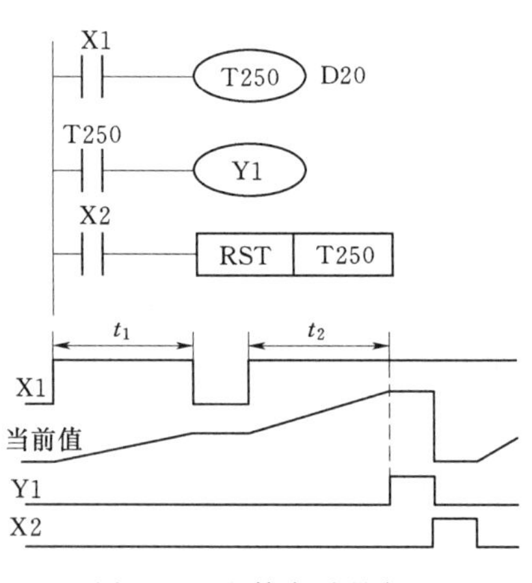

图 3-7　积算定时器应用

3. 注意事项

如果在子程序或中断程序中使用 T129～T199 和 T246～T249，在执行 END 指令时修改定时器的当前值。定时器的当前值等于设定值时，其输出触点在执行定时器线圈指令或 END 指令时动作。若不是使用上述定时器，在特殊情况下，定时器的工作可能不正常。若 1ms 定时器用于中断程序和子程序，在它的当前值达到设定值后，其触点在执行该定时器的第一条线圈指令时动作。

4. 定时精度

定时器的精度与程序的安排有关，如果定时器的触点在线圈之前，精度将会降低，平均误差约为 1.5 倍扫描周期。最小定时误差为输入滤波器时间与定时器分辨率之差，1ms、10ms 和 100ms 定时器的分辨率分别为 1ms、10ms 和 100ms。

如果定时器的触点在线圈之后，最大定时正误差为一个扫描周期。

如果定时器的触点在线圈之前，最大定时正误差为两个扫描周期。

(五)内部计数器(C)

内部计数器用来对PLC的内部映像寄存器(X、Y、M、S)提供的信号计数，计数脉冲为ON或OFF的持续时间应大于PLC的扫描周期，其响应速度通常小于数十赫兹，见表3-15。

表3-15 计数器

PLC	FX_{1S}	FX_{1N}	FX_{2N}/FX_{2NC}
16位通用计数器	16点，C0～C15	16点，C0～C15	100点，C0～C99
16位电池后备/锁存计数器	16点，C16～C31	184点，C16～C199	100点，C100～C199
32位通用双向计数器	—	20点，C200～C219	
32位电池后备/锁存计数器	—	15点，C220～C234	

1. 16位加计数器

16位加计数器的设定值为1～32767。其工作过程见图3-8，X10的常开触点接通后，C0被复位，它对应的位存储单元被置0，它的常开触点断开，常闭触点接通，同时其计数当前值被置0。X11用来提供计数输入信号，当计数器的复位输入电路断开，计数输入电路由断开变为接通(计数脉冲的上升沿)时，计数器的当前值加1，5个计数脉冲之后，C0的当前值等于设定值5，它的位存储单元被置1，其常开触点接通，常闭触点断开。再计数脉冲时当前值不变，直到复位输入电路接通，计数器的当前值和计数器位被置为0。计数器也可以通过数据寄存器来指定设定值。

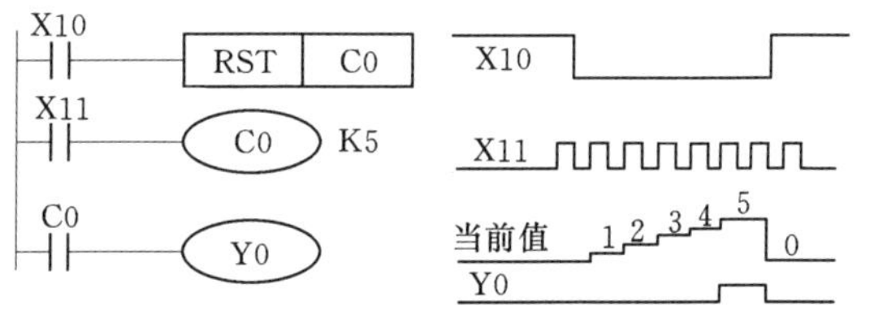

图3-8 16位加计数器

具有电池后备/锁存功能的计数器在电源断电时可以保持其状态信息，重新送电后立即按断电时的状态恢复工作。

2. 32位双向计数器

32位双向计数器C200～C234的设定值为-2147483648～+2147483647，其加/减计数方式由特殊辅助继电器M8200～M8234设定，对应的特殊辅助继电器为ON时，为减计数，反之为加计数。

32位计数器的设定值除了可以由常数*K*设定外，也可通过指定数据寄存器来设定，32位设定值存放在元件号相连的两个数据寄存器中。如果指定的是D0，则设定值存放在D1和D0中。图3-9中C200的设定值是5，在加计数时，若计数器的当前值由4变为5，计数器的输出触点为ON，当前值大于5，输出触点仍为ON；当前值不大于4时，输出触点为OFF。

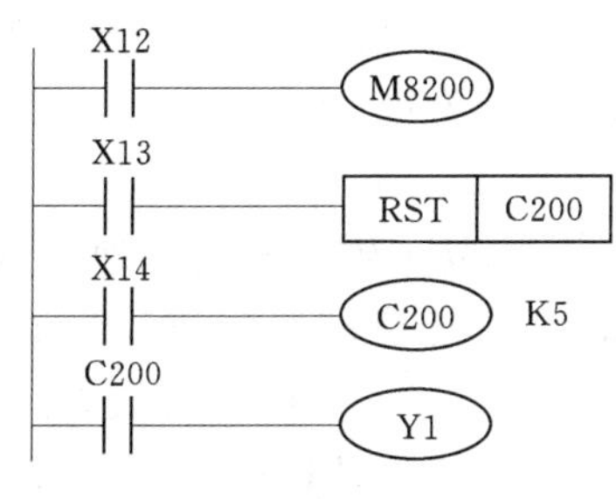

图3-9 加/减计数器

计数器的当前值在最大值2147483647时加1，将变为最小值-2147483648，类似地，当前值在最小值

－2147483648 时减 1，将变为最大值 2147483647，这种计数器称为“环形计数器”。

图 3－9 中复位输入 X13 的常开触点接通时，C200 被复位，其常开触点断开，常闭触点接通，当前值被置为 0。

如果使用电池后备/锁存计数器，在电源中断时，计数器停止计数，并保持计数当前值不变，电源再次接通后，在原来当前值的基础上继续计数，因此电池后备/锁存计数器可以累计计数。

（六）高速计数器（HSC）

21 点高速计数器 C235～C255 共用 PLC 的 8 个高速计数器输入端 X0～X7，某一输入端同时只能提供给一个高速计数器使用。这些计数器都是 32 位加/减计算器，见表 3－16。不同类型的高速计数器可以同时使用，但是它们的高速计数器输入不能冲突。

表 3－16　　高速计数器简表

输入	无启动/复位的1相计数器						指定启动/复位的1相计数器					两相双向计数器					A、B相计数器				
	C235	C236	C237	C238	C239	C240	C241	C242	C243	C244	C245	C246	C247	C248	C249	C250	C251	C252	C253	C254	C255
X0	U/D						U/D			U/D		U	U		U		A	A		A	
X1		U/D					R			R		D	D		D		B	B		B	
X2			U/D					U/D			U/D		R		R			R		R	
X3				U/D				R			R			U		U			A		A
X4					U/D				U/D					D		D			B		B
X5						U/D			R					R		R			R		R
X6										S					S					S	
X7											S					S					S

高速计数器的运行建立在中断的基础上，这意味着事件的触发与扫描时间无关。在对外部高速脉冲计数时，梯形图中高速计数器的线圈应一直通电，以表示与它有关的输入点已被使用，其他高速计数器的处理不能与它冲突。可以用运行一直为 ON 的 M8000 的常开触点来驱动高速计算器的线圈。

如图 3－10 所示，当 X14 为 ON 时，选择了高速计数器 C235，若 C235 的计数输入端是 X0，但是它并不在程序中出现，计数信号不是 X14 提供的。

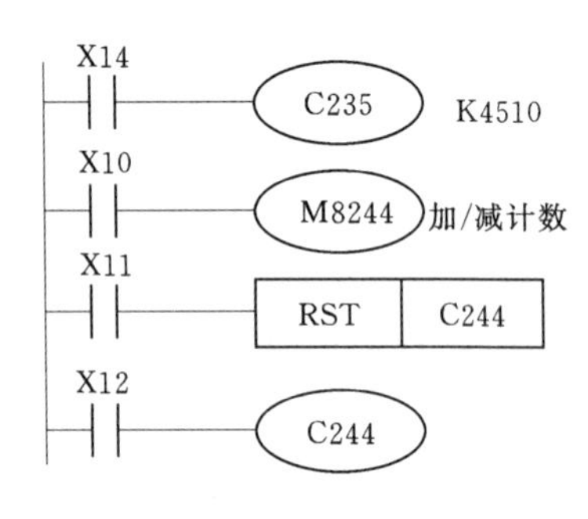

图 3－10　一相高速计数器

表 3－16 给出了各高速计数器对应的输入端子的元件号，表中 U、D 分别为加、减计数输入，A、B 分别为 A、B 相输入，R 为复位输入，S 为置位输入。

1. 一相高速计数器

C235～C240 为一相无启动/复位输入端的高速计数器，C241～C245 为一相带启动/复位端的高速计数器，可以用 M8235～M8245 来设置 C235～C245 的计数方向，对应的 M 为 ON 时为减计数，为 OFF 时为加计数。C235～C240 只能用 RST 指令来复位。

图3-10中的C244是一相带启动/复位端的高速计算器，由表3-16可知，X1和X6分别为复位输入端和启动输入端，它们的复位和启动与扫描工作方式无关，其作用是立即的、直接的。如X12为ON时，一旦X6变为ON，立即开始计数，计数输入端为X0。X6变为OFF，立即停止计数，C244的设定值由D0和D1指定。除了用X1来立即复位外，也可以在梯形图中用复位指令复位。

2. 两相双向计数器

两相双向计数器（C246～C250）有一个加计数输入端和一个减计数输入端，如C246的加、减计数输入端分别是X0和X1，在计数器的线圈通电时，在X0的上升沿，计数器的当前值加1，在X1的上升沿，计数器的当前值减1。某些计数器还有复位和启动输入端。

3. A—B相型双计数输入高速计数器

C251～C255为A—B相型双计数输入高速计数器，它们有两个计数输入端，某些计数器还有复位和启动输入端。

图3-11（a）中的X12为ON时，C251通过中断对X0输入的A相信号和X1输入的B相信号的动作计数。X11为ON时C251被复位，当计数值不小于设定值时，Y2的线圈通电，若计数值小于设定值，Y2的线圈断电。

A—B相输入不仅提供计数信号，根据它们的相对相位关系，还提供了计数的方向。利用旋转轴上安装的A—B相型编码器，在机械正转时自动进行加计数，反转时自动进行减计数。A相输入为ON时，若B相输入由OFF变为ON，为加计数［图3-11（b）］；A相为ON时，若B相由ON变为OFF，为减计数［图3-11（c）］。通过M8251可以监视C251的加/减计数状态，加计数时M8251为OFF，减计数时M8251为ON。

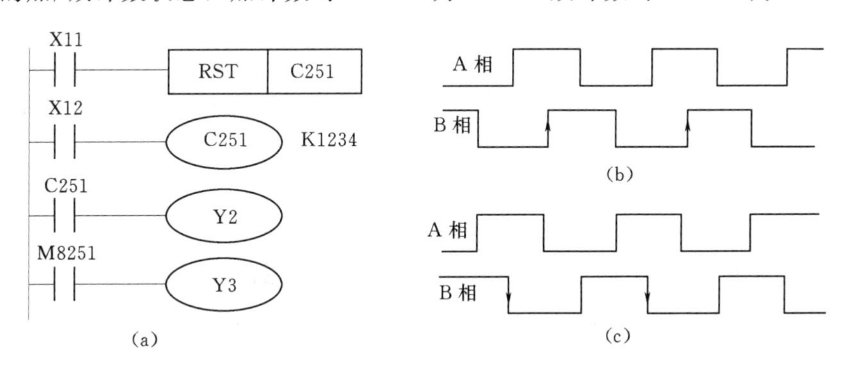

图3-11　两相高速计数器

4. 高速计数器的计数速度

一般的计数频率：单相和双相计数器最高为10kHz，A—B相计数器最高为5kHz。

最高的总计数频率：FX_{1S}和FX_{1N}为60kHz，FX_{2N}和FX_{2NC}为20kHz，计算总计数频率时A—B相计数器的频率应加倍。FX_{2N}和FX_{2NC}的X0和X1因为具有特殊的硬件，供单相或双相计数时（C235、C236或C246）最高为60kHz，用C251两相计数时最高为30kHz。

应用指令SPD具有高速计数器和输入中断的特性，X0～X5可能被SPD指令使用，

SPD 指令使用的输入点不能与高速计数器和中断使用的输入点冲突。在计算高速计数器总的计数频率时，应将 SPD 指令视为一相高速计数器。

（七）数据寄存器（D）

1. 通用数据寄存器

数据寄存器在模拟量检测与控制以及位置控制等场合用来储存数据和参数，数据寄存器可以存储 16 位二进制或一个字，两个数据寄存器合并起来可以存放 32 位数据（双字），在 D0 和 D1 组成的双字中，D0 存放低 16 位，D1 存放高 16 位。字或双字的最高位为符号位，该位为 0 时数据为正，为 1 时数据为负。

将数据写入通用数据寄存器后，其值将保持不变，直到下一次被改写。PLC 从 RUN 状态进入 STOP 状态时，所有的通用数据寄存器的值被改写为 0。

如果特殊辅助继电器 M8033 为 ON，PLC 从 RUN 状态进入 STOP 状态时，通用数据寄存器的值保持不变。数据寄存器分类见表 3－17。

表 3－17　　数据寄存器分类表

分　类	FX_{1S}	FX_{1N}	FX_{2N}/FX_{2NC}
通用数据寄存器	128 个，D0～D127	128 个，D0～D127	200 个，D0～D199
电池后备/锁存数据寄存器	128 个，D123～D255	7872 个，D128～D7999	7800 个，D200～D7999
特殊寄存器	256 个，D8000～D8255	256 个，D8000～D8255	256 个，D8000～D8255
文件寄存器 R	—	7000 个，D1000～D7999	7000 个，D1000～D7999
外部调节寄存器 F	2 个，D8030、D8031	2 个，D8030、D8031	—

2. 电池后备/锁存数据寄存器

电池后备/锁存数据寄存器有断电保持功能，PLC 从 RUN 状态进入 STOP 状态时，电池后备寄存器的值保持不变。利用参数设定，可以改变电池后备数据寄存器的范围。

3. 特殊寄存器 D8000～D8255

特殊寄存器用来控制和监视 PLC 内部的各种工作方式和元件，如电池电压、扫描时间等。PLC 上电时，这些数据寄存器被写入默认值。

D8007 是“瞬停”检测时间寄存器，保存 M8007 的动作次数。D8008 是 FX_{2N} 系列 PLC 的停电检测时间寄存器，停电检测时间初始值为 10ms，可以在 10～100ms 范围内更改。

D8010～D8012 中分别是 PLC 扫描时间的当前值、最小值和最大值。

4. 文件寄存器

文件寄存器以 500 点为单位，可以被外部设备存取。文件寄存器实际上被设置为 PLC 的参数区，文件寄存器与锁存寄存器是重叠的，可以保证数据不会丢失。

FX_{1S}的文件寄存器只能用外部设备（如运行编程软件的计算机）来改写，其他系列的文件寄存器可以通过 BMOV 指令来改写。

5. 外部调节寄存器

FX_{1S}和 FX_{1N} 有两个内置的设置参数用的小电位器，用小旋具旋转调节电位器，可以改变指定的数据寄存器D8030或D8031的值（0～255）。FX_{2N}和FX_{2NC}没有内置的供设置用的电位器，但是可以用附加的特殊功能扩展板FX_{2N}—8AV—BD来实现同样的功能，该单元上有8个小电位器，使用应用指令VRRD（模拟量读取）和VRSC（模拟量开关设置）来读取电位器提供的数据。设置用的小电位器常用来修改定时器的时间设定值。

6. 变址寄存器

FX_{1S}和FX_{1N}有两个变址寄存器V和Z，FX_{2N}和FX_{2NC}有16个变址寄存器V0～V7和Z0～Z7，在32位操作时将V、Z合并使用，Z为低位。变址寄存器用来改变编程元件的元件号，如当V=12时，数据寄存器的元件号D6V相当于D18（12+6=18）。通过修改变址寄存器的值，可以改变实际的操作数。变址寄存器也可以用来修改常数的值，如Z=21，K48Z相当于69（21+48=69）。

（八）指针（P/I）与常数（K、H）

指针包括分支和子程序用的指针（P）及中断用的指针（I）。在梯形图中，指针放在左侧母线的左边。

1. 分支指令用指针

分支指令用指针在应用时，要与相应的应用指令FNC00（CJ）、FNC01（CALL）、FNC06（FEND）、FNC02（SRET）及END配合使用，完成程序流向的跳转、跳越、调用子程序和结束等。

分支指令用指针P共有128点，即P0～P127，它们是为上述这些应用指令提供跳转地址（跳转标号），其中P63为结束指令专用指针。

如图3-12所示，当X20接通时，程序执行跳转到标号为P0的位置并向下执行。可见只要改变CJ指令后的标号指针P0，就可以方便地改变程序的执行流向。

图3-13所示的指针跳转梯形图中，当X21接通时，系统开始执行放在FEND指令后标号为P1的子程序，子程序的最后一条指令应安排为SRET指令，当系统执行该指令后，会自动返回到跳转现场向下执行。

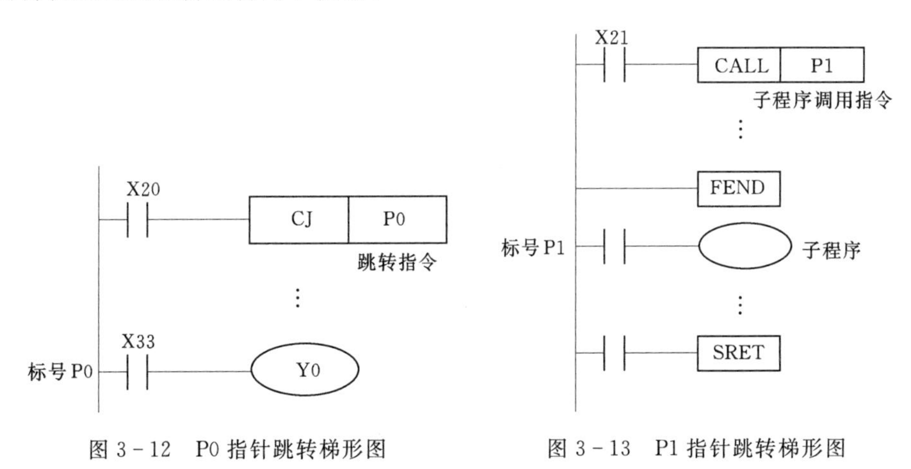

图3-12 P0指针跳转梯形图　　图3-13 P1指针跳转梯形图

2. 中断指针

与应用指令FNC03（IRET）中断返回、FNC04（EI）开中断、FNC05（DI）关中断

配合使用的中断指针有 3 种类型。

(1) 输入中断 I00□□～I50□□。其中第二位表示输入号 (0～5)，每个输入只能用一次；第四位表示中断输入信号 (0：下降沿中断；1：上升沿中断)。输入中断接收来自特定输入编号 (X0～X5) 的输入信号，而不受 PLC 扫描周期的影响。触发该输入，执行中断子程序。如 I001 为输入 X0 从 OFF 向 ON 变化时，执行由该指针作为标号后面的中断子程序，并依 IRET 指令返回。

(2) 定时器中断 I6□□～I8□□。第二位表示定时器中断号 (6～8)，每个定时器只能用 1 次。第三、四位表示中断时间，定时器中断在各指定的中断循环时间 (10～99ms) 执行中断程序。如 I610 为每隔 10ms 执行标号 I610 后面的中断子程序，并依 IRET 指令返回。

(3) 计数器中断 I010～I060。计数器中断依 PLC 内部高速计数器的比较结果执行中断子程序，利用高速计数器优先处理计数结果的控制。

(4) 常数 K 和 H。常数 K 用来表示十进制常数，16 位常数的范围为－32768～32767，32 位常数的范围为－2147483648～2147483647。

常数 H 用来表示十六进制常数，16 位常数的范围为 0～FFFFH，32 位常数的范围为 0～FFFFFFFFH。

(5) 注意事项。使用中断子程序时，指针必须编在 FEND 指令后面作为标号；中断点数不能多于 9 点；中断嵌套不多于 2 级；指针百位数上的数字不能重复使用；中断用输入端子不能用于高速处理。

习题及思考题

3－1　FX_{2N}—16MT、FX_{2N}—48MR、FX_{2N}—64MS 型号的含义是什么？

3－2　内部定时器分为哪几类？有何不同？

3－3　内部高速计数器与普通计数器的区别有哪些？

3－4　状态元件有哪几类？写出编号。

第四章　可编程控制器的基本指令系统

第一节　基本指令系统概述

三菱 FX 系列的 PLC 有 3 类指令系统：基本指令系统、步进顺控指令系统及功能指令系统。

FX 系列的 PLC 有 27 条基本指令，用于编制基本逻辑控制、顺序控制等中等规模的用户程序，同时也是编制复杂综合系统程序的基础指令。

FX 系列 PLC 基本指令见表 4－1。

表 4－1　　FX 系列 PLC 基本指令一览表

助记符	名　称	可用元件	功　能　用　途
LD	取	XYMSTC	逻辑运算开始，用于与母线连接的常开触点
LDI	取反	XYMSTC	逻辑运算开始，用于与母线连接的常闭触点
LDP	取脉冲上升沿	XYMSTC	上升沿检出开始指令，仅在指定元件的上升沿时接通一个扫描周期
LDF	取脉冲下降沿	XYMSTC	下降沿检出开始指令，仅在指定元件的下降沿时接通一个扫描周期
AND	与	XYMSTC	和前面的元件或电路块实现逻辑与，用于常开触点串联
ANI	与非	XYMSTC	和前面的元件或电路块实现逻辑与，用于常闭触点串联
ANDP	与脉冲上升沿	XYMSTC	上升沿检测指令，仅在指定元件的上升沿时接通一个扫描周期
OUT	输出	YMSTC	驱动线圈的输出指令
SET	置位	YMS	线圈接通保持指令
RST	复位	YMSTCD	清除动作保持，当前值及寄存器清零
PLS	上沿脉冲	YM	在输入信号上升沿时产生一个扫描周期的脉冲信号
PLF	下沿脉冲	YM	在输入信号下降沿时产生一个扫描周期的脉冲信号
MC	主控	YM	主控程序的起点
MCR	主控复位	—	主控程序的终点
ANDF	与脉冲下降沿	XYMSTC	下降沿检测指令，仅在指定元件的下降沿时接通一个扫描周期
OR	或	XYMSTC	和前面的元件或电路块实现逻辑或，用于常开触点并联
ORI	或非	XYMSTC	和前面的元件或电路块实现逻辑或，用于常闭触点并联
ORP	或脉冲上升沿	XYMSTC	上升沿检测指令，仅在指定元件的上升沿时接通一个扫描周期
ORF	或脉冲下降沿	XYMSTC	下降沿检测指令，仅在指定元件的下降沿时接通一个扫描周期

续表

助记符	名　称	可用元件	功　能　用　途
ANB	电路块与	—	并联电路块的串联连接指令
ORB	电路块或	—	串联电路块的并联连接指令
MPS	进栈	—	将运算结果（或数据）压入栈存储器
MRD	读栈	—	将栈存储器第一层的内容读出
MPP	出栈	—	将栈存储器第一层的内容弹出
INV	反转	—	将执行该指令之前的运算结果进行取反操作
NOP	空操作	—	程序中仅做空操作运行
END	结束	—	表示程序结束

第二节　基本指令系统

一、逻辑取及线圈驱动指令 LD、LDI、OUT

逻辑取及线圈驱动指令 LD、LDI、OUT 的指令详细说明见表 4-2。

表 4-2　LD、LDI、OUT 指令表

助记符	名称	功　能	电路表示及操作元件	程　序　步
LD	取	常开触点逻辑运算开始	X,Y,M,S,T,C	1
LDI	取反	常闭触点逻辑运算开始	X,Y,M,S,T,C	1
OUT	输出	线圈驱动	Y,M,S,T,C	Y、M：1 特殊辅助继电器 M：2 T：3 C：3～5

LD、LDI、OUT 指令的具体用法如图 4-1（a）所示。图 4-1（b）是对应的指令表。

指令使用说明：

（1）LD：取指令，用于编程元件的常开触点与母线的起始连接，并与后述的 ANB、ORB 指令配合使用用于分支回路开始处。

（2）LDI：取反指令，用于编程元件的常闭触点与母线的起始连接，并与后述的 ANB、ORB 指令配合使用用于分支回路开始处。

（3）OUT：驱动线圈指令，用于驱动输出继电器 Y、辅助继电器 M、状态继电器 S、定时器 T、计数器 C，但不能用于输入继电器 X。对于定时器 T 和计数器 C，OUT 指令之后必须设置常数。

（4）OUT 指令可以并联使用，如图 4-1（a）所示，对应指令为 OUT M100 和

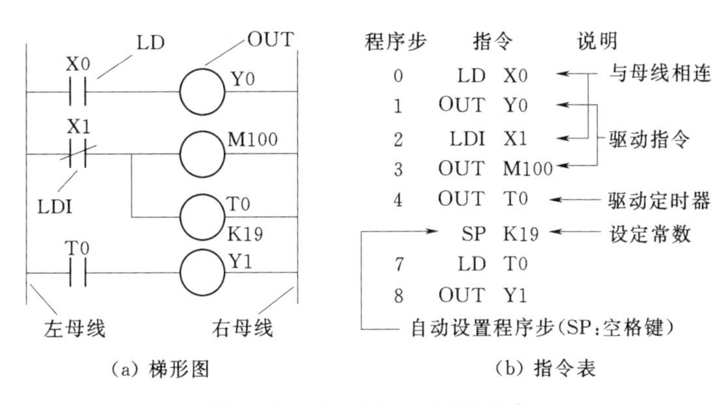

图 4-1 LD、LDI、OUT 指令

OUT T0。

二、触点串联指令 AND、ANI

触点串联指令 AND、ANI 的指令详细说明见表 4-3。

表 4-3 AND、ANI 指令表

助记符	名称	功能	电路表示及操作元件	程序步
AND	与	常开触点串联连接	X,Y,M,S,T,C	1
ANI	与非	常闭触点串联连接	X,Y,M,S,T,C	1

AND、ANI 指令的具体用法如图 4-2（a）所示，图 4-2（b）所示是对应的指令表。

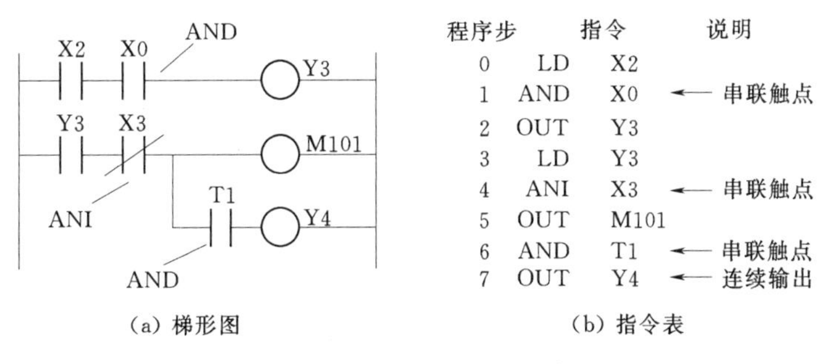

图 4-2 AND、ANI 指令

指令使用说明：

(1) AND：常开触点串联连接指令，用于串联 1 个常开触点的指令，可以连续使用，串联触点的数量不限。

(2) ANI：常闭触点串联连接指令，用于串联 1 个常闭触点的指令，可以连续使用，串联触点的数量不限。

（3）若串联的不是一个触点，而是多个触点的组合，则须采用后述的块操作指令 ANB。

（4）图 4－2（a）所示的 OUT M101 所在的逻辑行与下一逻辑行的连接方式称为“连续输出”或“纵接输出”。“连续输出”是指在执行 OUT 指令后，通过触点对其他线圈执行 OUT 指令。只要电路设计顺序正确，“连续输出”的 OUT 指令可重复使用。图 4－3（a）所示电路顺序不合理，对应的指令表要使用后述的 MPS 指令才能完成输出，或者修改为如图 4－3（b）所示的电路。

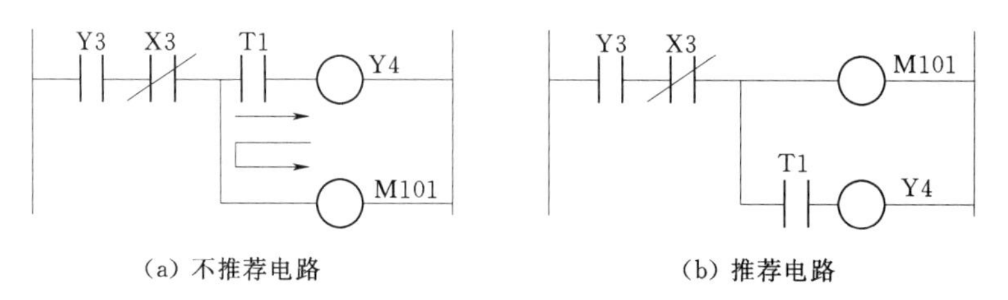

（a）不推荐电路　　（b）推荐电路

图 4－3　OUT 指令顺序应用

三、触点并联指令 OR、ORI

触点并联指令 OR、ORI 的指令详细说明见表 4－4。

表 4－4　　OR、ORI 指令表

助记符	名称	功　能	电路表示及操作元件	程序步
OR	或	常开触点并联连接	X,Y,M,S,T,C	1
ORI	或非	常闭触点并联连接	X,Y,M,S,T,C	1

OR、ORI 指令的具体用法如图 4－4（a）所示。图 4－4（b）所示是对应的指令表。

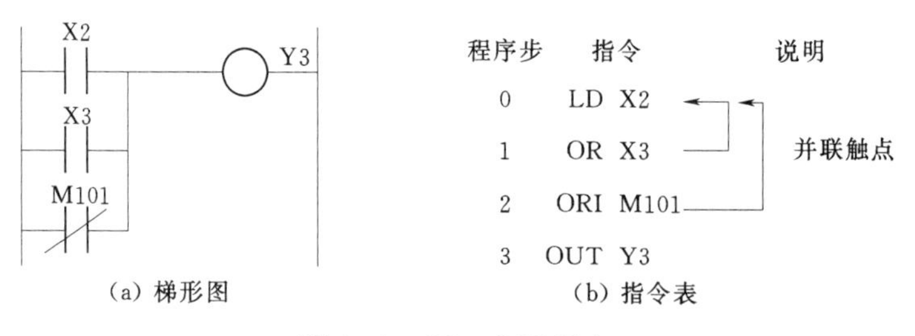

（a）梯形图　　（b）指令表

图 4－4　OR、ORI 指令

指令使用说明：

（1）OR：常开触点并联连接指令，用于并联 1 个常开触点的指令，OR 指令可以连续使用，并联到前面最近的 LD、LDI 指令上，并联触点的数量不受限制。

（2）ORI：常闭触点并联连接指令，用于并联 1 个常闭触点的指令，ORI 指令可以连续使用，并联到前面最近的 LD、LDI 指令上，并联触点的数量不受限制。

（3）若要将两个以上触点的串联电路和其他回路并联，则须采用后述的块操作指令 ORB。

四、串联电路块的并联指令 ORB

块的并联指令 ORB 的指令详细说明见表 4－5。

表 4－5　　ORB 指 令 表

助记符	名称	功　能	电路表示及操作元件	程 序 步
ORB	电路块或	串联电路的并联连接	无操作元件	1

ORB 指令的具体用法如图 4－5（a）所示。图 4－5（b）所示是对应的指令表。

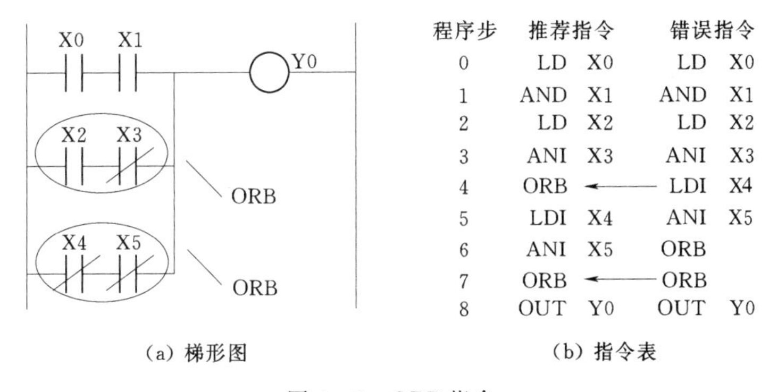

程序步	推荐指令	错误指令
0	LD　X0	LD　X0
1	AND　X1	AND　X1
2	LD　X2	LD　X2
3	ANI　X3	ANI　X3
4	ORB ←	LDI　X4
5	LDI　X4	ANI　X5
6	ANI　X5	ORB
7	ORB ←	ORB
8	OUT　Y0	OUT　Y0

（a）梯形图　　（b）指令表

图 4－5　ORB 指令

指令使用说明：

（1）ORB：串联电路块的并联指令，用于串联电路块的并联连接。ORB 指令无操作元件。

（2）2 个或 2 个以上的触点串联连接的电路，称为串联电路块。分支的开始使用 LD、LDI 指令，分支的结束使用 ORB 指令。

五、并联电路块的串联指令 ANB

块的串联指令 ANB 的指令详细说明见表 4－6。

表 4－6　　ANB 指 令 表

助记符	名称	功　能	电路表示及操作元件	程 序 步
ANB	电路块与	并联电路的串联连接	无操作元件	1

ANB 指令的具体用法如图 4－6（a）所示。图 4－6（b）所示是对应的指令表。

指令使用说明：

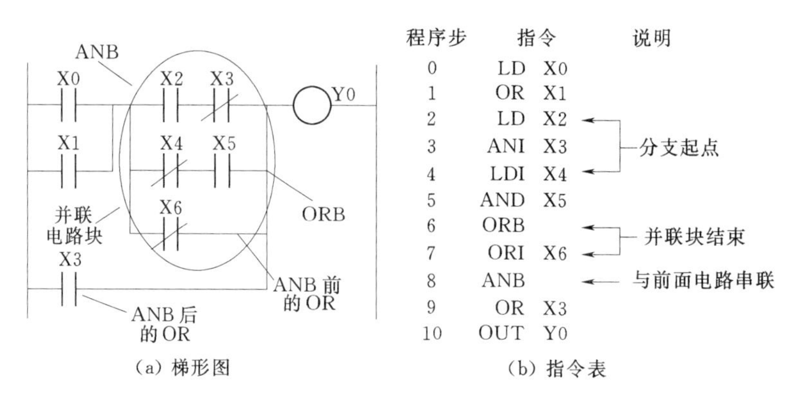

(a) 梯形图　　(b) 指令表

图 4-6　ANB 指令

(1) ANB：并联电路块的串联指令，用于并联电路块的串联连接。ANB 指令无操作元件。

(2) 2 个或 2 个以上的触点（或分支）并联连接的电路，称为并联电路块。分支的开始使用 LD、LDI 指令，分支的结束使用 ANB 指令。

六、脉冲式操作指令 LDP/LDF、ANDP/ANDF、ORP/ORF

LDP/LDF、ANDP/ANDF、ORP/ORF 的指令详细说明见表 4-7。

表 4-7　LDP/LDF、ANDP/ANDF、ORP/ORF 指令表

助记符	名　称	功　　能	电路表示及操作元件	程 序 步
LDP	取脉冲上升沿	上升沿检出常开触点运算	X,Y,M,S,T,C	2
LDF	取脉冲下降沿	下降沿检出常开触点运算	X,Y,M,S,T,C	2
ANDP	与脉冲上升沿	上升沿检出常开触点串联	X,Y,M,S,T,C	2
ANDF	与脉冲下降沿	下降沿检出常开触点串联	X,Y,M,S,T,C	2
ORP	或脉冲上升沿	上升沿检出常开触点并联	X,Y,M,S,T,C	2
ORF	或脉冲下降沿	下降沿检出常开触点并联	X,Y,M,S,T,C	2

脉冲式操作指令分为两类：一类是上升沿检出的触点指令 LDP、ANDP、ORP；另一类是下降沿检出的触点指令 LDF、ANDF、ORF。脉冲式操作指令的具体用法如图 4-7 (a) 和图 4-7 (b) 所示。

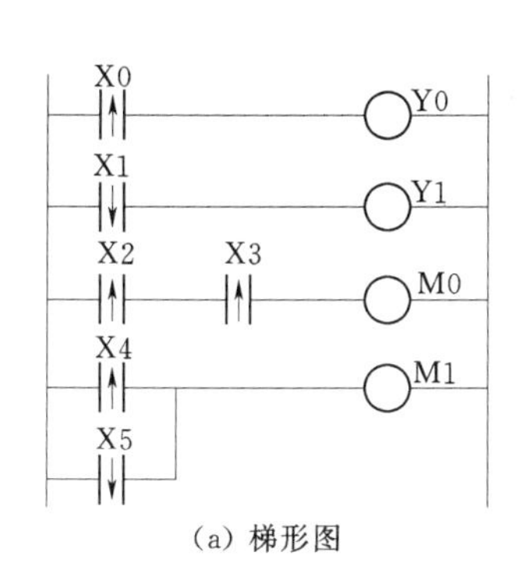

(a) 梯形图

程序步	指令	程序步	指令
0	LDP X0	8	ANDP X3
2	OUT Y0	10	OUT M0
3	LDF X1	11	LDP X4
5	OUT Y1	13	ORF X5
6	LDP X2	15	OUT M1

(b) 指令表

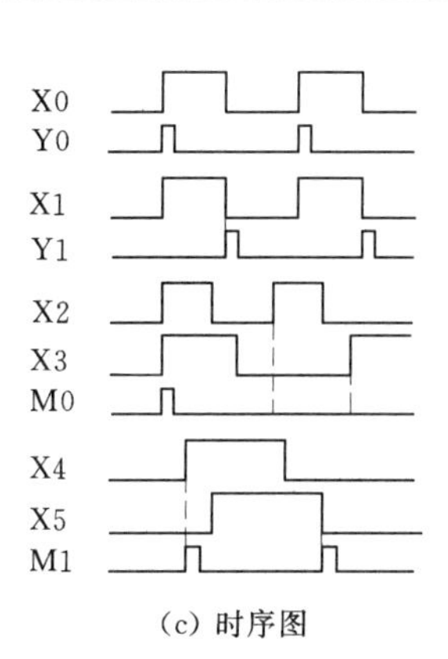

(c) 时序图

图 4-7 脉冲式操作指令

指令使用说明：

(1) LDP、ANDP、ORP 仅在指定位软元件上升沿时（位软元件状态由 OFF→ON 时）接通一个扫描周期。

(2) LDF、ANDF、ORF 仅在指定位软元件下降沿时（位软元件状态由 ON→OFF 时）接通一个扫描周期。

(3) 脉冲操作指令的软元件指定为辅助继电器 M 时，编号范围 M0～M2799 与编号范围 M2800～M3071 动作有差异。详细说明可查看三菱 FX 指令技术资料。

七、多重输出指令 MPS、MRD、MPP

MPS、MRD、MPP 的指令详细说明见表 4-8。

表 4-8　　MPS、MRD、MPP 指令表

助记符	名称	功 能	电路表示及操作元件	程 序 步
MPS	进栈	数据压入栈中	MPS MRD MPP 无操作数	1
MRD	读栈	从栈中读出数据		1
MPP	出栈	数据出栈		1

PLC 中有个存储区域称为栈存储器，用于存放中间运算结果。三菱 FX 提供了 11 个存储器，如图 4-8 所示。多重输出指令的具体使用如图 4-9 (a) 所示。图 4-9 (b) 所示为对应的指令表。

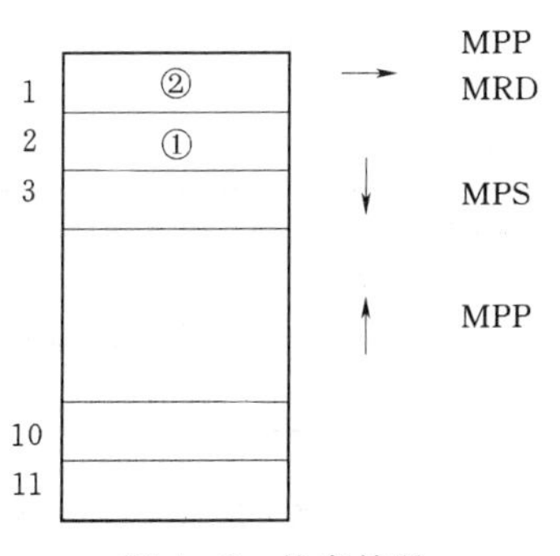

图 4-8 栈存储器

1. 指令使用说明

(1) MPS：进栈指令，用于将运算结果（数据）压入栈存储器。使用 MPS，当前的运算结果被压入栈的第一层，原来的数据依次向栈的下一层推移。

(2) MRD：读栈指令，用于读出栈存储器的第一层

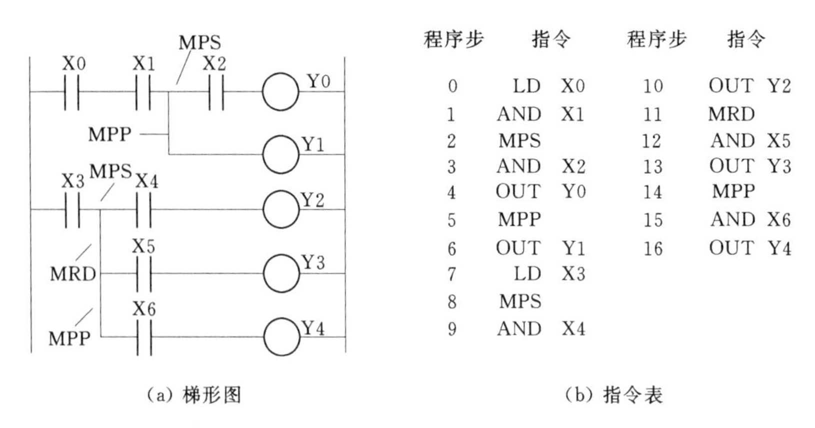

程序步	指令	程序步	指令
0	LD X0	10	OUT Y2
1	AND X1	11	MRD
2	MPS	12	AND X5
3	AND X2	13	OUT Y3
4	OUT Y0	14	MPP
5	MPP	15	AND X6
6	OUT Y1	16	OUT Y4
7	LD X3		
8	MPS		
9	AND X4		

(a) 梯形图　　(b) 指令表

图 4－9　一层栈指令

内容，栈内的数据不发生移动。

(3) MPP：出栈指令，用于将栈存储器的第一层内容弹出，栈内各层的数据同时向上移动一次。

2. 实例

(1) 二层栈编程实例。二层栈电路梯形图和指令表如图 4－10 所示。

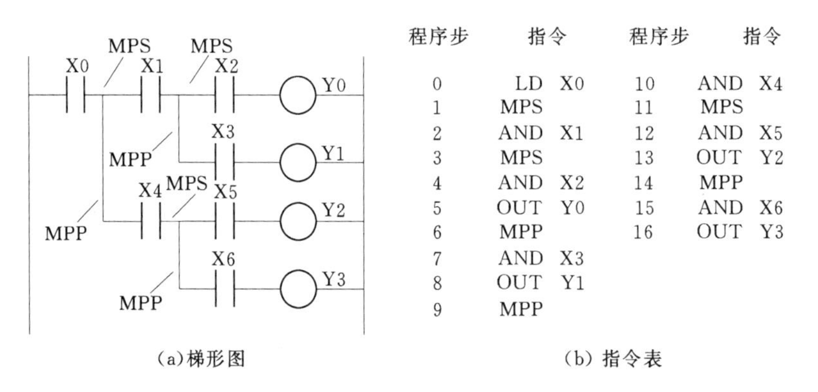

程序步	指令	程序步	指令
0	LD X0	10	AND X4
1	MPS	11	MPS
2	AND X1	12	AND X5
3	MPS	13	OUT Y2
4	AND X2	14	MPP
5	OUT Y0	15	AND X6
6	MPP	16	OUT Y3
7	AND X3		
8	OUT Y1		
9	MPP		

(a)梯形图　　(b) 指令表

图 4－10　二层栈指令应用

(2) 四层栈编程实例。四层栈电路梯形图和指令表如图 4－11 所示。

八、主控和主控复位指令 MC、MCR

MC、MCR 的指令详细说明见表 4－9。

表 4－9　　MC、MCR 指令表

助记符	名称	功　能	电路表示及操作元件	程序步
MC	主控	主控电路块起点	Y,M　MC N Y,M	3
MCR	主控复位	主控电路块终点	MCR N 不允许使用特殊辅助继电器 M	2

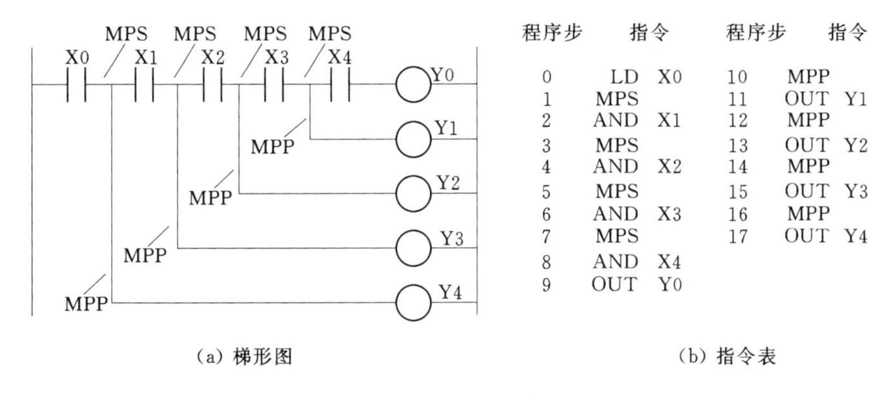

(a) 梯形图　　(b) 指令表

图 4-11 四层栈指令应用

实际编程中，常常会遇到多个输出线圈同时受一个触点或触点组控制的情况，如图 4-12所示。如果在每个线圈的控制电路中串入同样的触点，将会占用很多存储单元。MC、MCR 指令可以解决这种问题。MC、MCR 指令的具体应用如图 4-13 所示。

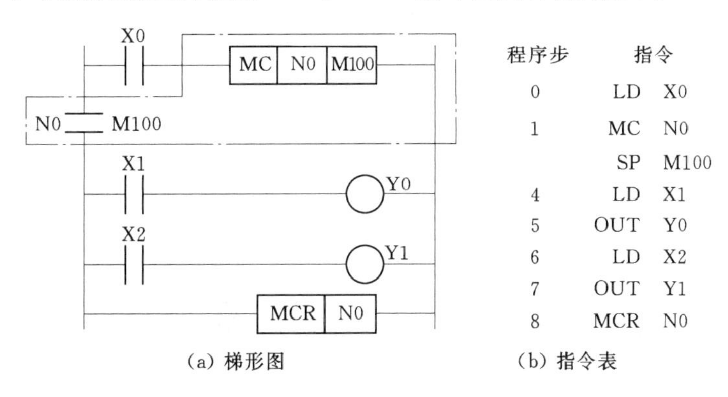

(a) 梯形图　　(b) 指令表

图 4-12 MC、MCR 指令

在 MC 指令内采用 MC 指令时，嵌套级 N 的地址号按顺序变大。（N0→N1→N2）在将该指令返回时，采用 MCR 指令，则从大的嵌套级开始消除。

指令使用说明：

（1）MC：主控指令，用于公共串联触点的连接。

（2）MCR：主控复位指令，用于 MC 指令的复位。

九、逻辑运算取反指令 INV

INV 的指令详细说明见表 4-10。

表 4-10　　INV 指令表

助记符	名称	功　能	电路表示及操作元件	程序步
INV	反转	运算结果的反转	无操作元件	1

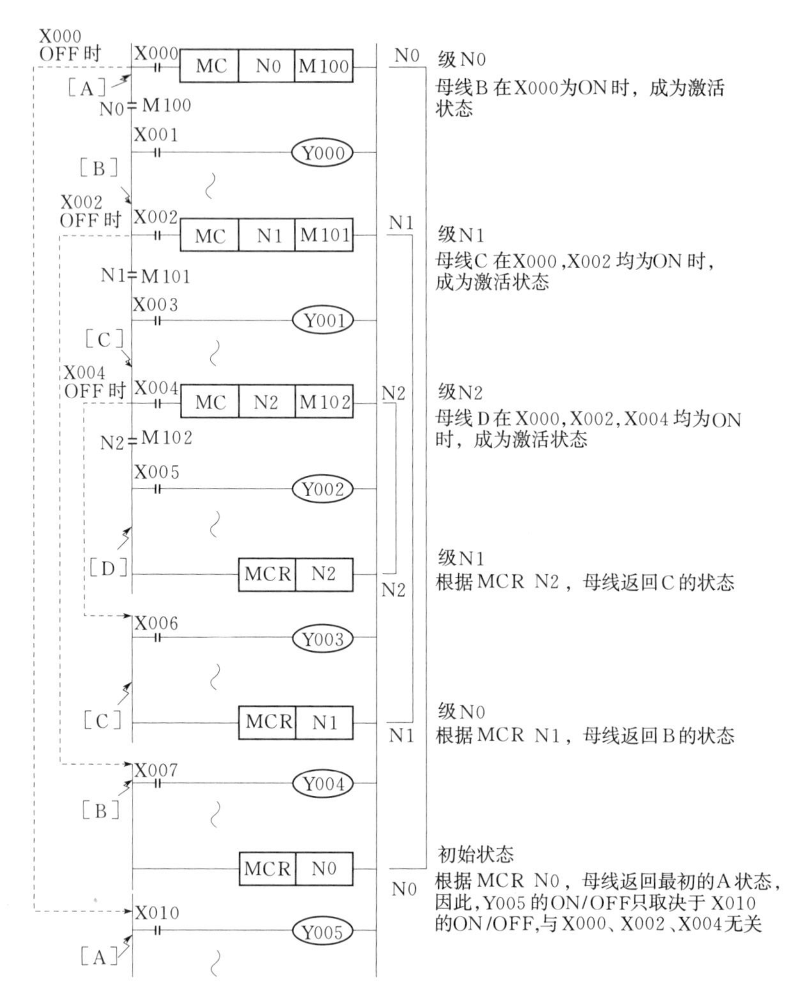

图 4-13　MC、MCR 指令嵌套应用

INV 指令的具体应用如图 4-14 所示。

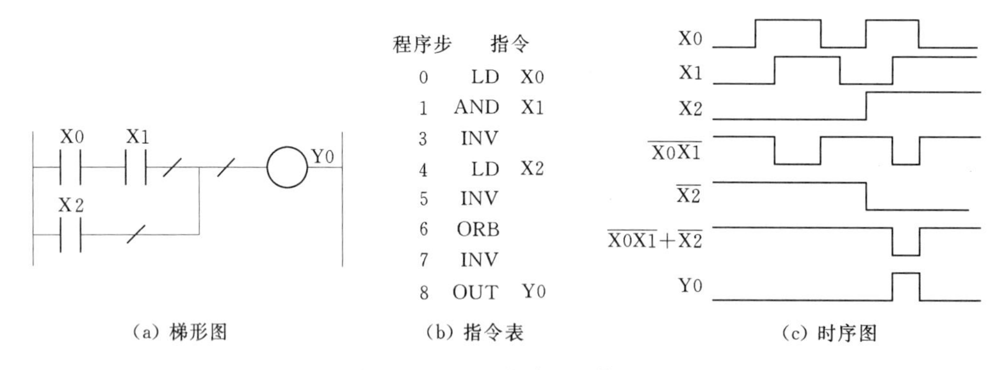

图 4-14　INV 指令的具体应用

指令使用说明：

（1）INV：逻辑取反指令，用于将即将执行 INV 指令前的运算结果反转。

（2）使用 INV 指令时，在能输入 AND 或 ANI、ANDP 或 ANDF 指令的相同位置处编程。

（3）不能像 OR、ORI、ORP、ORF 指令那样单独使用，不能像 LD、LDI、LDP、LDF 指令那样与母线单独相连。

十、置位及复位指令 SET、RST

SET、RST 的指令详细说明见表 4-11。

表 4-11　　SET、RST 指 令 表

助记符	名　称	功　　能	电路表示及操作元件	程 序 步
SET	置位	令元件自保持 ON	─┤ ├─[SET Y,M,S]─	Y，M：1 S，特殊辅助继电器 M：2
RST	复位	令元件自保持 OFF 清数据寄存器	─┤ ├─[RST Y,M,S,D,V,Z,T,C]─	D，V，Z，特殊文件寄存器 D：3

SET、RST 指令的具体应用如图 4-15 所示。

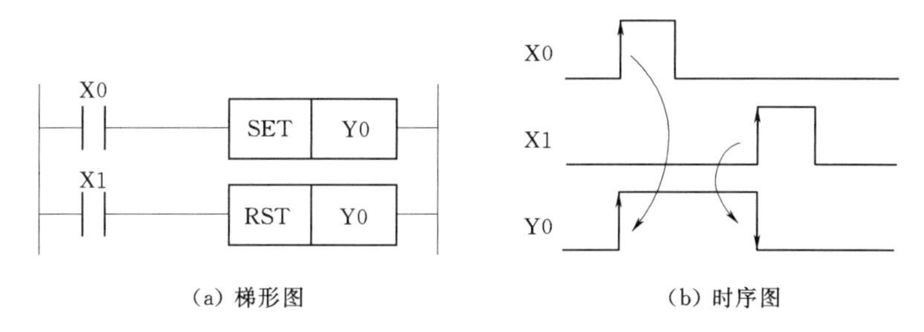

图 4-15　SET、RST 指令的具体应用

指令使用说明：

（1）SET：置位指令，用于使元件保持为 ON。

（2）RST：复位指令，用于使元件保持为 OFF。

（3）SET、RST 指令使被驱动的线圈具有保持功能。对同一元件可以多次使用 SET、RST 指令，顺序可任意，但最后执行的指令有效。

十一、脉冲输出指令 PLS、PLF

PLS、PLF 的指令详细说明见表 4-12。

表 4-12　　PLS、PLF 指 令 表

助记符	名称	功　　能	电路表示及操作元件	程 序 步
PLS	上沿脉冲	上升沿微分输出	─┤ ├─[PLS Y,M]─	2
PLF	下沿脉冲	下降沿微分输出	─┤ ├─[PLF Y,M]─	2

PLS、PLF 指令的具体应用如图 4－16 所示。

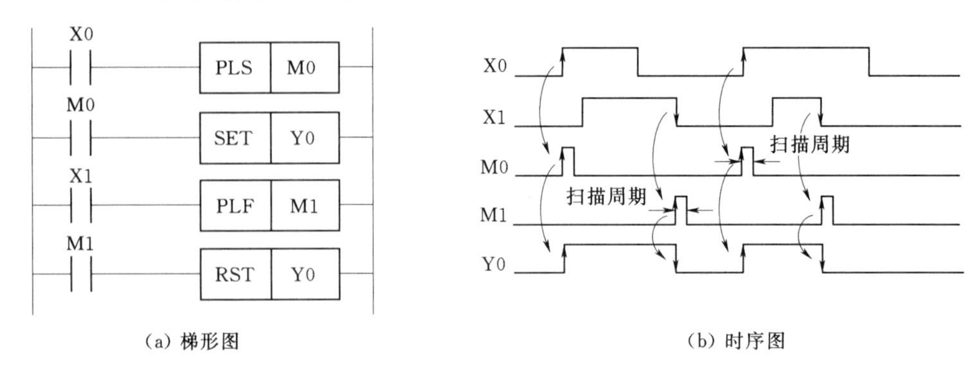

(a) 梯形图　　(b) 时序图

图 4－16　PLS、PLF 指令的具体应用

指令使用说明：

(1) PLS：使元件 Y、M 仅在驱动输入接通（ON）后的一个扫描周期内动作。

(2) PLF：使元件 Y、M 仅在驱动输入断开（OFF）后的一个扫描周期内动作。

(3) PLS、PLF 只能用于 Y 和 M，但特殊辅助继电器不能用作操作元件。

十二、空操作指令 NOP

NOP 的指令详细说明见表 4－13。

表 4－13　NOP 指令表

助记符	名称	功　能	电路表示及操作元件	程 序 步
NOP	空操作	无动作	无操作元件	1

NOP 指令的具体应用如图 4－17 所示。

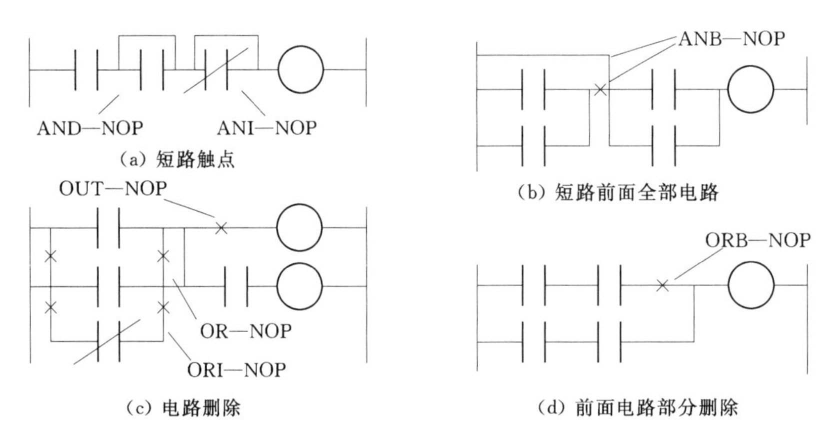

(a) 短路触点　　(b) 短路前面全部电路

(c) 电路删除　　(d) 前面电路部分删除

图 4－17　NOP 指令的具体应用

指令使用说明：

(1) NOP：空操作指令，程序全部清除时，全部指令为空操作。

(2) 在普通指令之间加入空操作指令 NOP，PLC 可继续工作而不受影响。

(3) 编程时适当插入 NOP 指令，可以减少程序更改时指令表中步序号的变化。

（4）如将已写入的指令改为 NOP，程序将发生变化。

十三、程序结束指令 END

END 的指令详细说明见表 4－14。

表 4－14　　END 指令表

助记符	名称	功　　能	电路表示及操作元件	程序步
END	结束	输入/输出处理 程序回第“0”步	[END] 无操作元件	1

指令使用说明：END 为程序结束指令，用在程序的结束，表示程序终了，END 指令以后的程序步不再执行。

第三节　梯形图编程规则

梯形图编程规则如下：

（1）按照自上而下、从左至右的原则。

（2）元件线圈不能直接接在左边的母线上，如有需要，可通过常闭触点连接，如图 4－18 所示。

(a) 不正确　　(b) 正确

图 4－18　编程规则（一）

（3）元件线圈的右边不能安排触点，如图 4－19（a）所示，应改为图 4－19（b）所示的电路。

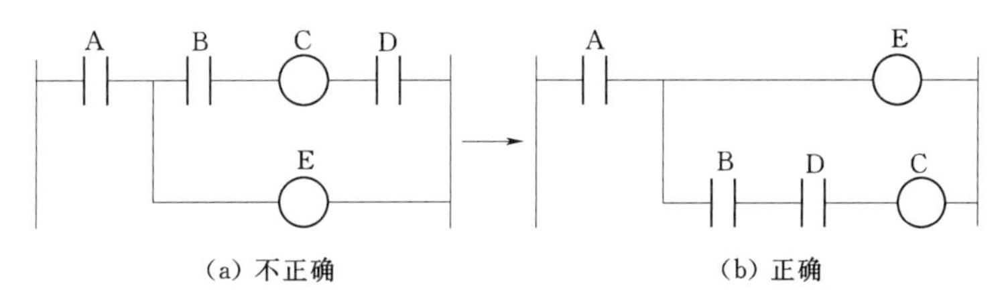

(a) 不正确　　(b) 正确

图 4－19　编程规则（二）

（4）触点不能画在垂直分支上，图 4－20（a）所示的桥式电路应改为图 4－20（b）所示的电路。

（5）元件多的串联支路置于上面，并联支路置于左边，使程序简洁明了，如图 4－21 所示。

（6）避免双线圈输出。在同一程序中，同一编号的元件线圈如果使用两次称为双线圈输出，前面的输出为无效的，只有最后一次才有效，如图 4－22 所示。双线圈输出容易引起误操作，应尽量避免。

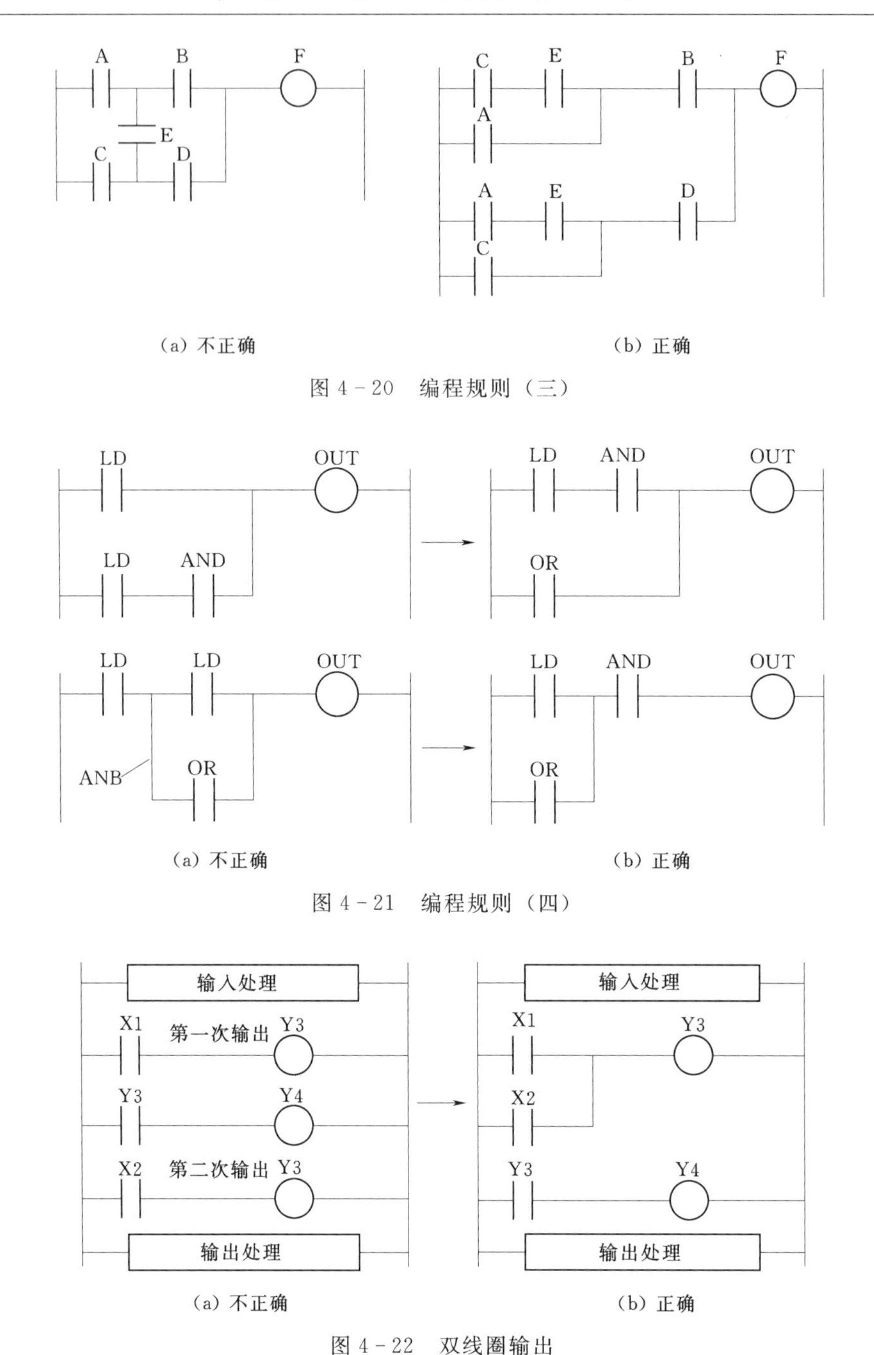

(a) 不正确　　(b) 正确

图 4-20　编程规则（三）

(a) 不正确　　(b) 正确

图 4-21　编程规则（四）

(a) 不正确　　(b) 正确

图 4-22　双线圈输出

第四节　常用基本电路和实例

一、基本电路

1. 启动、保持和停止电路

图 4-23（a）所示是一个典型的启动、保持、停止电路梯形图。当 X1 为 ON 时，X1

的常开触点闭合，输出继电器 Y1 接通为 ON，X1 为启动信号。因为 Y1 的常开触点和 X1 并联，当 Y1 得电接通后，Y1 常开触点闭合，实现自锁。此时无论 X1 接通或者断开，输出继电器 Y1 保持接通状态。当 X2 为 ON 时，X2 的常闭触点断开，输出继电器 Y1 断开为 OFF，X2 为停止信号。实际电路中，启动信号和停止信号可由多个触点组成的串联、并联电路提供。

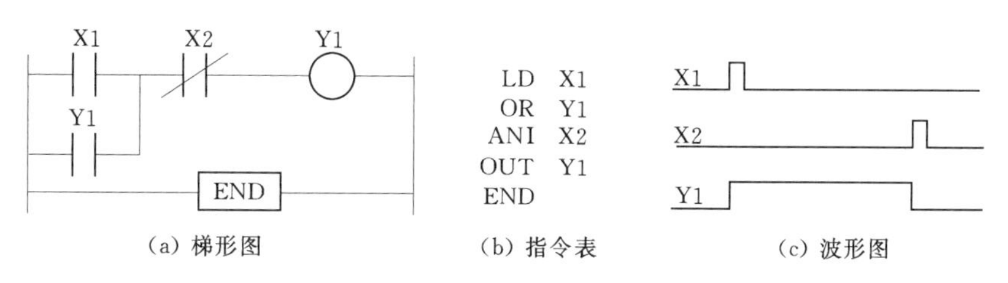

(a) 梯形图 (b) 指令表 (c) 波形图

图 4-23 启动、保持和停止电路（一）

图 4-24（a）所示是利用置位、复位指令实现的启动、保持和停止电路梯形图。当 X1 为 ON 时，X1 的常开触点闭合，输出继电器 Y1 接通为 ON，Y1 接通后，无论此时 X1 接通（ON）或断开（OFF），Y1 由于置位指令 SET 保持接通。当 X2 为 ON 时，X2 的常开触点闭合，使得输出继电器 Y1 被复位为 OFF 断开。

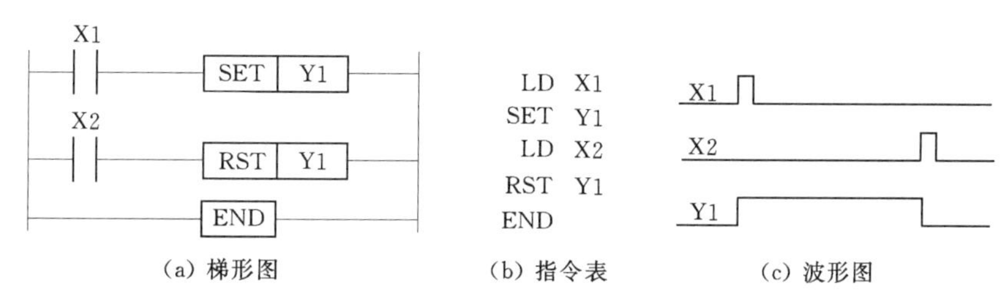

(a) 梯形图 (b) 指令表 (c) 波形图

图 4-24 启动、保持和停止电路（二）

2. 优先控制电路

在一些有多个输入信号的系统中，先接通的即获得优先权，而后接通的无效（如抢答器）。这样的电路称为优先控制电路，如图 4-25 所示，此为两个输入信号 X1、X2 的优先控制程序。其中 X0 为复位信号，Y1、Y2 分别为输入信号 X1、X2 控制的对应输出继电器，M1、M2 为内部辅助继电器。

当 X1 先接通为 ON 时，内部辅助继电器 M1 接通并自锁，输出继电器 Y1 接通为 ON。同时由于 M1 的常闭触点断开，即使输入信号 X2 随后接通，内部辅助继电器 M2 也无法接通，因此输出继电器 Y2 并没接通；同理，若 X2 首先接通为 ON 时，输出继电器 Y2 接通为 ON，而输出继电器 Y1 则没接通。此电路保证了先接通信号优先保持输出。当 X0 为 ON 时，输出继电器 Y1 或 Y2 断开，优先电路复位。

3. 比较控制电路

当输入信号符合预先设定的条件时，对应的输出就会如期接通。表 4-15 为输入信号 X1、X2，输出继电器 Y1～Y4 的关系表。图 4-26（a）所示为对应的梯形图。

当 X1、X2 都接通时，输出继电器 Y1 接通为 ON；其余的见表 4-15。此电路可以实现采用两个输入信号控制 4 路输出。

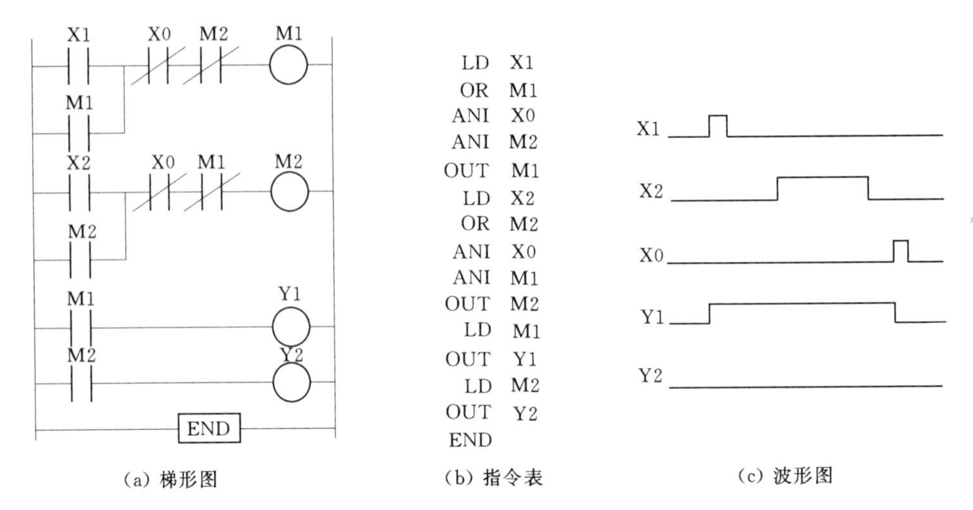

(a) 梯形图　(b) 指令表　(c) 波形图

图 4-25　优先控制电路

表 4-15　比较控制电路输入/输出信号关系表

输入信号 X1	输入信号 X2	输出信号状态
ON	ON	Y1=ON
ON	OFF	Y2=ON
OFF	ON	Y3=ON
OFF	OFF	Y4=ON

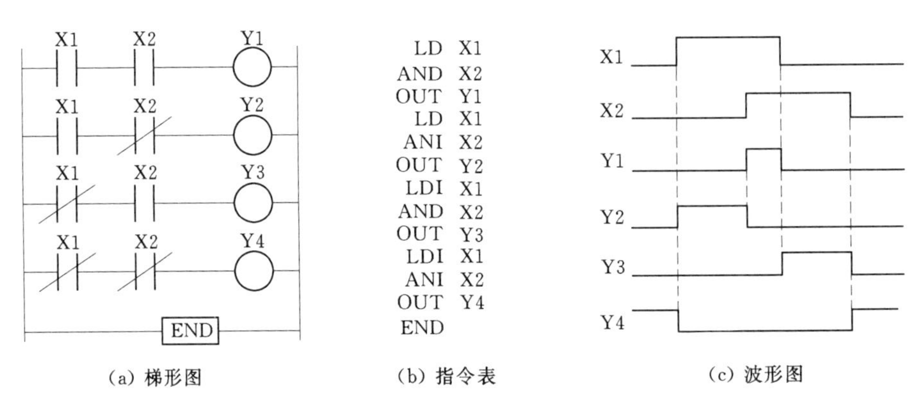

(a) 梯形图　(b) 指令表　(c) 波形图

图 4-26　比较控制电路

4. 分频控制电路

图 4-27 所示为二分频控制电路。该电路可以实现对输入信号的二分频。

X1 信号为一脉冲信号，X1 第一个脉冲信号到来时，上升沿检出指令使得内部辅助继电器 M100 接通，M100 的常开触点闭合 1 个扫描周期，输出继电器 Y1 接通为 ON，并通过 M100 常闭触点和 Y1 常开触点构成的电路实现保持；X1 第二个脉冲信号到来时，上升沿检出指令使内部辅助继电器 M100 接通，M100 的常闭触点断开 1 个扫描周期，此时 M100 常闭触点断开，输出继电器 Y1 断开。X1 第三个脉冲信号到来时，M100 又产生脉

(a) 梯形图　(b) 指令表　(c) 波形图

图 4-27　二分频控制电路

冲，输出继电器 Y1 再次接通保持；X1 第四个脉冲信号到来时，输出继电器 Y1 再次断开。循环往复，Y1 是 X1 的二分频输出。

5. 振荡控制电路

振荡控制电路的产生有很多种，图 4-28～图 4-30 分别为 3 种不同控制方式的振荡控制电路。

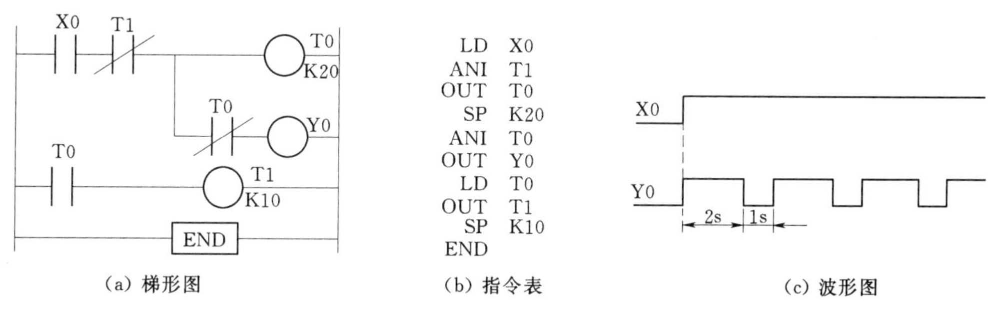

(a) 梯形图　(b) 指令表　(c) 波形图

图 4-28　振荡控制电路（一）

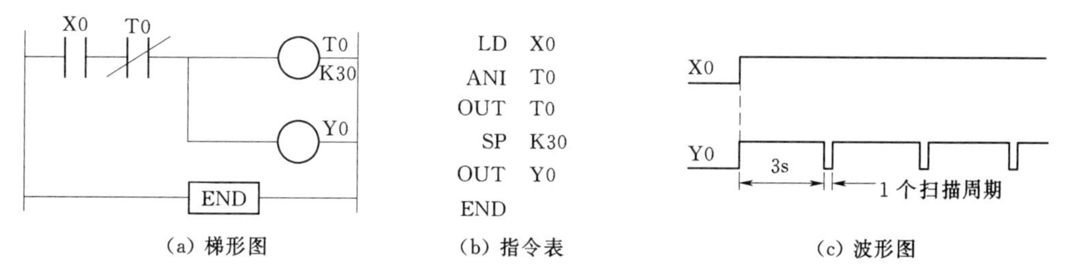

(a) 梯形图　(b) 指令表　(c) 波形图

图 4-29　振荡控制电路（二）

当 X0 闭合后，3 种振荡控制电路均产生周期为 3s 的振荡信号。

6. 延时控制电路

(1) 通电延时接通、断开电路。图 4-31 所示为通电延时接通电路。当 X1 为 ON 时，M100 接通并自锁，同时定时器 T200 接通，T200 的当前计数器开始工作，对 10ms 的时钟脉冲进行累积计数。当前计数器计数值等于设定值 500 时（从 X1 接通到此刻延时 5s），T200 的常开触点闭合，输出继电器 Y1 接通为 ON。当 X2 为 ON 时，M100 断电，M100 常开触点断开，T200 复位，其常开触点断开，输出继电器 Y1 断开。

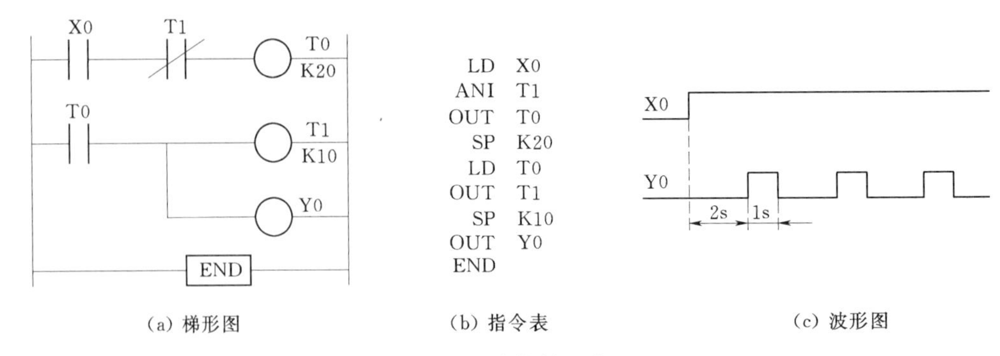

图 4-30　振荡控制电路（三）

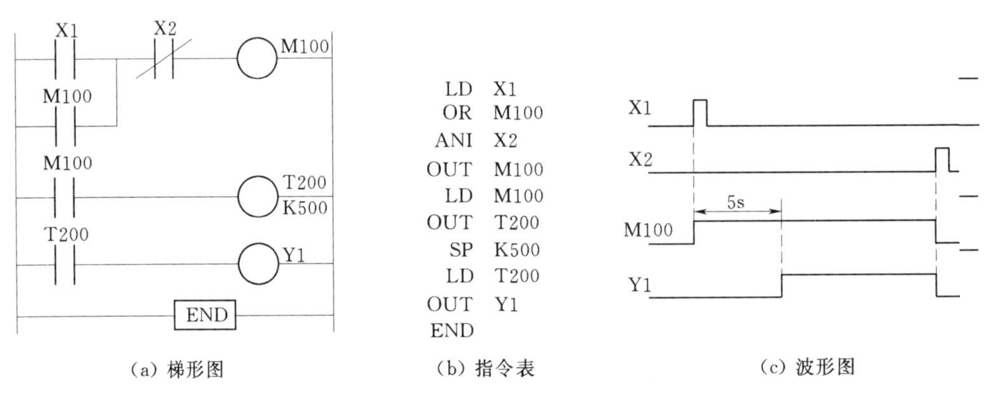

图 4-31　通电延时接通电路

图 4-32 所示为通电延时断开电路。当 X1 为 ON 时，M100 和输出继电器 Y1 接通并自锁，同时定时器 T0 接通，T0 的当前值计数器开始工作，对 100ms 的时钟脉冲进行累积计数，当当前计数器计数值等于设定值 200 时（从 X1 接通到此刻延时 20s），T0 的常闭触点断开，输出继电器 Y1 断电为 OFF。当 X2 为 ON 时，M100 断电，其常开触点断

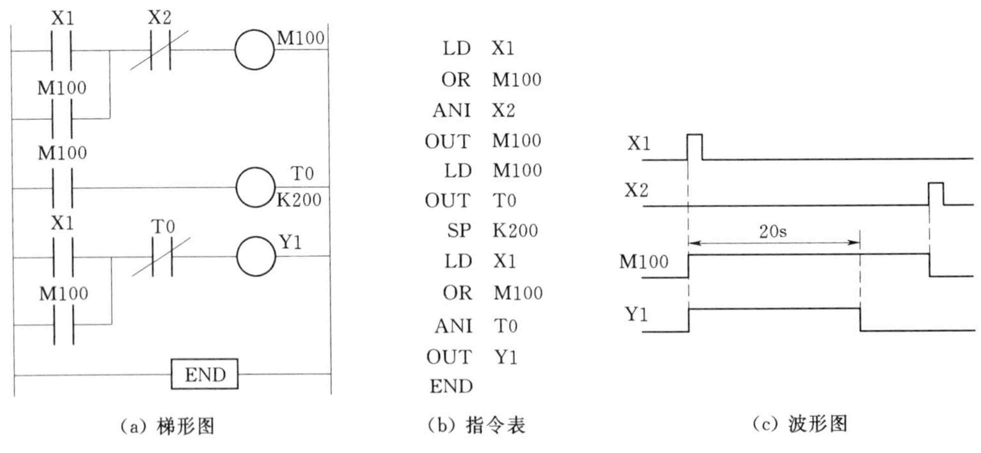

图 4-32　通电延时断开电路

开，T0 复位。

（2）断电延时接通、断开电路。断电延时接通电路如图 4-33 所示。

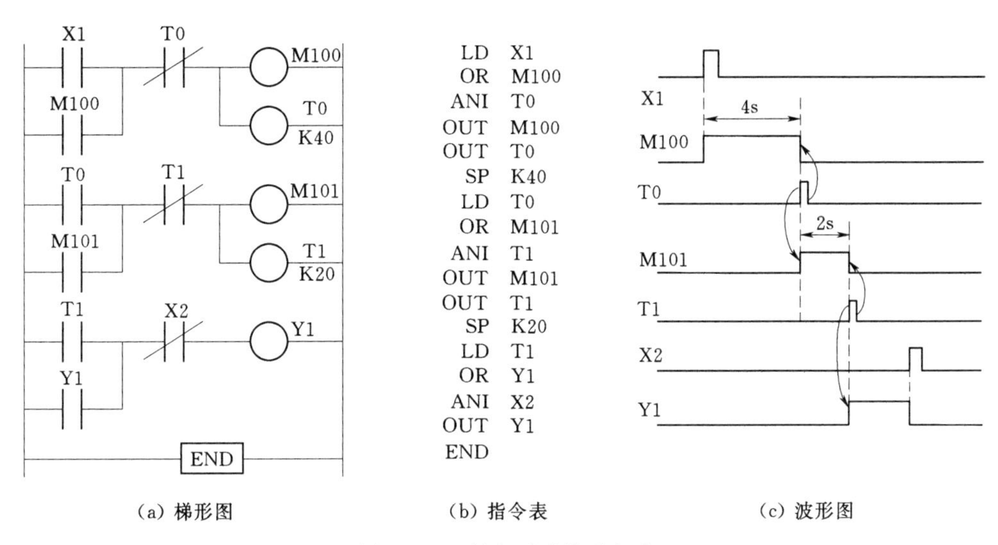

（a）梯形图　　（b）指令表　　（c）波形图

图 4-33　断电延时接通电路

当 X1 为 ON，M100 和 T0 接通并由 M100 实现自锁。T0 的当前值计数器对 100ms 的时钟脉冲进行累积计数。T0 的当前计数器计数值等于设定值 40 时（从 X1 接通到此刻延时 4s），T0 的常开触点闭合，M101 和 T1 接通并由 M101 实现自锁，同时 T0 的常闭触点断开，M100 断电，T0 被复位。当 T1 当前计数器计数值等于设定值 20 时（从 M101 常开触点闭合到此时为 2s），T1 的常开触点闭合，输出继电器 Y1 接通并自锁，T1 的常闭触点断开，M101 断电，T1 被复位。当 X2 为 ON 时，X2 常闭触点断开，Y1 断电。断电延时接通电路在控制系统中应用很多，如 Y—△降压启动电路。先以 Y 接法运行，再转换为△接法，中间转换就是以 Y 接法运行结束作为延时开始的起点，即从 Y 接法运行断开时刻开始计时。

断电延时断开电路如图 4-34 所示。

当 X1 为 ON 时，M100 和 Y1 接通并各自实现自锁。当 X2 为 ON 时，M100 断电，M100 的常闭触点恢复为闭合，此时 T1 接通，当前值计数器对 100ms 的时钟脉冲进行累积计数。当当前计数器数值等于设定值 50 时（从 X2 接通到此刻延时 5s），T1 的常闭触点断开，Y1 断电，同时 T1 被复位。此电路实现输入 X2 信号后，输出继电器 Y1 延迟 5s 断开的功能。

（3）长时间延时控制。某些控制系统需要较长的延时，使用一个定时器无法完成长时间定时的要求，一般可以采用定时器串联来实现。但是某些需要延时几个小时或更长时间的延时场合只用定时器很难实现，此时可以利用内部计数器和定时器组合来实现。

图 4-35 所示为定时器串联实现长时间延时的控制程序。

当 X1 为 ON，T1 接通并开始对 100ms 的时钟脉冲进行计数，当计数到 24000 时，从 X1 接通到此延时 40min；T1 常开触点闭合，T2 接通并开始对 100ms 的时钟脉冲进行计数，当计数到 24000 时，又延时了 40min；T2 常开触点闭合，T3 接通并开始对 100ms

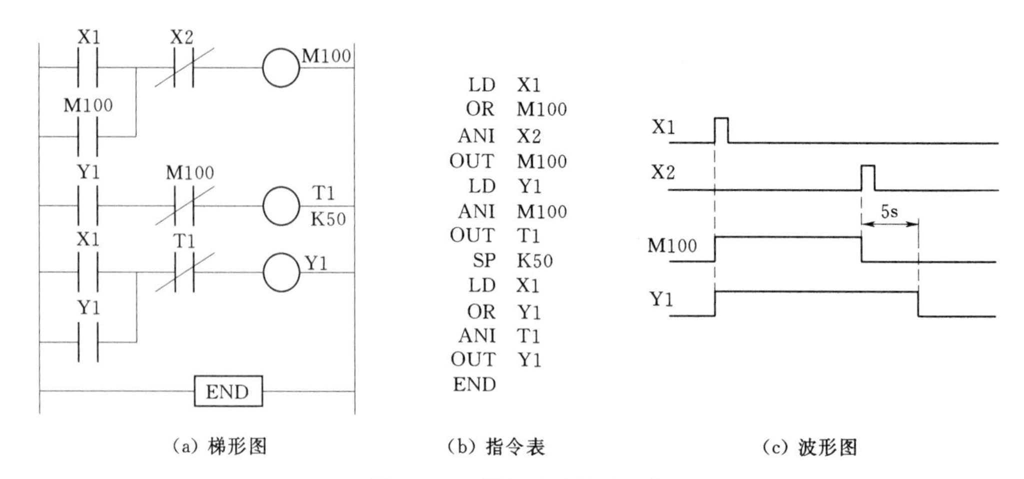

(a) 梯形图　　(b) 指令表　　(c) 波形图

图 4-34　断电延时断开电路

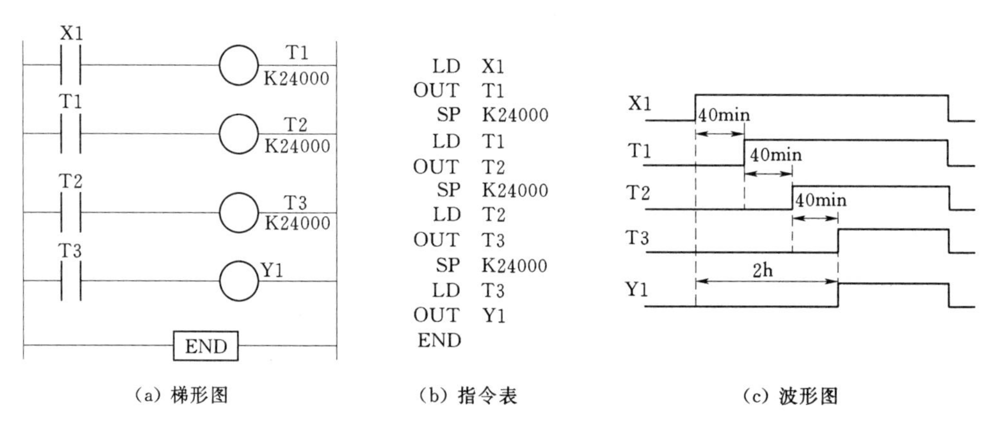

(a) 梯形图　　(b) 指令表　　(c) 波形图

图 4-35　定时器串联实现长时间延时控制程序

的时钟脉冲进行计数，当计数到 24000 时，又延时了 40min，此时输出继电器 Y1 接通，实现了延时 2h 接通的情况。这种情况受到延时的时间和程序编写的限制。

图 4-36 所示为定时器和计数器串联实现长时间延时的控制程序。

在图 4-36 中，以定时器 T1 的设定时间 40min 作为计数器 C1 的输入脉冲信号，所得的延时时间是 T1 设定值的 n 倍。

图 4-37 所示为计数器实现长时间延时的控制程序。

在图 4-37 中以特殊辅助继电器 M8014（1min 时钟脉冲信号）作为计数器 C1 的输入脉冲信号。如果一个计数器不能满足要求，可以将多个计数器串联使用，即用前一个计数器的输出作为后一个计数器的输入脉冲信号，实现更长时间的延时。

二、实例介绍

1. 抢答控制系统

设有 3 个参赛组共 5 人，每人一个按钮——PB_{11}、PB_{12}、PB_{2}、PB_{31}、PB_{32}，如图 4-38 所示，控制要求如下：

（1）竞赛者回答主持人所提问题时，必须抢先按下桌上的按钮。

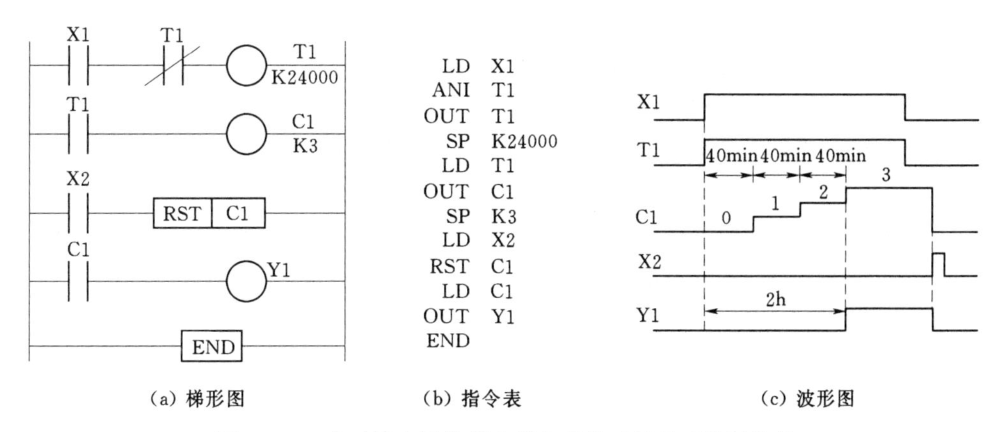

(a) 梯形图　　(b) 指令表　　(c) 波形图

图 4-36 定时器和计数器串联实现长时间延时控制程序

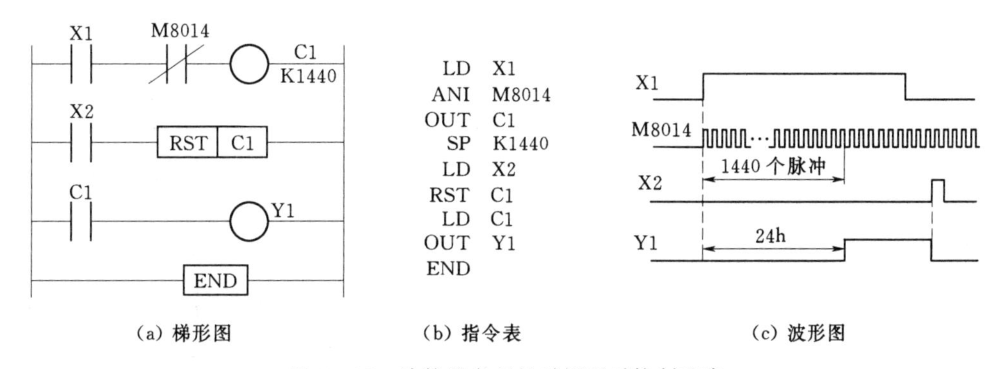

(a) 梯形图　　(b) 指令表　　(c) 波形图

图 4-37 计数器实现长时间延时控制程序

图 4-38 抢答示意图

（2）为了优待儿童，PB_{11} 和 PB_{12} 中的其中一个按钮按下，灯 L1 亮。而教授组的灯 L3 则只有 PB_{31} 和 PB_{32} 同时按下才亮。

(3) 指示灯亮后，需等待主持人按下复位键 PB_4 后才熄灭。

(4) 如果竞赛者在主持人打开开关 SW 后 10s 内按下按钮，接通电磁开关 SOL，电磁线圈将使彩球转动，以示该组得到一个幸运机会。

(5) 控制电路设计：确定输入、输出设备，并分配 PLC 的接点，见表 4-16。

表 4-16　输入、输出设备和接点分配

输入设备	输入接点	输出设备	输出接点
按钮 PB_{11}	X0	灯 L1	Y0
按钮 PB_{12}	X1	灯 L2	Y1
按钮 PB_2	X2	灯 L3	Y2
按钮 PB_{31}	X3	电磁开关 SOL	Y3
按钮 PB_{32}	X4		
按钮 PB_4	X5		
选择开关 SW	X6		

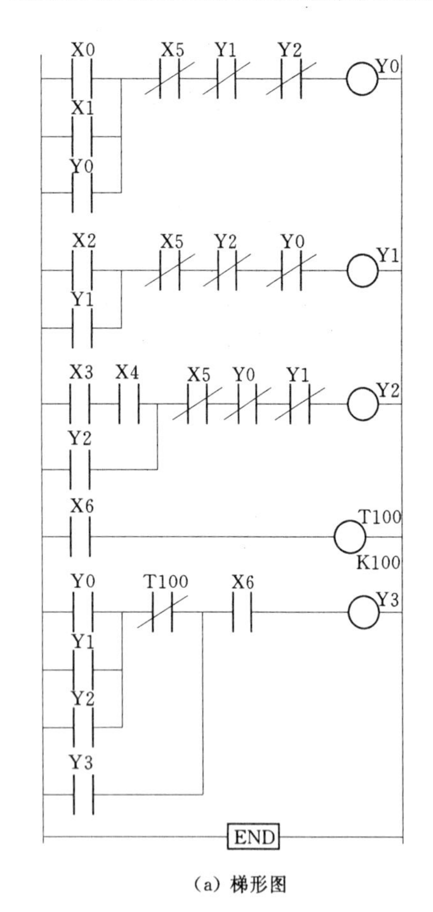


```
LD    X0
OR    X1
OR    Y0
ANI   X5
ANI   Y1
ANI   Y2
OUT   Y0
LD    X2
OR    Y1
ANI   X5
ANI   Y2
ANI   Y0
OUT   Y1
LD    X3
AND   X4
OR    Y2
ANI   X5
ANI   Y0
ANI   Y1
OUT   Y2
LD    X6
OUT   T100
SP    K100
LD    Y0
OR    Y1
OR    Y2
ANI   T100
OR    Y3
AND   X6
OUT   Y3
END
```

(a) 梯形图　　(b) 指令表

图 4-39　抢答控制系统

抢答控制系统的梯形图如图 4-39 (a) 所示。

2. 箱体盛料过少报警系统

系统输入设备有料位低限开关、方式选择开关和复位按钮，输出设备有报警灯和报警器，如图 4-40 所示，控制要求及输入/输出接点分配如下：

(1) 自动方式 (X2＝OFF)。当低限开关 X0 为 ON 后，报警器 Y0 开始报警，同时报警灯 Y1 连续闪烁 (亮 1.5s，灭 2.5s)。10 次后，报警器和报警灯停止。复位按钮 X1 按下也会使报警器和报警灯停止。

(2) 手动方式 (X2＝ON)。当低限开关 X0 为 ON 后，报警器开始报警，报警灯连续闪烁。复位按钮 X1 按下也会使报警器和报警灯停止。

报警系统梯形图如图 4-41 所示。

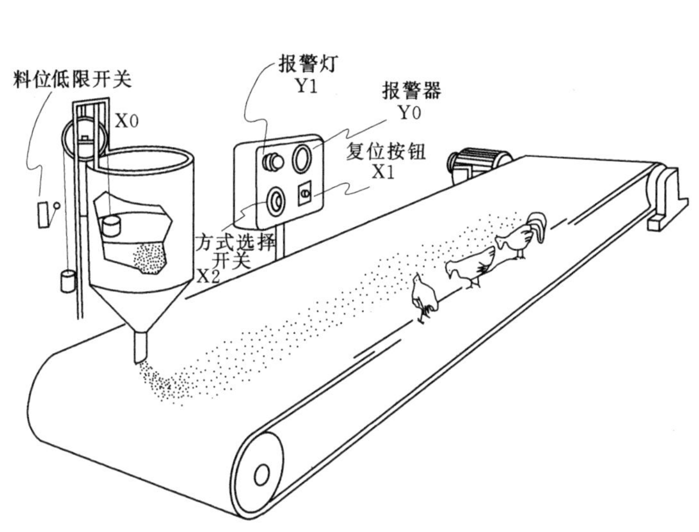

图 4-40　报警系统示意图

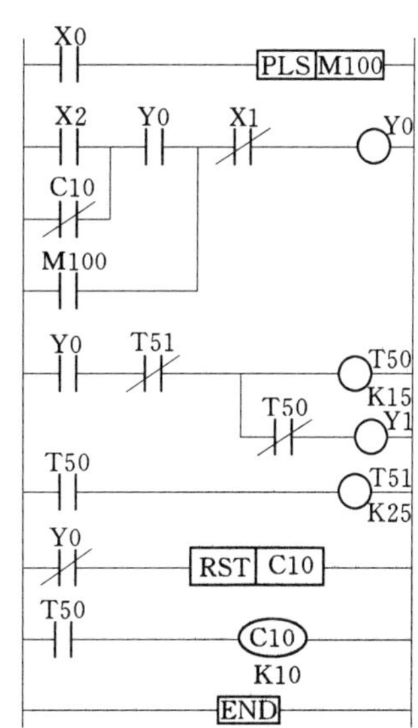

图 4-41　报警系统梯形图

习 题 及 思 考 题

4-1　简答题。

(1) SET、RST 和 OUT 指令有什么区别?

(2) 使用 MC、MCR 指令时应注意什么问题?

4-2　填空题。

(1) OUT 指令不能用于________继电器。

(2) 编程元件中只有________和________的元件符号采用的是八进制。

(3) 与主控指令下端相连的常闭触点应使用________指令。

(4) 外部输入电路接通时，对应的输入映像寄存器为________，梯形图中对应的输入继电器的常开触点________，常闭触点________。

(5) 定时器的线圈________时开始定时，定时时间到时其常开触点________，常闭触点________。

(6) 通用定时器的________时被复位，复位后其常开触点________，常闭触点________，当前值为________。

(7) ________是初始化脉冲，在____________时，它为 ON 一个扫描周期。当 PLC 处于 RUN 状态时，M8000 一直为________。

4-3　画出下列指令表程序对应的梯形图。

(1)

```
LDI    X0
OR     X1
ANI    X2
```

```
OR    M100
LD    X3
AND   X4
ORI   M113
ANB
ORI   M101
OUT   Y0
END
```

（2）

```
LD    X0
AND   X1
LDI   X2
ANI   X3
ORB
LDI   X4
AND   X5
LD    X6
AND   X7
ORB
ANB
LD    M100
AND   M101
ORB
AND   M102
OUT   Y1
END
```

（3）

```
LD    X2
AND   M6
MPS
LD    X3
ORI   Y1
ANB
MPS
AND   X5
OUT   M12
MPP
```

ANI　　X3
SET　　M4
MRD
AND　　X5
OUT　　Y4
MPP
AND　　X6
OUT　　Y6
END

4－4　写出图4－42、图4－43所示梯形图的指令表程序。

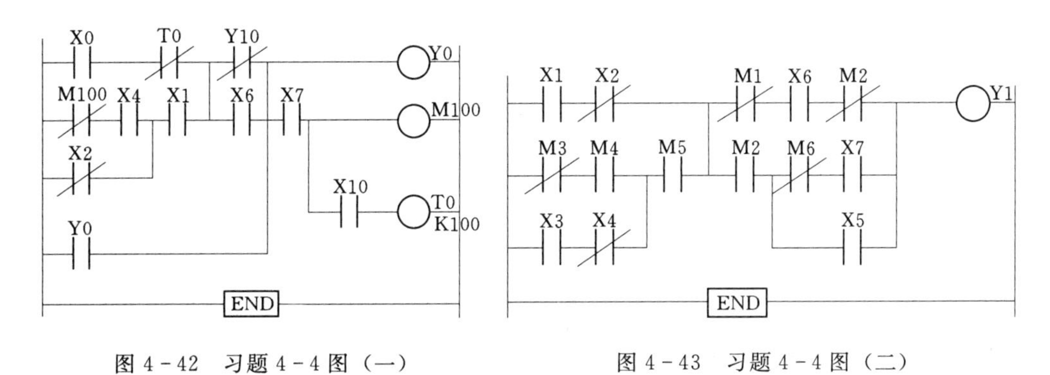

图4－42　习题4－4图（一）　　　图4－43　习题4－4图（二）

4－5　将图4－44所示梯形图改为主控指令编程的梯形图并转换为指令语句。

4－6　用定时器设计一个延时25min的延时电路。

4－7　根据如图4－45所示的时序图，编制实现该功能的梯形图。

4－8　画出如图4－46所示的梯形图的输出波形。

4－9　在一个教室内外各安装一个开关来控制教室里的一盏灯，试画出控制电路梯形图，并转化为指令表。

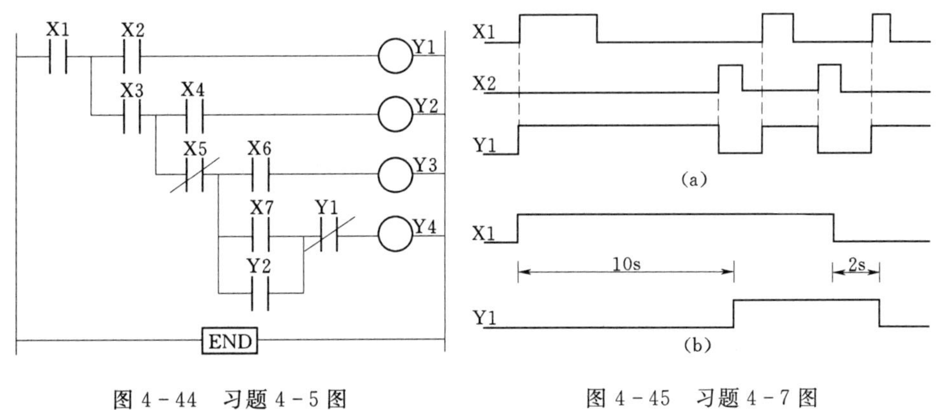

图4－44　习题4－5图　　　图4－45　习题4－7图

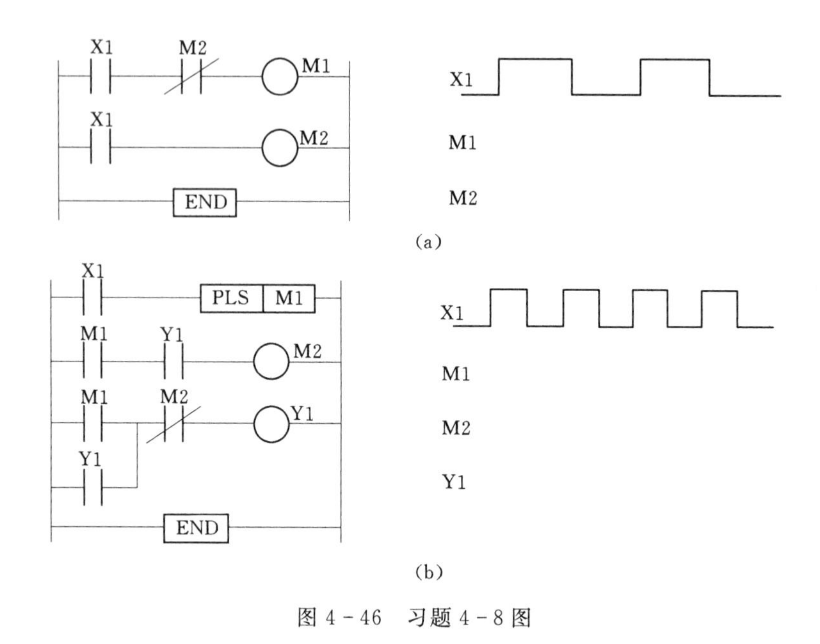

图 4-46　习题 4-8 图

本章部分典型例题及解题思路请扫描下方二维码进行学习。

第五章　可编程控制器的步进顺控指令系统

顺序功能图SFC也称为状态转移图，用于编制复杂的顺序控制（顺控）程序比梯形图更直观，也被越来越多的电气技术人员所接受。FX系列PLC除了27条基本指令外，还有两条简单的步进顺控指令（步进指令），其目标器件是状态器，用类似于顺序功能图SFC语言的状态转移图方式编程。本章介绍PLC步进指令及其编程方法和应用。

第一节　状态转移图

一个控制过程可以分为若干个阶段，这些阶段称为状态。状态与状态之间由转换分隔。相邻的状态具有不同的动作。当相邻两状态之间的转换条件得到满足时，就实现转换，即上一状态的动作结束而下一状态的动作开始，可用状态转移图描述控制系统的控制过程，状态转移图具有直观、简单的特点，是设计PLC顺序控制程序的一种有力工具。

状态器软组件是构成状态转移图的基本组件。FX系列PLC有状态器1000点（S0～S999）。其中初始状态器共10个，即S0～S9，是状态转移图的起始状态，要用双线框表示。

图5-1是一个简单的状态转移图实例。状态器用框图表示，框内是状态器组件号，状态器之间用有向线段连接。其中从上到下、从左到右的箭头可以省去不画，在有向线段上的垂直短线和它旁边标注的文字符号或逻辑表达式表示状态转移条件。旁边的线圈等是输出信号。在图5-1中，状态器S20有效时，输出Y1、Y2接通（在这里Y1是用OUT指令驱动，Y2是用SET指令置位，未复位前Y2一直保持接通），程序等待转换条件X1动作。X1一接通，状态就由S20转移到S21，这时Y1断开，Y3接通，Y2仍保持接通。

下面以图5-2所示的机械手为例，进一步说明状态转移图。机械手将工件从A点向

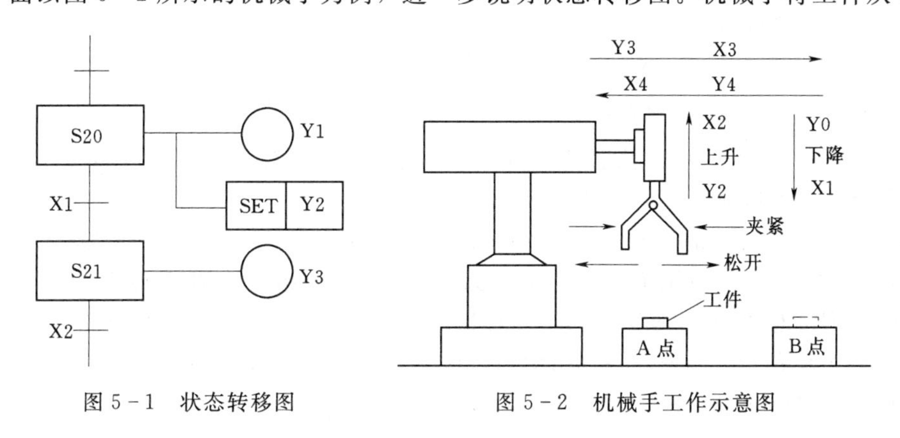

图5-1　状态转移图　　　图5-2　机械手工作示意图

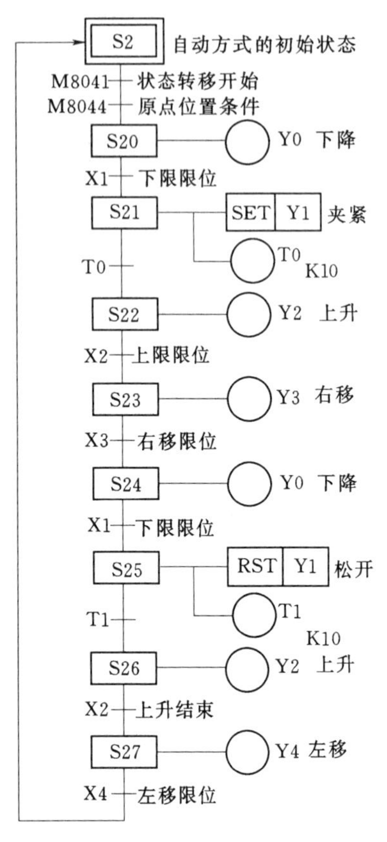

图 5-3　机械手自动运行方式的状态转移图

B点移送。机械手的上升、下降与左移、右移都是由双线圈两位电磁阀驱动汽缸来实现的。抓手对物件的松开、夹紧由一个单线圈两位电磁阀驱动汽缸完成，只有在电磁阀通电时抓手才能夹紧。该机械手工作原点在左上方，按下降、夹紧、上升、右移、下降、松开、上升、左移的顺序依次运行。它有手动、自动等几种操作方式。图 5-3 列出了自动运行方式的状态转移图。

状态图的特点是由某一状态转移到下一状态后，前一状态自动复位。

如图 5-3 所示，S2 为初始状态，用双线框表示。当辅助继电器 M8041、M8044 接通时，状态从 S2 向 S20 转移，下降输出 Y0 动作。当下限限位开关 X1 接通时，状态从 S20 向 S21 转移，下降输出 Y0 切断，夹紧输出 Y1 接通并保持。同时启动定时器 T0。1s 后定时器 T0 的接点动作，转移至状态 S22，上升输出 Y2 动作。当上升限位开关 X2 动作时，状态转移到 S23，右移输出 Y3 动作。右移限位开关 X3 接通，转移到 S24 状态，下降输出 Y0 再次动作。当下限限位开关 X1 又接通时，状态转移至 S25，使输出 Y1 复位，即夹钳松开，同时启动定时器 T1 定时。1s 之后状态转移到 S26，上升输出 Y2 动作。到上限限位开关 X2 接通，状态转移至 S27，左移输出 Y4 动作，到达左移限位开关 X4 接通，状态返回 S2，又进入下一个循环。

第二节　步进顺控指令及其编程

一、步进顺控指令及其编程方法

步进顺控指令有 STL 和 RET 两条。

STL 是步进开始指令，RET 是步进结束指令，图 5-4 所示是步进指令 STL 的使用说明，图 5-4（a）是状态转移图，图 5-4（b）是相应的梯形图，图 5-4（c）是指令表。STL 常用符号 ─[]─ 表示。状态转移图与梯形图有严格的对应关系。每个状态器有 3 个功能，即驱动有关负载、指定转移目标和指定转移条件。

STL 接点与母线连接和 STL 相连的起始接点要使用 LD、LDI 指令。使用 STL 指令后，LD 点移至 STL 接点的右侧，直到出现下一条 STL 指令或者出现 RET 指令为止。RET 指令会使 LD 点返回母线。使用 STL 指令使新的状态置位，前一状态自动复位。

STL 接点接通后，与此相连的电路就可以执行。当 STL 接点断开时，与此相连的电路停止执行。但要注意在 STL 接点接通转为断开后，还要执行一个扫描周期。

(a) 状态转移图　　(b) 相应梯形图

```
STL  S22
OUT  Y2
LD   X2
SET  S23
STL  S23
```

(c) 指令表

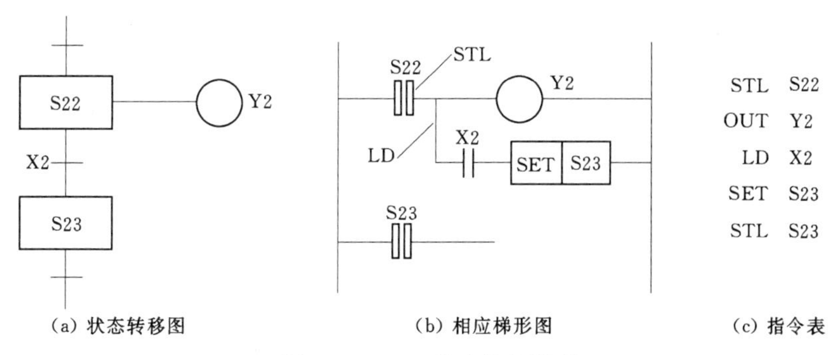

图 5-4　STL 指令使用说明

STL 步进指令仅对状态器有效。但状态器也可以是 LD、LDI、AND 等指令的目标组件。也就是说，状态器不作为步进指令的目标组件时，就具有一般辅助继电器的功能。

STL 指令和 RET 指令是一对步进（开始和结束）指令。在一系列步进指令 STL 后，加上 RET 指令，表明步进梯形指令功能的结束，LD 点返回到原来母线，详见图 5-5。

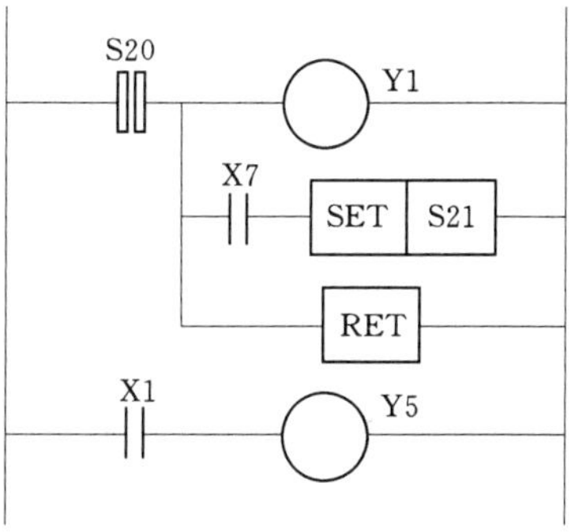

图 5-5　RET 指令使用说明

二、状态转移图与梯形图的转换

状态转移图编程时可以将其转换成梯形图，再写出指令表。状态图、梯形图、指令表三者对应关系如图 5-6 所示。

(a) 状态图　　(b) 梯形图

```
LD   M8002
SET  S0
STL  S0      ┐
LD   X0      ├ 状态S0
SET  S20     ┘
STL  S20     ┐
OUT  Y1      │
LD   X1      ├ 状态S20
SET  S21     ┘
STL  S21     ┐
OUT  Y2      │
LD   X2      ├ 状态S21
SET  S22     ┘
STL  S22     ┐
OUT  Y3      │
LD   X3      ├ 状态S22
SET  S23     ┘
STL  S23     ┐
OUT  Y4      │
LD   X4      ├ 状态S23
OUT  S0      ┘
RET
END
```

(c) 指令表

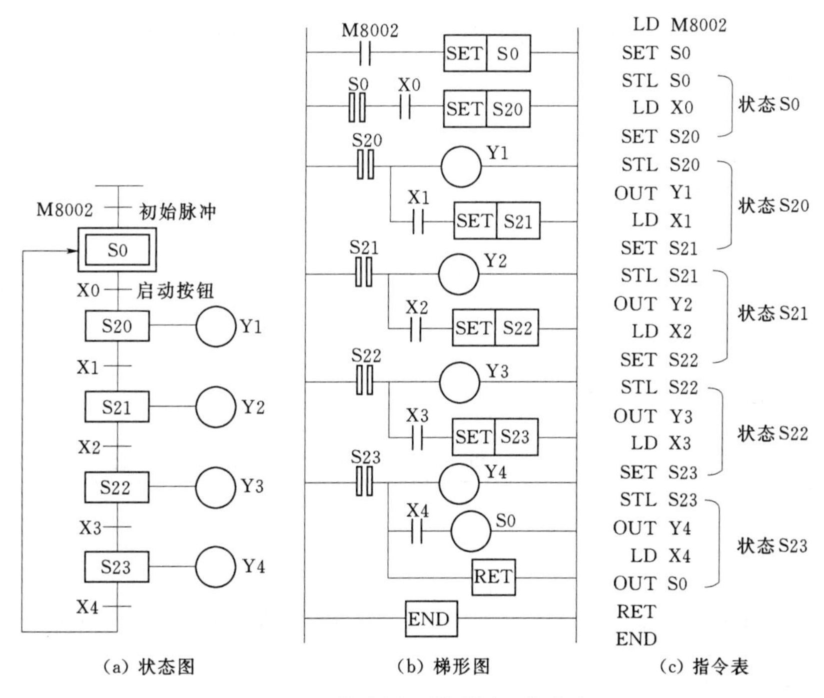

图 5-6　状态图、梯形图、指令表

初始状态的编程要特别注意，初始状态可由其他状态器件驱动，如图 5-6 中的 S23 所示。最开始运行时，初始状态必须用其他方法预先驱动，使之处于工作状态。在图5-6中，初始状态是由 PLC 从停止—启动运行切换瞬间使特殊辅助继电器 M8002 接通，从而使状态器 S0 置 1。

除初始状态器之外的一般状态器组件必须在其他状态后加入 STL 指令才能驱动，不能脱离状态器用其他方式驱动。编程时必须将初始状态器放在其他状态之前。

第三节　选择性分支与汇合及其编程

一、选择性分支与汇合的特点

从多个分支流程中选择某一个单支流程，称为选择性分支。

在图 5-7 中，X0、X10、X20 在同一时刻最多只能有一个为接通状态，这一点是必要前提。

比如 S20 动作时，X0 一接通，动作状态就向 S21 转移，S20 就变为“0”状态，在此以后，即使 X10 或 X20 接通，S31 或 S41 也不会动作（为“1”状态）。

汇合状态 S50 可由 S22、S32、S42 中任意一个驱动。

二、选择性分支与汇合的编程

1. 选择性分支的编程方法

选择性分支状态转移图见图 5-8。对图 5-8（a）所示的编程与对一般状态图的编程一样，先进行驱动处理，然后设置转移条件，编程时要由左至右逐个编程，用指令表编程的分支程序如图 5-8（b）所示。

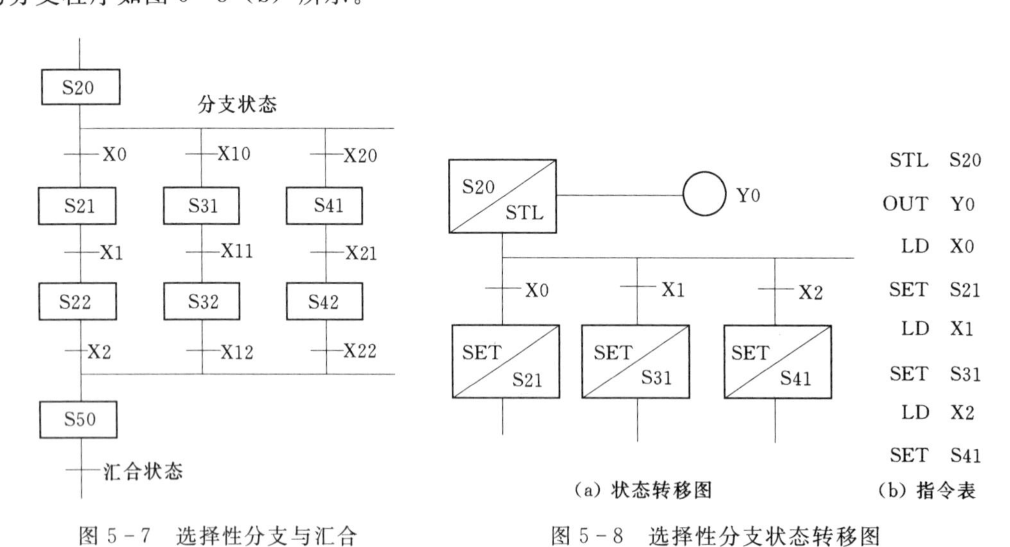

图 5-7　选择性分支与汇合　　图 5-8　选择性分支状态转移图

2. 选择性汇合的编程方法

图 5-9（a）所示为选择性汇合状态转移图，它们的编程要先进行汇合前状态的输出

处理，然后朝汇合状态转移，此后由左至右进行汇合转移。这是为了自动生成 SFC 画面而追加的规则。图 5-9（b）所示为用指令表编写的汇合程序。

分支、汇合的转移处理程序中，不能用 MPS、MRD、MPP、ANB、ORB 指令。

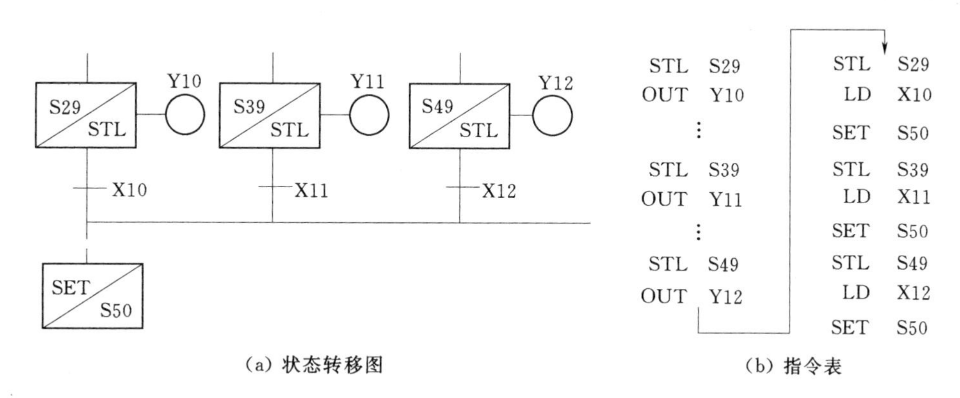

（a）状态转移图　　　　（b）指令表

图 5-9　选择性汇合

三、编程实例

图 5-10 所示为使用传送机将大、小球分类后分别传送的系统示意图。图中左上为原点，动作顺序为下降、吸收、上升、右行、下将、释放、上升、左行。此外，机械臂下降时，若电磁铁吸住大球，下限开关 LS2 断开；若吸住小球，LS2 接通。

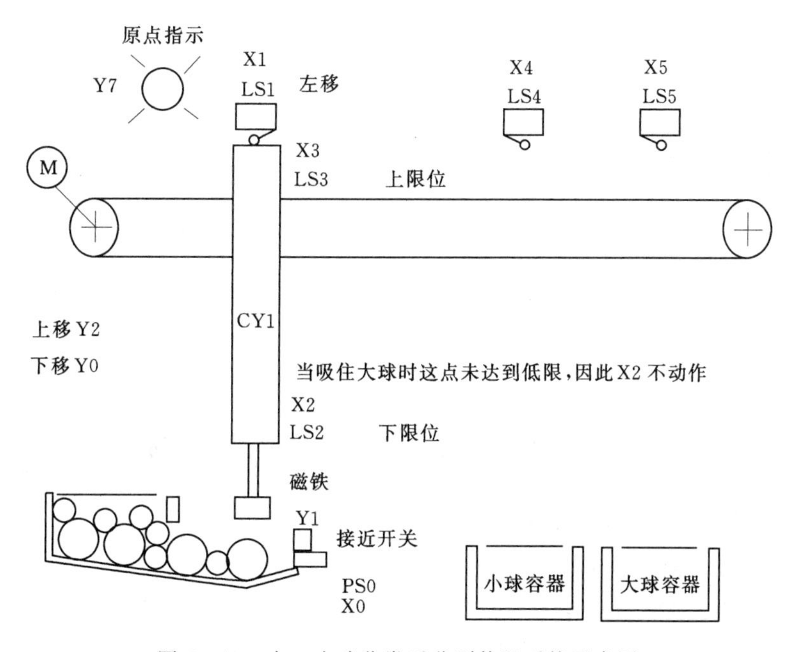

图 5-10　大、小球分类后分别传送系统示意图

图 5-11（a）所示为大、小球分类传送系统的状态转移图。本例中设定机械手初始位置为零点位置，大、小球的区分由下限位开关 X2（LS2）决定，当 X2＝ON 时，机械手触抓小球，反之触抓大球。

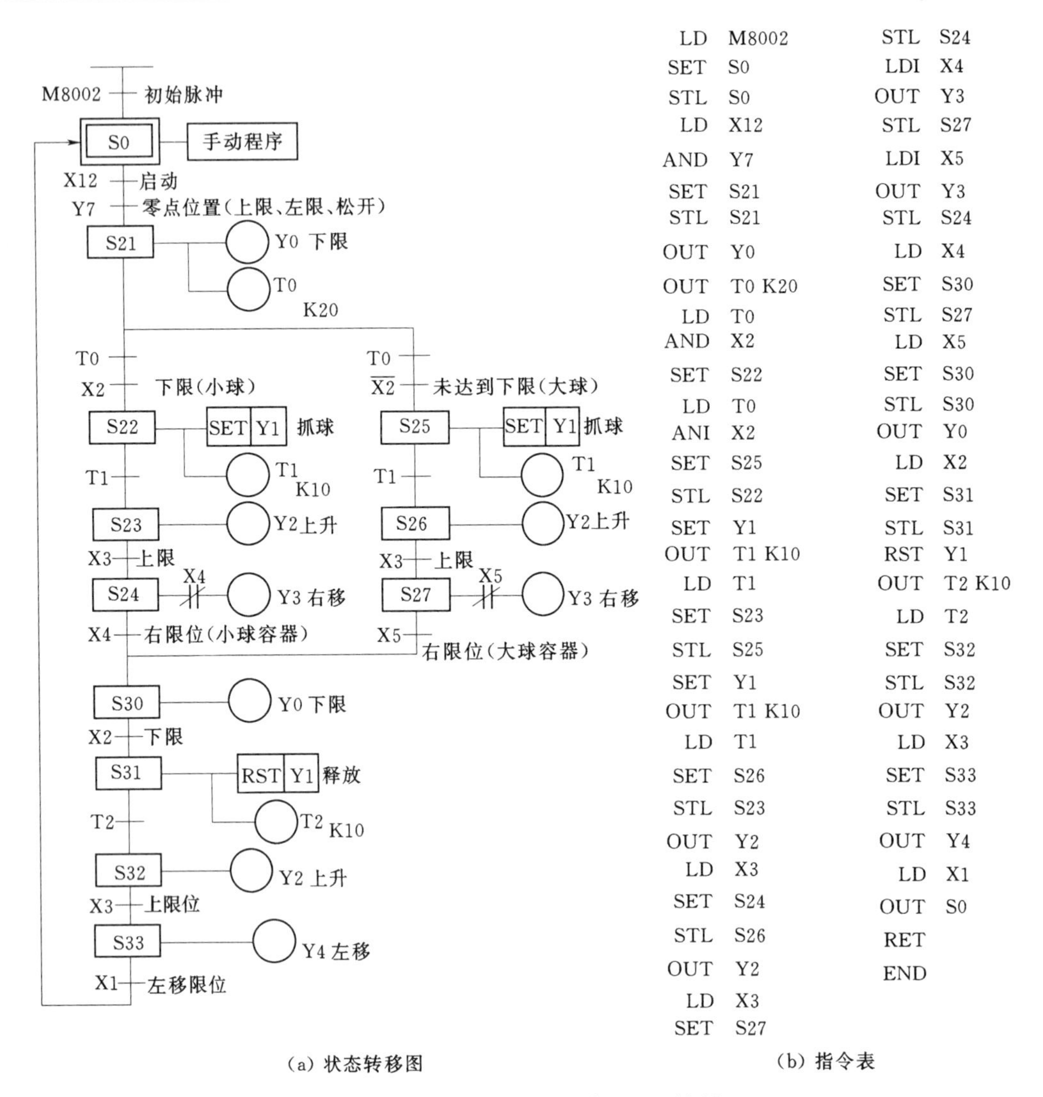

(a) 状态转移图　　　　(b) 指令表

图 5-11　大、小球分类传送过程控制

第四节　并行性分支与汇合及其编程

一、并行性分支与汇合的特点

并行分支是指同时处理的程序流程。

在图 5-12 中，S20 动作后，X0 一接通，S21、S24、S27 就同时动作，各分支流程开始动作。待各流程的动作全部结束后，X7 接通，汇合状态 S30 动作，S23、S26、S29 全部复位，变为“0”状态。这种汇合有时被称为排队汇合。

二、并行性分支与汇合的编程

1. 并行性分支的编程方法

并行性分支见图 5-13。对图 5-13（a）所示的编程与对一般状态图的编程一样，先进行驱动处理，然后进行转移处理。转移的处理要从左到右依次进行。图 5－13（b）所示为用指令表编写的分支程序。

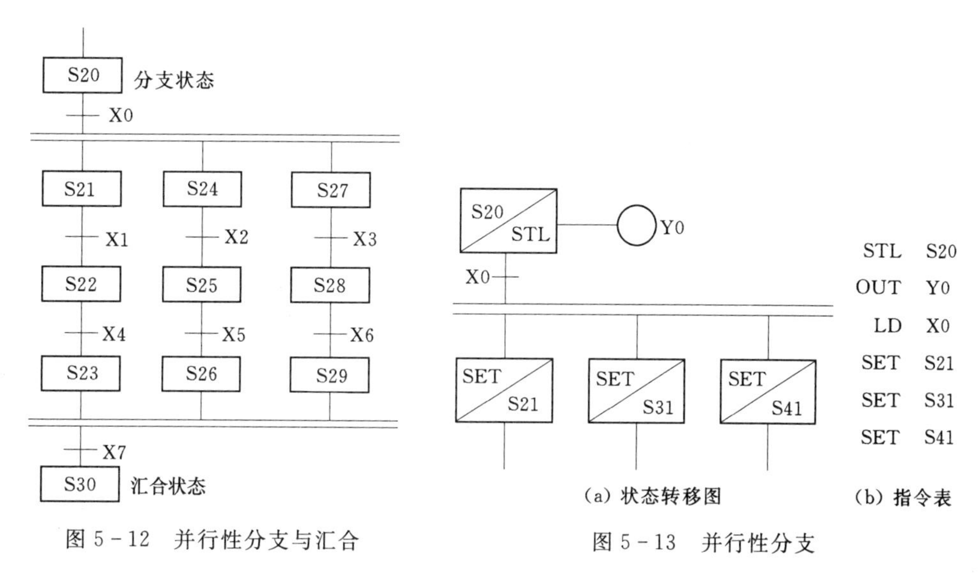

图 5－12　并行性分支与汇合

图 5－13　并行性分支

2. 并行性汇合的编程方法

图 5－14（a）所示为并行性汇合的状态转移图，其编程与一般状态转移图编程一样，先进行驱动处理，然后进行转移处理。转移处理从左到右依次进行。图 5－14（b）即为用指令表编写的汇合程序。STL 指令最多只能连续使用 8 次。

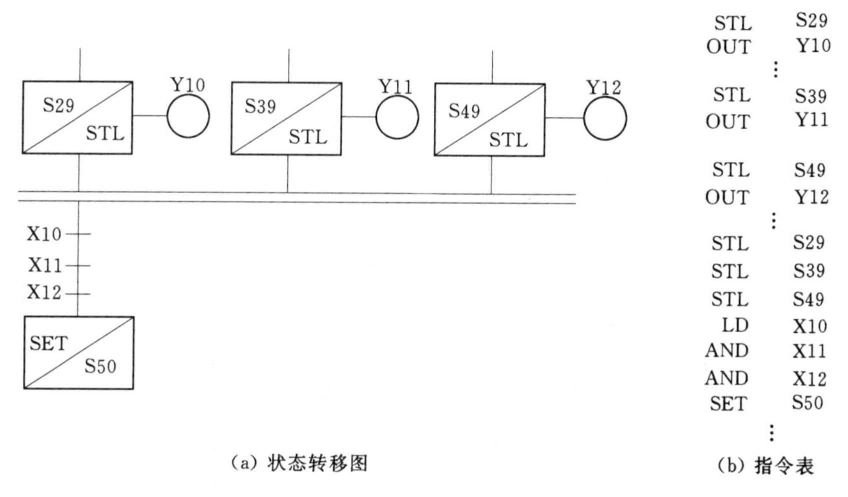

图 5－14　并行性汇合

三、编程实例

现以图 5－15 所示的按钮人行道为例介绍并行性分支与汇合的编程方法。

图 5－16 和图 5－17 分别为按钮人行道系统的状态转移图和指令表，其工作原理如下。当 PLC 由停机转入运行时，初始状态 S0 动作，则车道为绿灯，人行道为红灯。当人行道按钮 X0 或 X1 闭合后，系统进入并行性运行状态，车道为绿灯，人行道为红灯，并

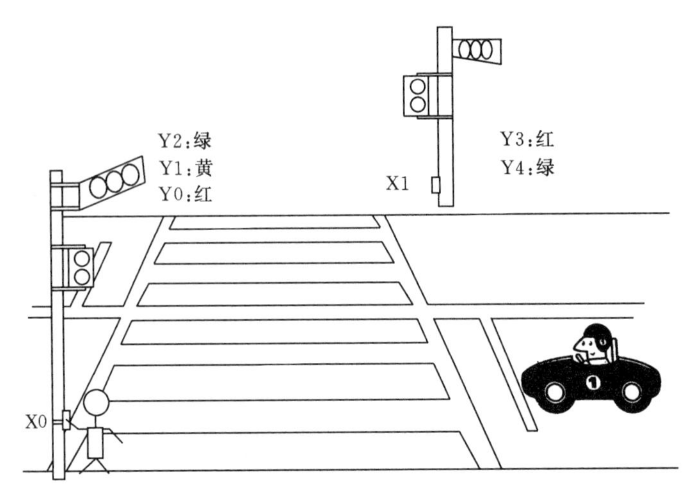

图 5－15　按钮人行道示意图

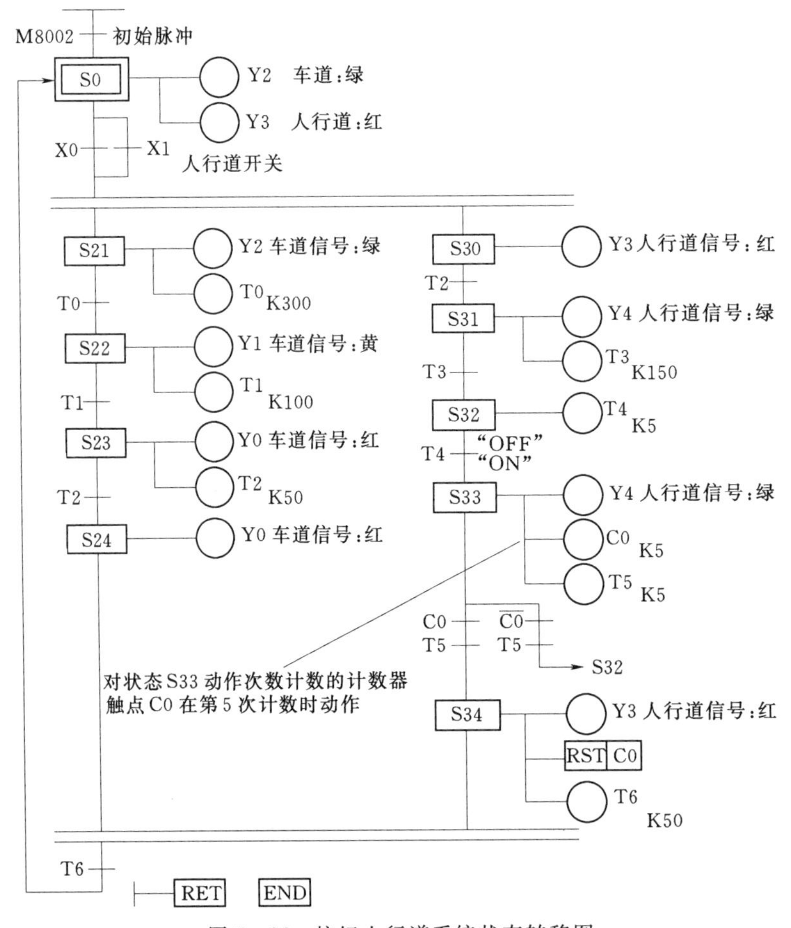

图 5－16　按钮人行道系统状态转移图

且开始延时。30s 后车道变为黄灯，再经 10s 变为红灯。5s 后人行道变为绿灯，15s 后人行道绿灯开始闪烁，同时计数器 C0 开始计数，绿灯每亮 0.5s、灭 0.5s，计数器记录 1

次，当记录 5 次后计数器触点接通，状态由 S33 向 S34 转移，人行道变为红灯，5s 后返回初始状态。

0	LD	M8002		21	OUT	Y0					
1	SET	S0		22	OUT	T2	K50	44	OUT	Y4	
2	STL	S0		24	LD	T2		45	OUT	C0	K5
3	OUT	Y2		25	SET	S24		47	OUT	T5	K5
4	OUT	Y3		26	STL	S24		48	LD	C0	
5	LD	X0		27	OUT	Y0		49	AND	T5	
6	OR	X1		28	STL	S30		50	SET	S34	
7	SET	S21		29	OUT	Y3		51	LDI	C0	
8	SET	S30		30	LD	T2		52	AND	T5	
9	STL	S21		31	SET	S31		53	OUT	S32	
10	OUT	Y2		32	STL	S31		54	STL	S34	
11	OUT	T0	K300	33	OUT	Y4		55	OUT	Y3	
12	LD	T0		34	OUT	T3	K150	56	RST	C0	
13	SET	S22		36	LD	T3		57	OUT	T6	K50
14	STL	S22		37	SET	S32		59	STL	S24	
15	OUT	Y1		38	STL	S32		60	STL	S34	
16	OUT	T1	K100	39	OUT	T4	K5	61	LD	T6	
18	LD	T1		41	LD	T4		62	OUT	S0	
19	SET	S23		42	SET	S33		63	RET		
20	STL	S23		43	STL	S33		64	END		

图 5－17 按钮人行道系统指令表

第五节 步进指令的应用

步进指令是专为顺序控制而设立的，所以在顺控系统中使用步进指令是非常方便的。下面以一个具有多种工作方式的顺控系统——简易机械手为例，介绍顺控程序的设计方法。

一、工艺要求与工作方式

简易机械手的工作示意在图 5－2 中已有说明。工件工作原点在左上方，机械手运动示意如图 5－18 所示。

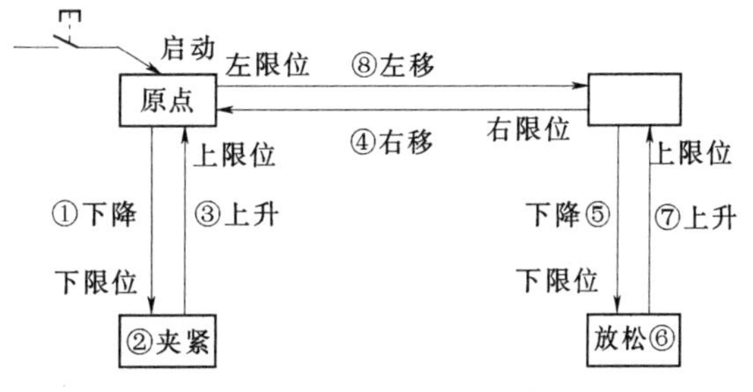

图 5－18 机械手运动示意图

该机械手工作方式有手动、单步、一个周期和连续工作（自动）4 种形式。简易机械手的操作面板如图 5－19 所示。工作方式选择开关分 4 挡，与 4 种工作方式对应。上升、下降、左移、右移、放松、夹紧几个步序一目了然。下面对操作面板上标明的几种工作方式说明如下。

（1）手动：用各自的按钮使各个负载单独接通或断开。

（2）回原点：按下此按钮，机械手自动回到原点。

（3）单步运行：按动一次启动按钮，前进一个工作步。

（4）单周期：在原点位置按动启动按钮，自动运行一遍后再在原点停止；若在中途按动停止按钮，则停止运行；再按启动按钮，从断点处继续运行，回到原点处自动停止。

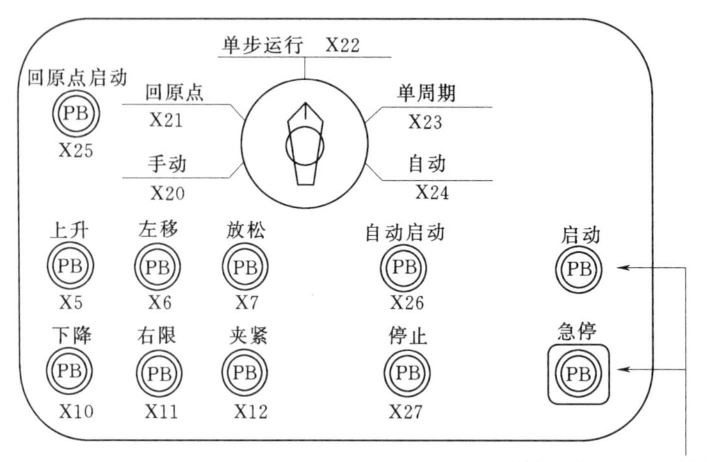

图 5－19 简易机械手的操作面板

(5) 连续运行（自动）：在原点位置按动启动按钮，连续反复运行；若中途按动停止按钮，运行到原点后停止。

面板上的启动和急停按钮与 PLC 运行程序无关。这两个按钮是用来接通或断开 PLC 外部负载的电源。有多种运行方式的控制系统，应能根据所设置的运行方式自动进入，这就要求系统应能自动设定与各个运行方式相应的初始状态。后述的 FNC60（IST）功能指令就具有这种功能。为了使用这个指令，必须指定具有连续编号的输入点。表 5－1 为此例中指定的输入点对照表。

表 5－1　　对　照　表

输入继电器 X	功　能	输入继电器 X	功　能
X20	手动	X24	连续运行
X21	回原点	X25	回原点启动
X22	单步运行	X26	自动启动
X23	单周期	X27	停止

二、初始状态设定

利用后述的功能指令 FNC60（IST）自动设定与各个运行方式相应的初始状态。后述的 FNC60（IST）功能指令形式如图 5－20 所示。

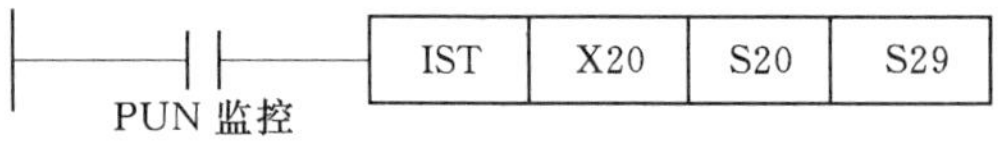

IST	X20	S20	S29

PUN 监控

图 5－20 FNC60（IST）功能指令形式

X20 是输入的首组件编号；S20 是自动方式的最小状态器编号；S29 是自动方式的最大状态器编号。

当应用指令 FNC60 满足条件时，下面的初始状态器及相应特殊辅助继电器自动被指定为以下功能：

S0——手动操作初始状态。

S1——回原点初始状态。

S2——自动操作初始状态。

M8040——禁止转移，当 M8041=1 时，状态器之间不转移。

M8041——开始转移，自动运行时能够进行初始状态的转移。

M8042——启动脉冲。

M8043——回原位，在回原位结束时动作。

M8044——原位条件，在满足原位条件时动作。

M8045——输出不复位。

M8046——当 M8047=1，S0～S899 中有一个动作时，M8046=1。

M8047——STL 监控有效，当 M8047=1 时，D8040～D8047 有效。

三、简易机械手顺控程序编写

1. 初始化程序

任何一个完整的控制程序都要初始化。所谓程序初始化就是设置控制程序的初始化参数。简易机械手控制系统的初始化程序是设置初始状态和原点位置条件。图 5-21 是初始化程序的梯形图。

特殊辅助继电器 M8044 作为原点位置条件用。当在原点位置条件满足时，M8044 接通。其他初始状态由 IST 指令自动设定。需要指出的是，初始化程序在开始时执行一次，其结果存储在组件映像寄存器中，这些组件的状态在程序执行过程中大部分都不再发生变化；有些则不然，像 S2 状态器就是随程序运行改变其状态的。

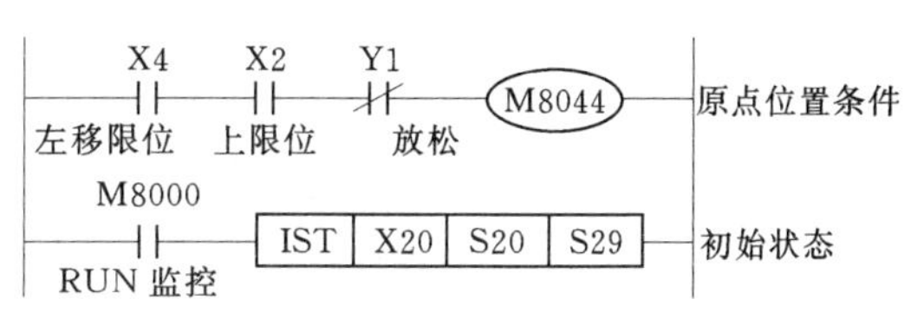

图 5-21　初始化程序梯形图

2. 手动方式程序

手动方式梯形图如图 5-22 所示。S0 为手动方式的初始状态。手动方式的夹紧、松开及上升、下降、左移、右移是由相应按钮来控制的。

3. 回原点方式程序

回原点方式状态图如图 5-23 所示。S1 是回原点的初始状态。回原点结束后，

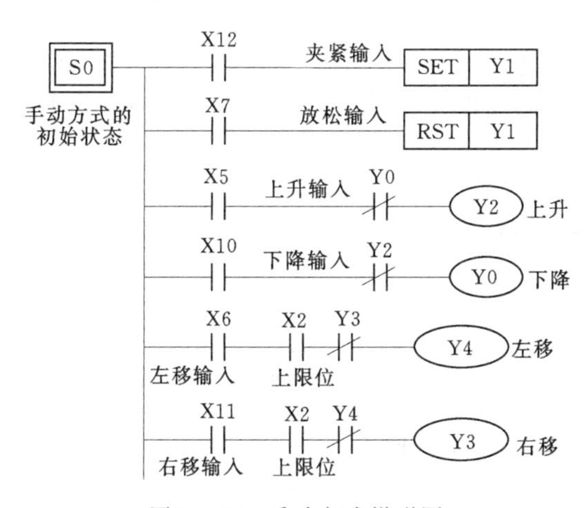

图 5-22　手动方式梯形图

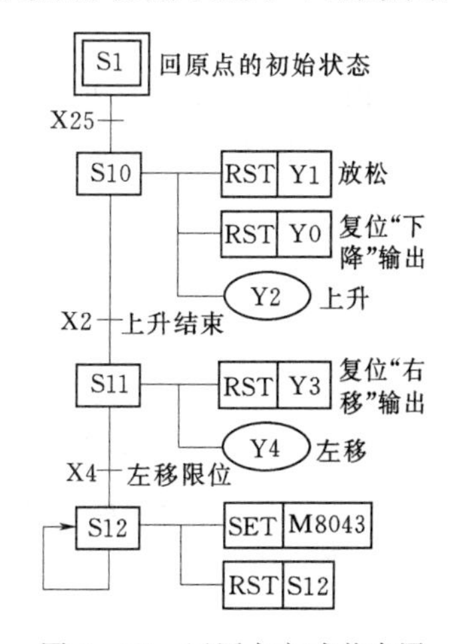

图 5-23　回原点方式状态图

M8043 置 1。

4. 自动方式

自动方式的状态图已在图 5-3 中列出，其中 S2 是自动方式的初始状态。状态转移开始辅助继电器 M8041、原点位置条件辅助继电器 M8044 的状态都是在初始化程序中设定的，在程序运行中不再改变。

习 题 及 思 考 题

5-1 FX 系列 PLC 有多少状态器 S? 是否可以随便使用?

5-2 选择性分支与并行性分支有何区别?

5-3 写出图 5-24 所示状态转移图的对应指令表。

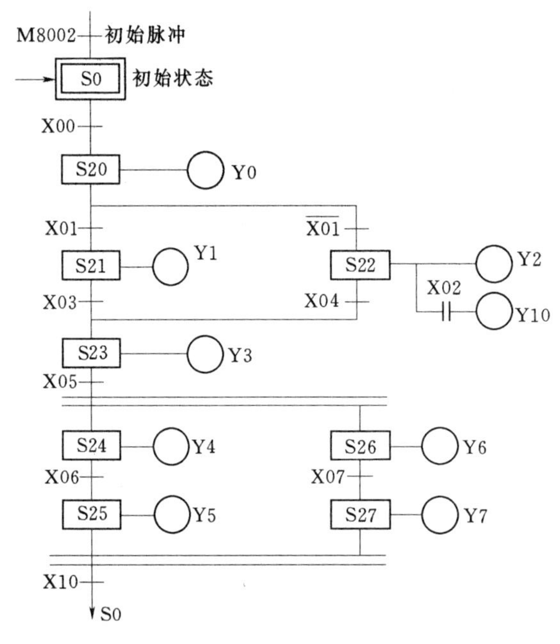

图 5-24 习题 5-3 图

5-4 如图 5-25 所示，小车在初始位置时中间的限位开关 X0 为“1”状态，按下启动按钮 X3，小车按图示顺序运动，最后返回关停在初始位置，试画出顺序功能图（状态转移图）。

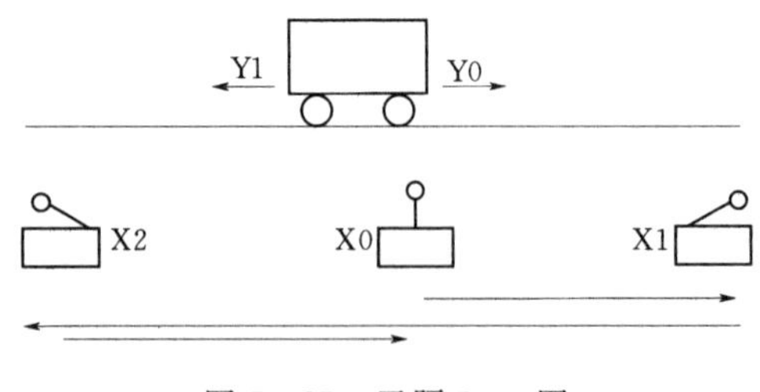

图 5-25 习题 5-4 图

第六章　可编程控制器的功能指令系统

三菱 FX 系列 PLC 的指令系统的重要组成部分是功能指令。功能指令的出现极大地提高了 PLC 的控制功能，拓宽了 PLC 的应用范围。FX 系列的功能指令可分为程序流程、传送比较、四则逻辑运算、移位与循环、数据处理、高速处理、方便指令和外部设备 I/O 处理等。

第一节　功能指令的概述

一、功能指令的表示形式

功能指令由助记符（功能号）和操作数两部分组成。助记符表示功能指令的功能，操作数是操作对象，即操作数据、地址。图 6-1 是传送指令的梯形图表达形式。当 X3 为 ON 时，执行该指令，把源操作数 [S·] 指定的字元件 D0 中的数据传送到目标操作数 [D·] 指定的字元件 D1 中。

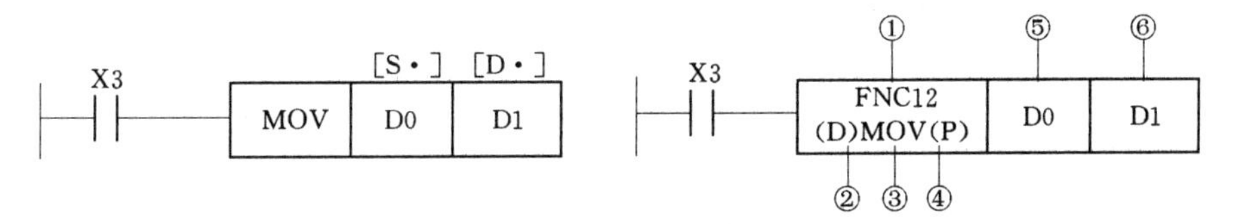

图 6-1　传送指令梯形图表达形式　　　图 6-2　功能指令梯形图含义

二、功能指令的含义

功能指令的种类很多，图 6-2 所示为一个功能指令的梯形图，功能指令中各参数含义介绍如下。

①为功能指令的功能号。FX 系列的 PLC 功能指令的功能号为 FNC00～FNC246。（注：本章梯形图中省略功能指令的功能号。）

②为操作数据类型。功能指令中操作数的类型有 16 位和 32 位，（D）表示操作数为 32 位数据类型，无（D）表示操作数为 16 位数据类型。

③为助记符。由于功能号不便于记忆，为方便记忆、理解和掌握，用该指令的英文缩写作为助记符。如 ADD、MOV 等助记符分别是加法和传送功能指令的助记符。

④为脉冲/连续执行指令标志。如果有（P），为脉冲执行指令，仅在条件满足时执行一次该功能指令；若没有，为连续执行指令，当条件满足时，每个扫描周期都执行一次该功能指令。

⑤、⑥为操作数。操作数是功能指令中的参数或数据，分为源操作数、目标操作数和

其他操作数。源操作数在指令执行后不改变其内容；目标操作数在指令执行后，内容根据指令的功能做出相应的改变；其他操作数多为常数，或者是对源操作数、目标操作数做出补充说明的参数。

三、功能指令的操作数

（一）位元件、字元件、位组合元件

只处理 ON/OFF 状态的元件称为位元件，如 X、Y、M、S。其他处理数字数据的元件，如 T、C 和 D 称为字元件。

位元件组合起来可以处理数字数据。每 4 个位元件形成一个位组合元件单元，用“K*n*＋首位元件号”来表示，*n* 表示组数。16 位数据操作时，为 K1～K4；32 位数据操作时，为 K1～K8。例如，K4X0 表示由 X0～X7、X10～X17 组成的 16 位数据；K2M10 表示 M10～M17。首位元件号为最低位。

当 16 位数据传送时，若目标操作数不足 16 位，如 K1M0（4 位）、K2M10（8 位），只传送相应的低位数据，较高位的数据不传送。若源操作数仅由 K1、K2 或 K3 指定，不足的高位数据均作 0 处理，只能处理正数。

（二）数据寄存器 D

数据寄存器 D 为 16 位，用于存储数值数据，处理的数据范围为－32768～32767。

相邻的两个数据寄存器可组成 32 位数据寄存器，使用时，只要写编号低的数据寄存器就可表示。处理的数据范围为－2147483648～2147483647。

（三）变址寄存器 V、Z

变址寄存器 V0～V7 和 Z0～Z7，除可作为普通的 16 位数据寄存器外，还可两个组合（Z 为低位，V 为高位）作为 32 位数据寄存器。V、Z 寄存器和其他元件编号或数值组合使用，改变内部元件的编号或数值。图 6－3 是变址寄存器修改参数的例子。

图 6－3　变址寄存器修改参数实例

（四）标志位

功能指令在操作过程中，其结果可能会影响某些特殊继电器，称为标志位。标志位可分为一般标志位、运算出错标志位和功能扩展用标志位。

1. 一般标志位

在功能指令操作中，其结果会影响一些标志位。

M8020：零标志，运算结果为 0 时动作。

M8021：借位标志，如果为减运算，被减数不够减时动作。

M8022：进位标志，运算结果发生进位时动作。

M8029：指令执行结束标志。

2. 运算出错标志位

在功能指令的结构、可用软元件及其编号范围等方面有错误，或在运算过程中出现错误时，一些标志位会动作，并记录出错信息。

M8067：运算出错标志。

D8068：运算错误代码编号存储。

D8069：错误发生的序号记录存储。

PLC 由 STOP→RUN 时标志是瞬间清除，如果出现运算错误，则 M8067 保持动作，D8069 中存储发生错误的步序号。

3. 功能扩展用标志位

在部分功能指令中，同时使用由该功能指令确定的固有特殊辅助继电器可进行功能扩展。例如，M8160 为 FNC17（XCH）的 SWAP 功能；M8161 为 8 位处理模式，适用于 FNC76（ASC）、FNC80（RS）、FNC82（ASCI）、FNC83（HEX）及 FNC84（CCD）指令。

（五）文件寄存器（D）

文件寄存器实际上是一类专用数据寄存器，用于存储大量的数据。FX_{2N}系列的数据寄存器 D1000 以后的数据寄存器是掉电保持型寄存器，通过参数设定后，可作为最大 7000 点的文件寄存器，也可通过参数设定，将 7000 点的文件寄存器分成 14 块，每块 500 个文件寄存器，D1000 以后的一部分设定为文件寄存器，剩余部分作为通用的掉电保持寄存器使用。

（六）指针（P/I）

指针用于跳转、中断等程序的入口地址，与跳转、子程序、中断程序等指令一起应用。地址号采用十进制数分配，按用途可分为分支用指针 P 和中断用指针 I 两类，各类指针编号见表 6-1。

表 6-1　各类指针编号表

分支用指针	输入中断指针	定时器中断指针	高速计数器中断指针	结束指令专用指针
P0～P62 P64～P127	I00□（X0） I10□（X1） I20□（X2） I30□（X3） I40□（X4） I50□（X5）	I6□□ I7□□ I8□□	I010　I040 I020　I050 I030　I060	P63

1. 分支用指针 P

分支用指针 P 用于条件跳转指令和子程序调用指令，其地址号根据机种指定的不同地址分为 P0～P62 和 P64～P127，P63 为结束指令专用指针，相当于程序结束指令(END)，不能用于分支指针。编程时，指针号不能重复使用。分支指针 P 的应用如图 6-4 所示。如图 6-4（a）所示，当 X0＝ON 时，执行跳转指令，程序跳转到指定的标号 P0 位置，随后程序继续执行。如图 6-4（b）所示，当 X0＝ON 时，执行指定标号 P1 的子程序，执行到子程序返回指令 FNC02（SRET）时，返回到 CALL 指令的下一条指令，如图 6-4（b）中的②所示。

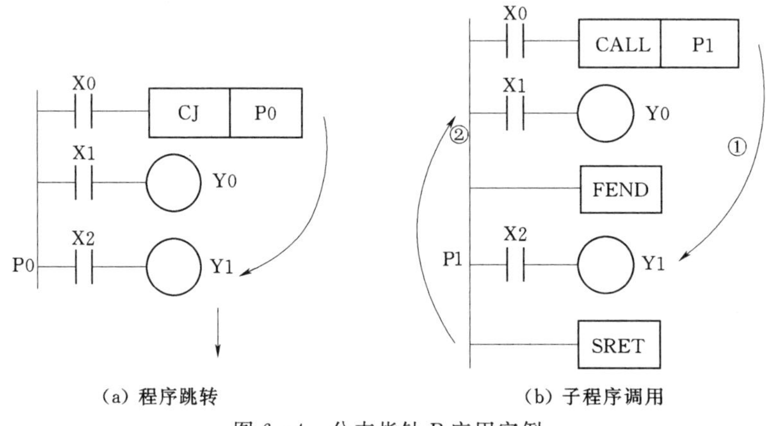

图 6-4　分支指针 P 应用实例

2. 中断用指针 I

指针 I 是中断指针，可分为输入中断指针、定时器中断指针和高速计数器中断指针，在程序中与中断返回指令（IRET）、允许中断指令（EI）和禁止中断指令（DI）一起组合使用。

（1）输入中断指针。输入中断的中断信号源来自外界输入信号（X0～X5），符号为 I00□～I50□，共 6 点，格式表示如下：

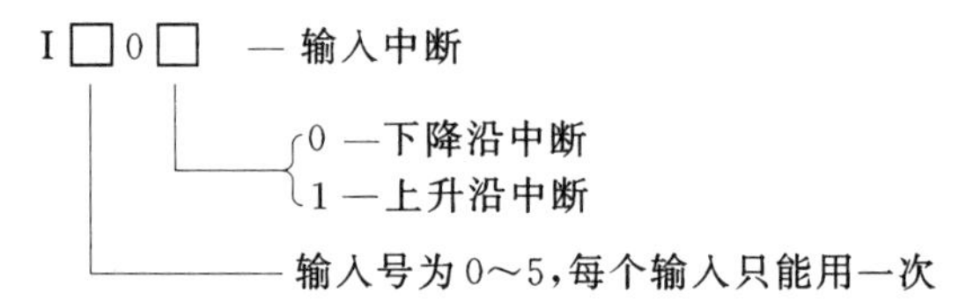

当外界输入信号条件成立时，开始执行相应的中断程序，不受 PLC 扫描周期的影响，因此输入中断可以处理比扫描周期更短或需要优先处理的输入信号。

（2）定时器中断指针。定时器中断的中断源信号来自其内部的定时器，符号为 I6□□、I7□□、I8□□，共 3 点，格式表示如下：

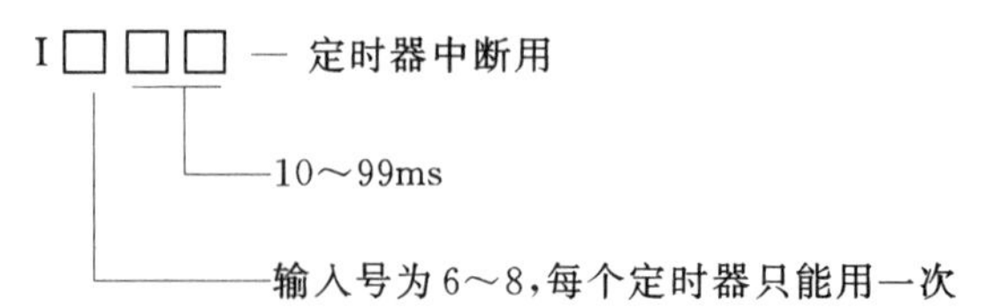

例如，I650为每隔50ms停止执行主程序，开始执行一次标号I650后面的中断程序，遇到中断返回指令（IRET）时返回主程序。

（3）高速计数器中断指针。高速计数器中断是指当高速计数器和该计数器设定值相等时，执行相应的中断子程序，符号为I010～I060，共6点，主要用于高速计数器优先处理计数结果的控制。

第二节 程序流控制指令

程序流控制指令用于对程序的运行过程进行控制，共10条，见表6-2。

表6-2 程序流控制指令

FNC代号	助记符	指令名称及功能	FNC代号	助记符	指令名称及功能
00	CJ	条件跳转指令	05	DI	禁止中断指令
01	CALL	子程序调用指令	06	FEND	主程序结束指令
02	SRET	子程序返回指令	07	WDT	监控定时器指令
03	IRET	中断返回指令	08	FOR	重复循环开始指令
04	EI	允许中断指令	09	NEXT	重复循环结束指令

一、条件跳转指令FNC00（CJ）

1. 指令格式

指令格式见表6-3。

表6-3 条件跳转指令

助记符	操作数［D·］	程序步长	备注
FNC00 CJ（P）	FX_{1S}：P0～P63 FX_{1N}、FX_{2N}、FX_{2NC}：P0～P127 P63为END，不作跳转标志	16位：3步 标号P：1步	①16位操作数； ②连续/脉冲执行方式

2. 指令功能

当跳转条件成立时，程序跳转到跳转指令指针指定的地方。

3. 指令说明

条件跳转指令的应用如图6-5所示。

（1）若X0=ON时，程序跳到标号P8处；否则，顺序执行。如果X0换成是M8000，为无条件跳转，因为M8000是常闭触点。

（2）一个标号在程序中只能出现一次，多条跳转指令可以使用同一个标号。

（3）定时器T192～T199、高速计数器C235～C255一经驱动，即使其处理指令被跳过，也会继续工作，其输出触点仍能工作。

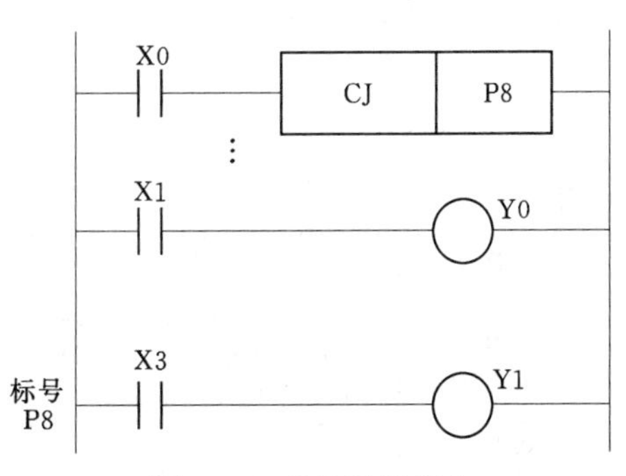

图6-5 条件跳转指令

（4）主控指令与跳转指令在使用时的关系

如图 6-6 所示。

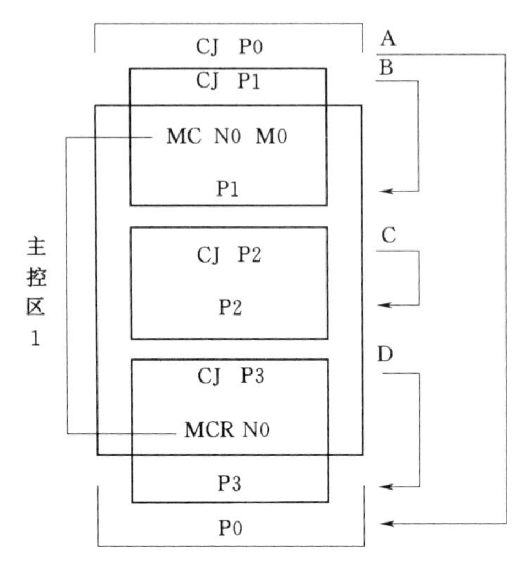

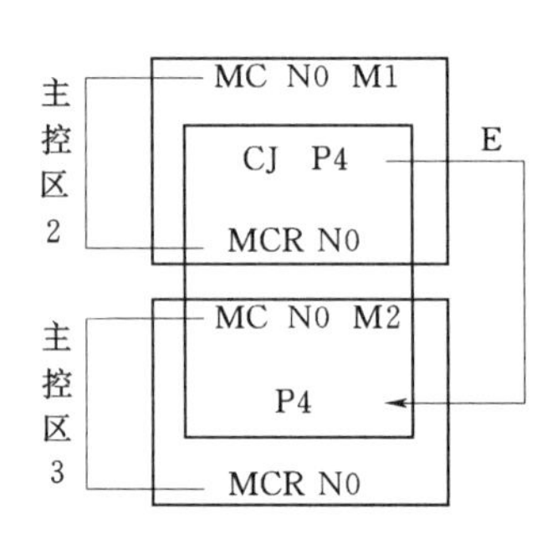

图 6-6　主控指令与跳转指令的关系

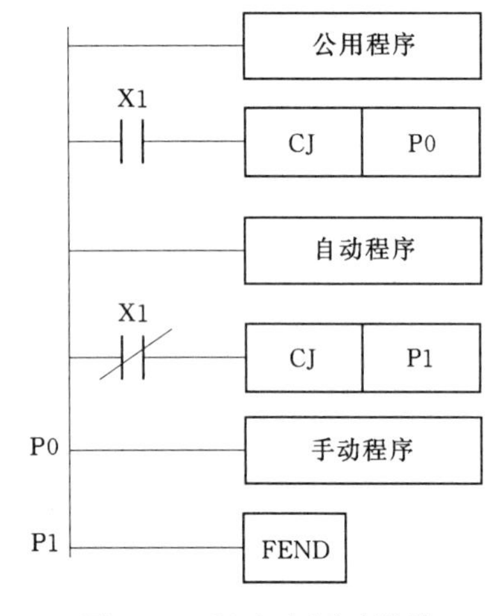

图 6-7　CJ 自动/手动跳转

A. 跳过主控区 1 的跳转指令不受任何限制。

B. 当跳转指令 CJ P1 执行时，则从主控区 1 外跳转到主控区 1 内，跳转指针 P1 以下程序中的 M0 视作 ON。

C. 当 M0＝ON 时，主控区 1 内的跳转指令 CJ P2 才能执行。

D. 当 M0＝ON 时，主控区 1 内跳转到主控区 1 外的跳转指令 CJ P3 才能执行，主控区 1 内的 MCR N0 忽略。

E. 当 M1＝ON 时，从主控区 2 内跳转到主控区 3 内的跳转指令 CJ P4 才能执行，主控区 3 中的 P4 以下程序中的 M2 视作 ON，但主控区的 MCR N0 忽略。

跳转指令可以在很多场合使用，如图 6-7 所示，当自动/手动开关 X1 为 ON 时，跳转指令 CJ P0 条件满足，将跳过自动程序，执行手动程序；反之跳过手动程序，执行自动程序。

二、子程序调用指令 FNC01（CALL）与子程序返回指令 FNC02（SRET）

1. 指令格式

指令格式见表 6-4。

表 6-4　　子程序调用指令与子程序返回指令

助记符	操　作　数	程序步长	备　注
FNC01 CALL（P）	指针 P0～P62（允许变址） FX_{1N}、FX_{2N}、FX_{2NC}：P0～P127 P63 为 END，不作指针	16 位：3 步 P 指针：1 步	①脉冲执行方式； ②嵌套最多为 5 层
FNC02 SRET	无	1 步	—

2. 指令功能

CALL 指令用于调用子程序；SRET 用于从子程序返回到主程序。

3. 指令说明

（1）CALL 的应用如图 6－8 所示，X0＝ON 时，CALL 指令使程序跳到 P8 处，子程序被执行，执行完 SRET 指令后返回到 104 步。

（2）标号应写在 FEND 主程序结束指令之后，同一标号只能出现一次，CJ 指令中用过的标号不能再用，但不同位置的 CALL 指令可以调用同一标号的子程序。

（3）子程序的嵌套，图 6－9 中的 CALL(P) P11 指令在 X0 由 OFF→ON 时，执行一次。在执行子程序 1 时，如果 X1 由 OFF→ON，CALL(P) P12 被执行，程序跳到 P12 处，嵌套子程序 2 执行完第二条 SRET 指令后，程序返回到子程序 1 中的 CALL(P) P12 指令的下一条指令，程序继续往下执行，执行到第一条 SRET 指令后返回主程序中 CALL(P) P11 指令的下一条指令。

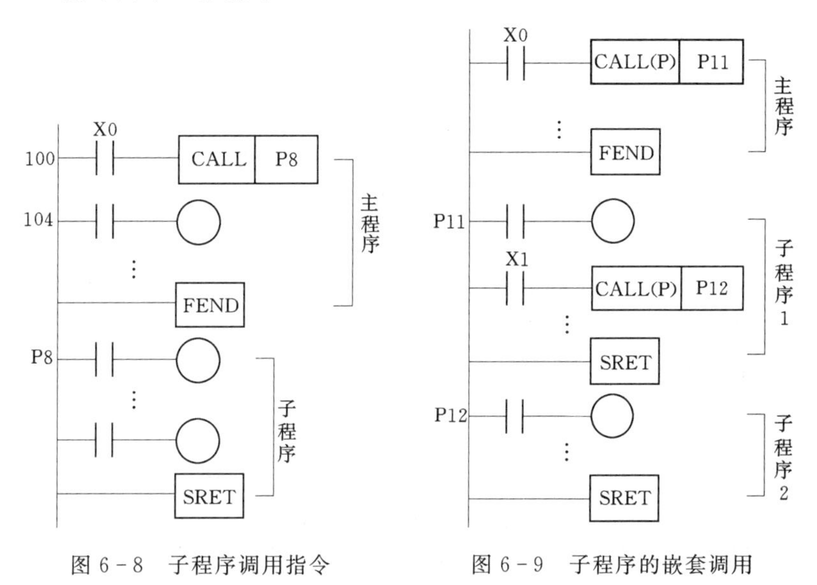

图 6－8　子程序调用指令　　图 6－9　子程序的嵌套调用

三、中断指令 FNC03（IRET）、FNC04（EI）和 FNC05（DI）

1. 指令格式

指令格式见表 6－5。

表 6－5　　中断指令

助记符	操　作　数	程序步长	备　注
FNC03　IRET	无	1 步	—
FNC04　EI	无	1 步	—
FNC05　DI	无	1 步	—

2. 指令功能

IRET 指令用于中断返回；EI 指令用于允许中断，允许执行中断程序时，必须打开中断；DI 指令用于禁止中断，不允许执行中断程序时，必须关闭中断。

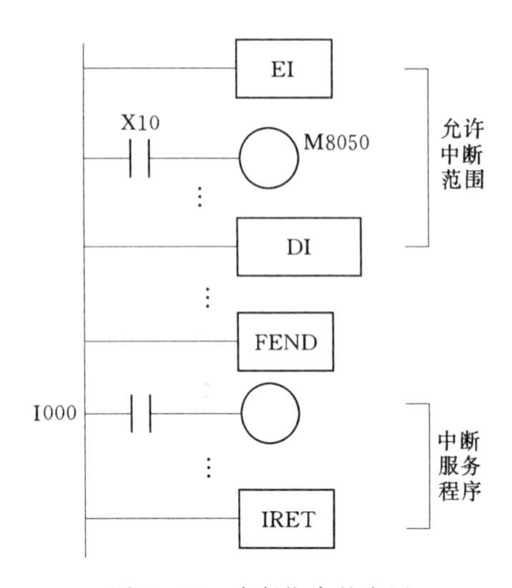

图 6-10 中断指令的应用

3. 指令说明

(1) 中断指令的使用如图 6-10 所示，PLC 通常处于禁止中断的状态，指令 EI 和 DI 之间的程序段为允许中断的区间，当程序执行到该区间时，如果中断源产生中断，CPU 将停止执行当前的程序，转去执行相应的中断子程序，执行到中断子程序中的 IRET 指令时，返回原断点，继续执行原来的程序。当有关的特殊辅助继电器置 1 时，相应的中断程序不能执行。例如，当 M805 * 为 1 时，相应的中断程序 I * □□不能执行。如图 6-10 所示，特殊辅助继电器 M8050＝ON 时，禁止执行相应的中断 I000。

(2) 如果有多个中断信号依次出现，出现越早中断信号的优先级越高，若同时发生多个中断信号，则中断指针号低的优先级高。

(3) 执行一个中断子程序时，其他中断被禁止，在中断子程序中编入 EI 和 DI，可实现双重中断。如果中断信号在禁止中断区间出现，该中断信号被储存，并在 EI 指令之后响应该中断。不需要关中断时，只使用 EI 指令，可以不使用 DI 指令。

(4) FX_{2N}系列有 6 个与 X0～X5 对应的中断指针，有 3 个定时器中断指针，6 个计数器中断指针（详细内容可查看本章第一节）配合使用。

四、主程序结束指令 FNC06 (FEND)

1. 指令格式

指令格式见表 6-6。

表 6-6　　主程序结束指令

助 记 符	操 作 数	程序步长	备 注
FNC06　FEND	无	1 步	—

2. 指令功能

FEND 指令用于主程序结束。

3. 指令说明

(1) 主程序结束指令应用如图 6-11 所示。程序执行到 FEND 指令时，PLC 进入输入/输出处理，监控定时器刷新，完成后返回 0 步。

(2) 子程序和中断子程序应放在 FEND 指令之后。CALL 指令调用的子程序必须用 SRET 指令结束，中断子程序必须以 IRET 指令结束，并返回到主程序。

(3) 若 FEND 指令在 CALL 指令执行后和 SRET 指令执行之前出现，则程序出错。另外一个类似的错误是 FEND 指令出现在 FOR-NEXT 循环之中，使用多条 FEND 指令时，子程序、中断程序应放在最后的 FEND 指令和 END 指令之间。

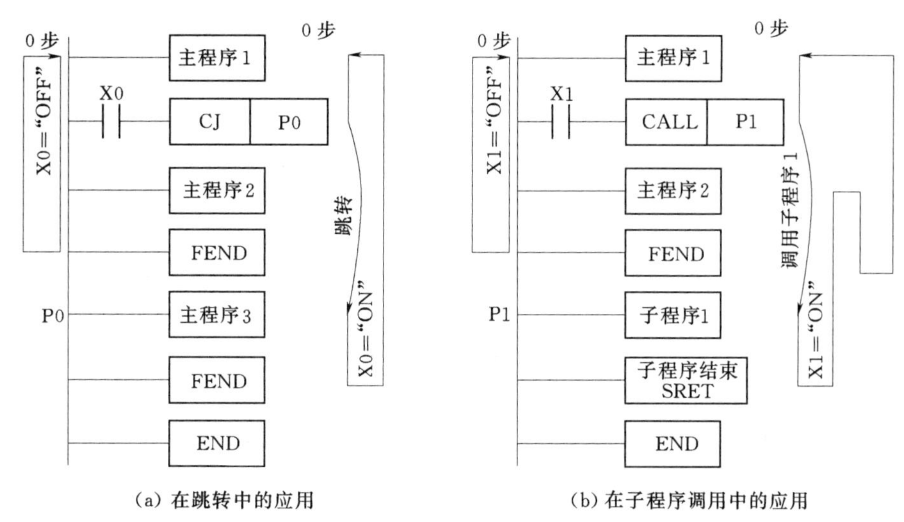

（a）在跳转中的应用　　（b）在子程序调用中的应用

图 6－11　主程序结束指令

五、监控定时器指令 FNC07（WDT）

1. 指令格式

指令格式见表 6－7。

表 6－7　　监控定时器指令

助记符	操作数	程序步长	备注
FNC07　WDT（P）	无	1 步	连续/脉冲执行方式

2. 指令功能

监控定时器又称看门狗，WDT 指令用于看门狗定时器刷新。

3. 指令说明

（1）监控定时器指令的应用如图 6－12 所示。若扫描周期执行时间超过监控定时

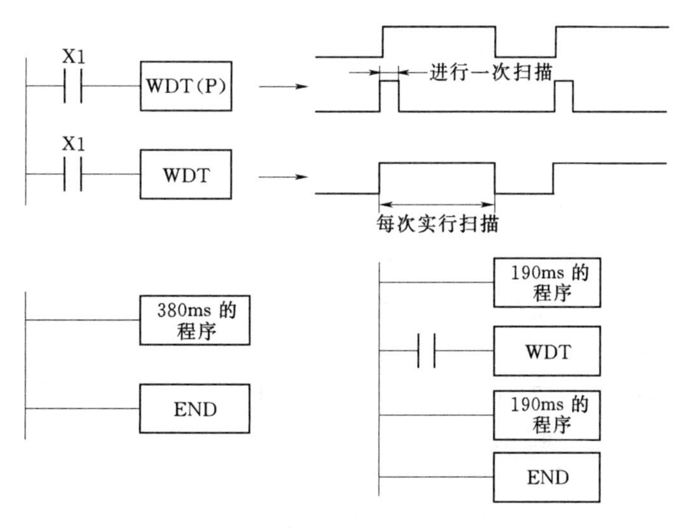

图 6－12　监控定时器指令

器规定的某一值（如 FX_{2N} 为 200ms），PLC CPU 出错指示灯亮并同时停止工作。这种情况下应将 WDT 指令插到适当的步序中刷新监控定时器，以使程序能够正常运行。

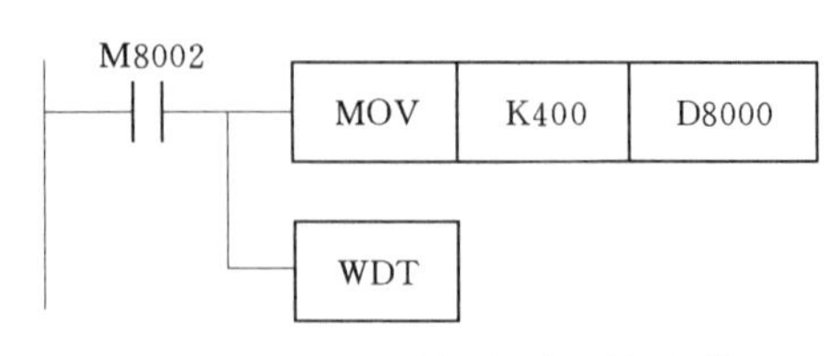

图 6-13　WDT 监控器监视时间的修改

（2）监控定时器可用 D8000 来设定定时时间。在图 6-13 中，执行该指令后监控器将按新设定的监视时间（400ms）监控程序。

（3）若 FOR-NEXT 循环程序的执行时间可能超过监控定时器的定时时间，可将 WDT 指令插入到循环程序中。

（4）若程序跳转指令 CJ 在它对应的标号之后（程序往回跳），程序总的执行时间可能超过监控定时器的定时时间，可在 CJ 指令和对应的标号之间插入 WDT 指令，避免程序出错。

六、循环指令 FNC08（FOR）、FNC09（NEXT）

1. 指令格式

指令格式见表 6-8。

表 6-8　　循　环　指　令

助记符	操　作　数	程序步长	备　注
FNC08　FOR	K、H、K*n*X、K*n*Y，K*n*M、K*n*S、T、C、D、V、Z	3 步	最多可嵌套 5 层
FNC09　NEXT	无	1 步	—

2. 指令功能

FOR 指令用于重复循环开始；NEXT 指令用于重复循环结束。

3. 指令说明

（1）FOR 与 NEXT 之间的程序被反复执行。执行的次数由 FOR 指令的源操作数 n 设定。n 在 1～32767 之间有效，在 n 为 −32768～0 时，按 $n=1$ 处理，循环可嵌套 5 层。执行完 n 次循环后，执行 NEXT 后面的指令。

（2）FOR-NEXT 指令应用如图 6-14 所示。外层循环程序执行 4 次，如果 D0Z 中的数据为 7，每执行一次程序 C，就要执行 7 次程序 B。如果 K2X0 为 6 时，执行第一个 FOR-NEXT 循环，程序 B 一共执行 28 次，程序 A 一共执行 4×7×6=168（次）。可用 CJ 指令跳出 FOR-NEXT 之间的循环体。

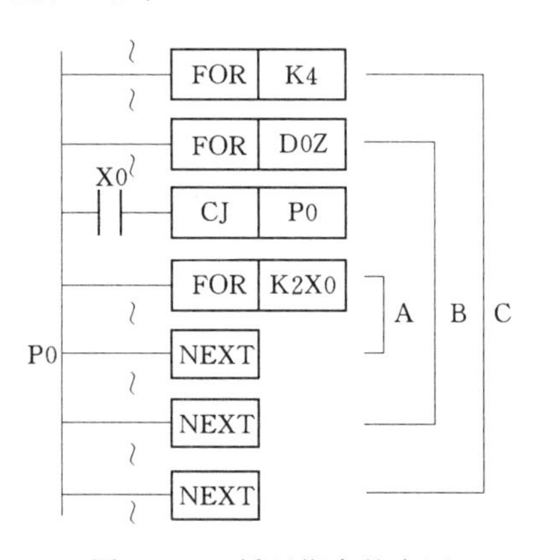

图 6-14　循环指令的应用

（3）FOR-NEXT 指令成对使用，FOR 指令应放置在 NEXT 的前面，如果没有满足上述条件，或 NEXT 指令放在 FEND 和 END 指令后面，程序出错。

第三节 传送和比较指令

传送和比较指令用于实现数据的传送、比较和转换功能，共10条，见表6-9。

表6-9 **传送和比较指令**

FNC代号	助记符	指令名称及功能	FNC代号	助记符	指令名称及功能
10	CMP	比较指令	15	BMOV	块传送指令
11	ZCP	区间比较指令	16	FMOV	多点传送指令
12	MOV	数据传送指令	17	XCH	数据交换指令
13	SMOV	移位传送指令	18	BCD	BCD变换指令
14	CML	取反传送指令	19	BIN	BIN变换指令

一、比较指令FNC10（CMP）和区间比较指令FNC11（ZCP）

1. 指令格式

指令格式见表6-10。

表6-10 **比较指令和区间比较指令**

助记符	操作数				程序步长	备注
	[S1·]	[S2·]	[S·]	[D·]		
FNC10 (D) CMP (P)	K、H、KnX、KnY、KnM、KnS、T、C、D、V、Z		无	Y、M、S	16位：7步 32位：13步	①16/32位操作数； ②连续/脉冲执行方式； ③目标操作数为3个连续元件
FNC11 (D) ZCP (P)	K、H、KnX、KnY、KnM、KnS、T、C、D、V、Z			Y、M、S	16位：7步 32位：13步	①16/32位操作数； ②连续/脉冲执行方式； ③目标操作数为3个连续元件

2. 指令功能

比较指令CMP用于将源操作数[S1·]和[S2·]的数据进行比较，比较结果送入目标操作数[D·]中。

区间比较指令ZCP用于将源操作数[S·]与[S1·]、[S2·]形成的区间进行比较，比较结果送入目标操作数[D·]中。

3. 指令说明

(1) 比较指令的应用如图6-15所示。比较指令将常数100与计数器C10当前值比较，比较结果送到M0～M2。X1=OFF时，CMP指令不执行，M0～M2的状态不变；X1=ON时，执行比较操作，如果[S1·]>[S2·]，则M0=ON；若[S1·]=[S2·]，则M1=ON；若[S1·]<[S2·]，则M2=ON。

(2) 区间比较指令的应用如图6-16所示，当X2=ON时，执行ZCP指令，将T3的当前值与常数100和150相比较，比较结果送到M3～M5中。源操作数[S1·]不能大于[S2·]。

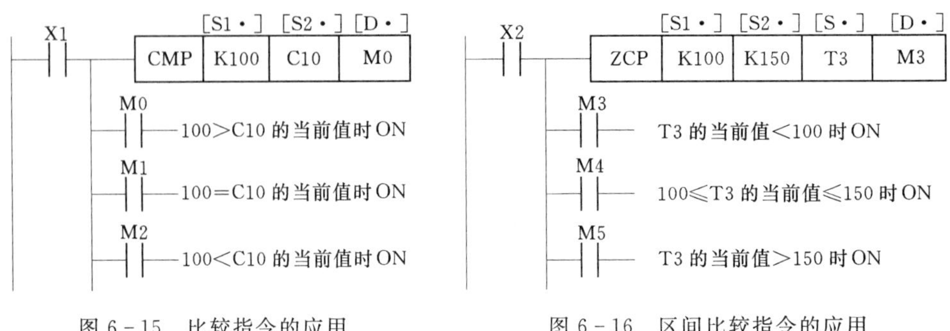

图 6－15　比较指令的应用　　　图 6－16　区间比较指令的应用

(3) 使用 CMP 和 ZCP 指令比较的数据是有符号的二进制数，如－3<1。

二、数据传送指令 FNC12（MOV）

1. 指令格式

指令格式见表 6－11。

表 6－11　　**数据传送指令**

助记符	操作数		程序步长	备注
	[S·]	[D·]		
FNC12 (D) MOV (P)	K、H、KnX、KnY、KnM、KnS、T、C、D、V、Z	K、H、KnY、KnM、KnS、T、C、D、V、Z	16 位：5 步 32 位：9 步	①16/32 位操作数； ②连续/脉冲执行方式

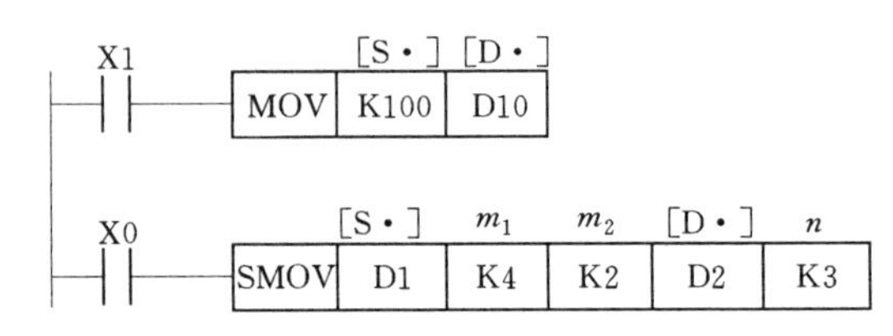

图 6－17　数据传送指令 MOV 与移位传送指令 SMOV

2. 指令功能

MOV 指令将源操作数［S·］传送到目标操作数［D·］中，源操作数的内容不变。

3. 指令说明

数据传送指令 MOV 的应用如图 6－17 所示，当 X1＝ON 时，将常数 100 送至 D10，并自动转换成二进制数。

三、移位传送指令 FNC13（SMOV）

1. 指令格式

指令格式见表 6－12。

表 6－12　　**移位传送指令**

助记符	操作数			程序步长	备注
	[S·]	m_1、m_2、n	[D·]		
FNC13 SMOV (P)	K、H、KnX、KnY、KnM、KnS、T、C、D、V、Z、X、Y、M、S	K、H 有效范围：1～4	KnY、KnM、KnS、T、C、D、V、Z	16 位：11 步	①只有 16 位操作数； ②连续/脉冲执行方式

2. 指令功能

SMOV 指令可将数据进行分配或者合成。

3. 指令说明

移位传送指令 SMOV 应用如图 6－17 所示。源数据（二进制数）被转换成 4 位 BCD 码，然后将它传送。SMOV 移位传送过程如图 6－18 所示，当 X0＝ON，将 D1 中右起第 4 位（$m_1=4$）开始的 2 位（$m_2=2$）BCD 码移到目标操作数（D2）的右起第 3 位（$n=3$）和第 2 位，然后 D2 中的 BCD 码自动转换为二进制码，D2 中的第 1 位和第 4 位 BCD 码不受移位传送指令的影响。

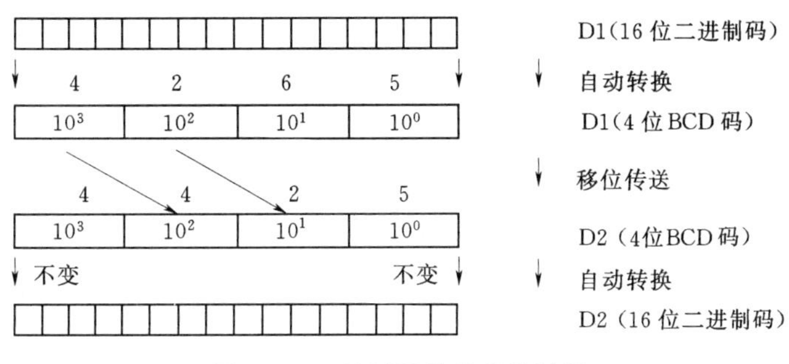

图 6－18　SMOV 移位传送过程

四、取反传送指令 FNC14（CML）

1. 指令格式

指令格式见表 6－13。

表 6－13　取反传送指令

助记符	操作数		程序步长	备注
	[S·]	[D·]		
FNC14 (D) CML (P)	K、H、X、Y、M、S、K*n*X、K*n*Y、K*n*M、K*n*S、T、C、D、V、Z	K*n*Y、K*n*M、K*n*S、T、C、D、V、Z	16 位：5 步 32 位：9 步	①16/32 位操作数； ②连续/脉冲执行方式

2. 指令功能

CML 指令将源操作数［S·］逐位取反后，向目标操作数［D·］传送。

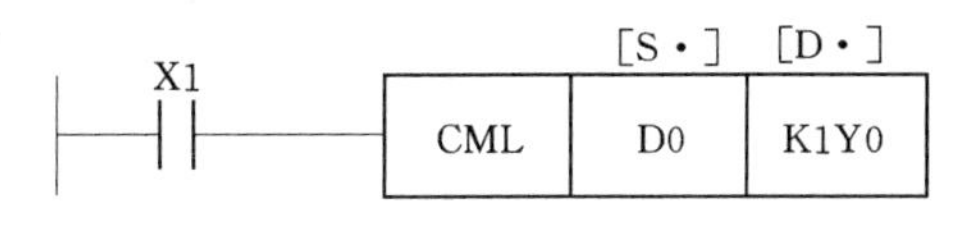

图 6－19　取反传送指令 CML

3. 指令说明

取反传送指令应用如图 6－19 所示，当 X1＝ON 时，CML 指令将源操作数 D0 的低 4 位取反后（其余位状态保持不变）传送到 Y0～Y3 中。

五、块传送指令 FNC15（BMOV）

1. 指令格式

指令格式见表 6－14。

表 6-14　　块传送指令

助记符	操作数			程序步长	备注
	[S·]	[D·]	n		
FNC15 BMOV（P）	K、H、KnX、KnY、KnM、KnS、T、C、D	KnY、KnM、KnS、T、C、D	K、H（$n\leqslant 512$）	16 位：7 步	①只有 16 位操作数；②连续/脉冲执行方式

2. 指令功能

BMOV 指令可将源操作数［S·］指定的成批数据传送到目标操作数［D·］中。

3. 指令说明

（1）块传送指令应用如图 6-20 所示，当 X0=ON 时，执行块传送指令，由于 $n=4$，将 D4～D7 的内容传送到 D10～D13 中。

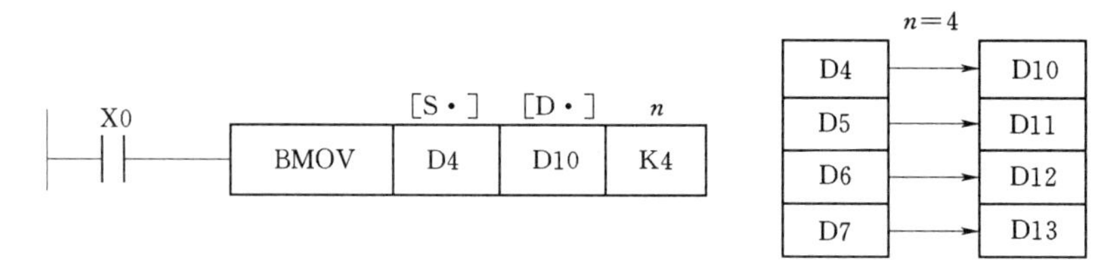

图 6-20　块传送指令 BMOV

（2）若块传送指定的是位元件，则源操作数和目标操作数指定位数必须相等。

（3）源操作数和目标操作数的地址发生重叠时，为了防止源操作数在传送前被改写，PLC 将自动地确定传送顺序，如图 6-21 所示。

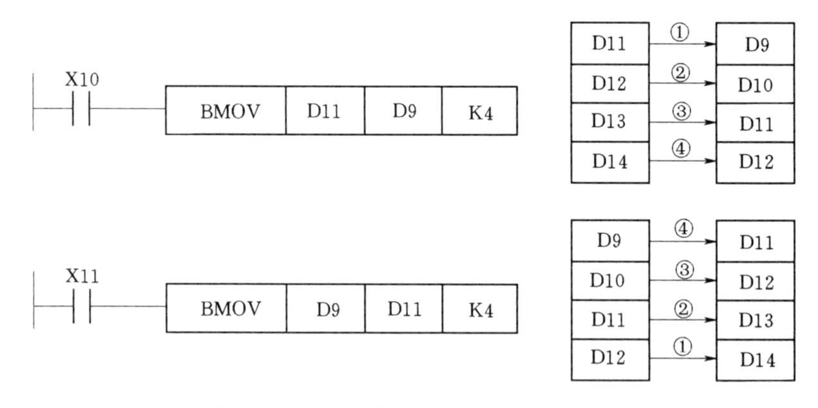

图 6-21　块传送指令 BMOV 应用实例

（4）当特殊辅助继电器 M8024=ON 时，数据传送方向反转，即由目标操作数向源操作数传送。

六、多点传送指令 FNC16（FMOV）

1. 指令格式

指令格式见表 6-15。

表 6－15　　多点传送指令

<table>
<tr><th rowspan="2">助记符</th><th colspan="3">操作数</th><th rowspan="2">程序步长</th><th rowspan="2">备注</th></tr>
<tr><th>［S·］</th><th>［D·］</th><th>n</th></tr>
<tr><td>FNC16
(D) FMOV(P)</td><td>K、H、KnX、KnY、KnM、KnS、T、C、D、V、Z</td><td>KnY、KnM、KnS、T、C、D、V、Z</td><td>K、H
(n≤512)</td><td>16 位：7 步
32 位：13 步</td><td>①16/32 位操作数；
②连续/脉冲执行方式</td></tr>
</table>

2. 指令功能

FMOV 指令将源操作数［S·］向以指定目标操作数［D·］开始的 n 个目标操作数传送相同的数据。

3. 指令说明

多点传送指令应用如图 6－22 所示，当 X2＝ON 时，将常数 0 传送到以 D5 开始的连续 10 个数据寄存器中，即 D5～D14。若元件号超出允许的范围，数据仅传送到允许的范围中。

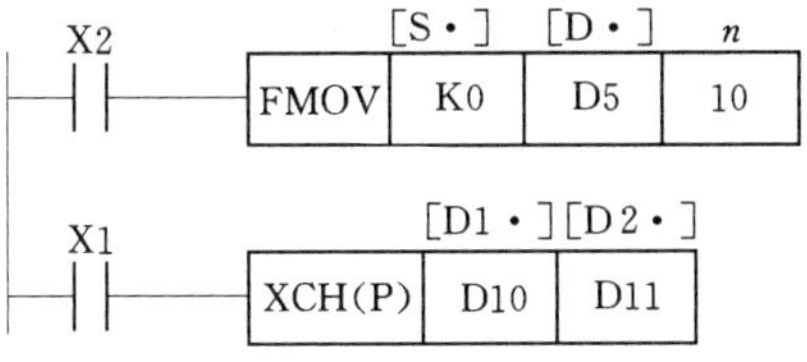

X2 ［S·］ ［D·］ n
FMOV K0 D5 10
X1 ［D1·］［D2·］
XCH(P) D10 D11

图 6－22　多点传送指令 FMOV 及数据交换指令 XCH

七、数据交换指令 FNC17（XCH）

1. 指令格式

指令格式见表 6－16。

表 6－16　　数据交换指令

<table>
<tr><th rowspan="2">助记符</th><th colspan="2">操作数</th><th rowspan="2">程序步长</th><th rowspan="2">备注</th></tr>
<tr><th>［D1·］</th><th>［D2·］</th></tr>
<tr><td>FNC17
(D) XCH (P)</td><td colspan="2">KnY、KnM、KnS、T、C、D、V、Z</td><td>16 位：5 步
32 位：9 步</td><td>①16/32 位操作数；
②连续/脉冲执行方式</td></tr>
</table>

2. 指令功能

XCH 将目标操作数［D1·］和［D2·］指定的两个目标元件存储的数据进行互相交换。

3. 指令说明

(1) 数据交换指令应用如图 6－22 所示，当 X1＝ON 时，D10 和 D11 元件中的内容互相交换。

(2) 数据交换指令一般采用脉冲执行方式，否则每一个扫描周期都要交换一次。

八、BCD 变换指令 FNC18（BCD）和 BIN 变换指令 FNC19（BIN）

1. 指令格式

指令格式见表 6－17。

2. 指令功能

BCD 变换指令将源操作数［S·］指定的二进制数转换成 BCD 码，BIN 变换指令将源操作数［S·］指定的 BCD 码转换成二进制数。

表 6-17　　变　换　指　令

助记符	操作数		程序步长	备　注
	[S·]	[D·]		
FNC18 (D) BCD (P)	K、H、KnX、KnY、KnM、KnS、T、C、D、V、Z	KnY、KnM、KnS、T、C、D、V、Z	16位：5步 32位：9步	①16/32位操作数； ②连续/脉冲执行方式
FNC19 (D) BIN (P)	KnX、KnY、KnM、KnS、T、C、D、V、Z	KnY、KnM、KnS、T、C、D、V、Z	16位：5步 32位：9步	①16/32位操作数； ②连续/脉冲执行方式

3. 指令说明

(1) BCD变换指令应用如图6-23所示，当X0=ON时，将存放在D10中的二进制数（16位）转换成4个BCD码，传送到D11中。

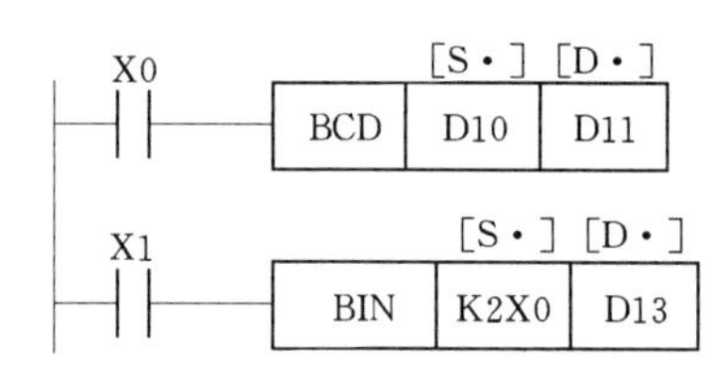

图6-23　BCD变换指令和BIN变换指令

(2) BIN变换指令应用如图6-23所示，当X1=ON时，将X0～X7的2个BCD码转换成8位二进制码，存放在D13的低8位中。

(3) BCD码的数值范围：16位操作数为0～9999，32位操作数为0～99999999。

(4) 可用BIN变换指令将BCD数字开关提供的设定值输入PLC，如果源元件中的数据不是BCD码，将会出错。常数K不能作为BIN的操作元件，因为在任何处理之前它们会被转换成二进制数。

第四节　四则运算和逻辑运算指令

四则运算和逻辑运算指令共有10条，见表6-18。

表 6-18　　四则运算和逻辑运算指令

FNC代号	助记符	指令名称及功能	FNC代号	助记符	指令名称及功能
20	ADD	二进制加法指令	25	DEC	二进制减1指令
21	SUB	二进制减法指令	26	WAND	字逻辑与指令
22	MUL	二进制乘法指令	27	WOR	字逻辑或指令
23	DIV	二进制除法指令	28	WXOR	字逻辑异或指令
24	INC	二进制加1指令	29	NEG	求补指令

一、二进制加法指令FNC20（ADD）和二进制减法指令FNC21（SUB）

1. 指令格式

指令格式见表6-19。

2. 指令功能

ADD指令用于将源操作数[S1·]和[S2·]进行二进制数相加，将结果存入目标操作数[D·]中。

SUB 指令用于将源操作数［S1·］减去［S2·］，将结果存入目标操作数［D·］中。

表 6-19　二进制加减法指令

助记符	操作数			程序步长	备注
	［S1·］	［S2·］	［D·］		
FNC20 (D) ADD (P)	KnX、KnY、KnM、KnS、T、C、D、V、Z		KnY、KnM、KnS、T、C、D、V、Z	16 位：7 步 32 位：13 步	①16/32 位操作数； ②连续/脉冲执行方式
FNC21 (D) SUB (P)	K、H、KnX、KnY、KnM、KnS、T、C、D、V、Z		KnY、KnM、KnS、T、C、D、V、Z	16 位：7 步 32 位：13 步	①16/32 位操作数； ②连续/脉冲执行方式

3. 指令说明

(1) 二进制加法指令的应用如图 6-24 所示，当 X0＝ON 时，执行 (D10)＋(D12)→(D14)，因为是连续执行方式，每个扫描周期执行一次加法指令。

(2) 二进制减法指令的应用如图 6-24 所示，当 X1 由 OFF→ON 时，执行 (D1D0)－22，将结果放入 (D15D14) 中。图 6-24 所示的(D)SUB指令操作数为 32 位。

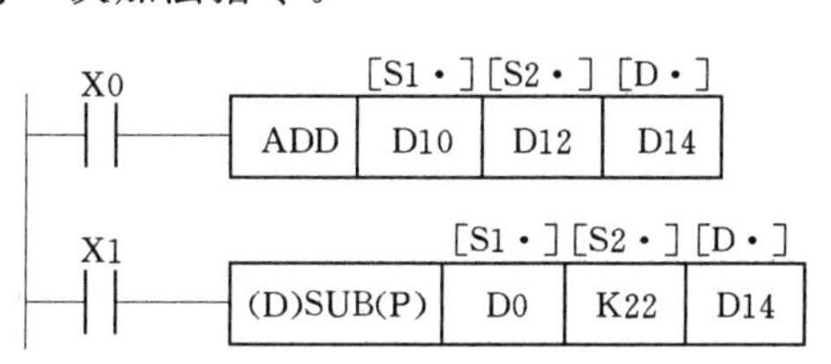

图 6-24　二进制加法与减法指令

(3) 二进制加法指令和进制减法指令的数据类型是有符号的数值（最高位为 0 是正，1 是负）。数据运算是以代数形式进行，如 －13＋5＝－8。

(4) ADD 和 SUB 指令执行后，若运算结果为 0，则 M8020（零标志位）为 ON；若运算结果小于－32768（16 位数据）或－2147483648（32 位数据），则 M8021（借位标志）为 ON；若运算结果大于 32767（16 位数据）或 2147483647（32 位数据），则 M8022（进位标志）为 ON。其关系如图 6-25 所示。

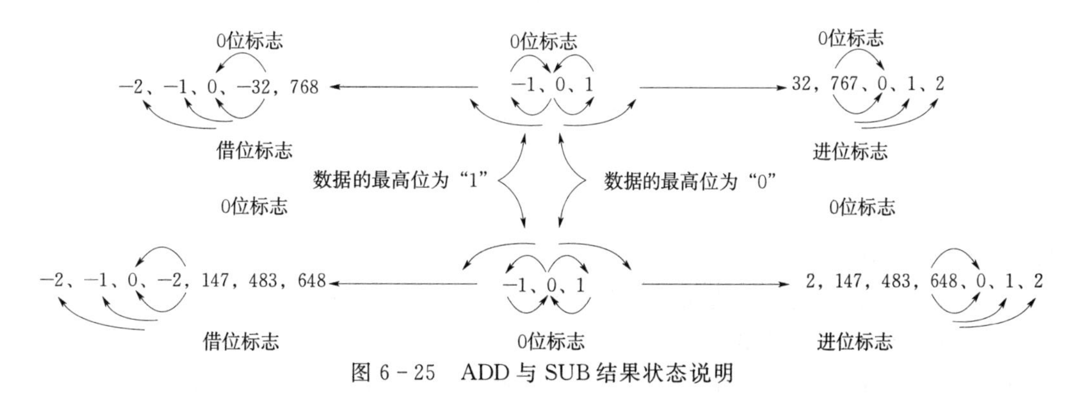

图 6-25　ADD 与 SUB 结果状态说明

(5) ADD 和 SUB 指令的 32 位运算使用字编程，源操作数指定的元件为低位字，相邻下一个元件为高位字，如图 6-24 所示的减法指令。

(6) ADD 和 SUB 指令的源操作数和目标操作数相同时，并采用连续执行方式，每个扫描周期的运算结果都会改变。

二、二进制乘法指令 FNC22（MUL）和二进制除法指令 FNC23（DIV）

1. 指令格式

指令格式见表 6－20。

表 6－20　　二进制乘除法指令

助记符	操作数			程序步长	备注
	[S1·]	[S2·]	[D·]		
FNC22 (D) MUL (P)	K、H、KnX、KnY、KnM、KnS、T、C、D、Z		KnY、KnM、KnS、T、C、D	16 位：7 步 32 位：13 步	①16/32 位操作数； ②连续/脉冲执行方式
FNC23 (D) DIV (P)	K、H、KnX、KnY、KnM、KnS、T、C、D、Z		KnY、KnM、KnS、T、C、D	16 位：7 步 32 位：13 步	①16/32 位操作数； ②连续/脉冲执行方式

2. 指令功能

MUL 指令将源操作数 [S1·] 和 [S2·] 进行二进制乘法运算，将乘法结果存入目标操作数 [D·] 中。

DIV 指令将操作数 [S1·] 除以 [S2·] 进行二进制除法运算，将商和余数存入目标操作数 [D·] 中。

3. 指令说明

(1) MUL 指令的应用如图 6－26 所示，当 X0＝ON 时，执行（D0）×（D2）→（D5D4）。

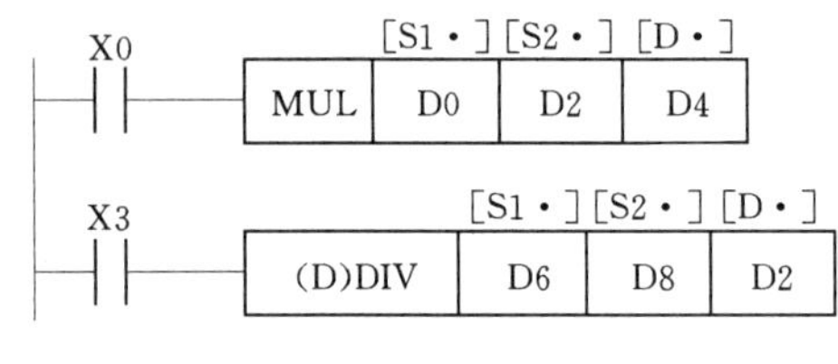

图 6－26　二进制乘法与二进制除法指令

(2) DIV 指令的应用如图 6－26 所示，当 X3＝ON 时，执行（D7D6）/（D9D8），商放在（D3D2）中，余数放在（D5D4）中。

(3) 16 位乘法指令将源操作数中的二进制数相乘，32 位结果送到指定的目标操作数中。

(4) 对于 16 位的 MUL 指令，目标操作数是 KnY、KnM、KnS 时，可以进行 K1～K8 的指定，当指定为 K4 时，只能得到 32 位运算结果的低 16 位。

(5) 对于 32 位的 MUL 指令，若目标操作数是 KnY、KnM、KnS，则只能得到 32 位运算结果，最好采用浮点运算。

(6) 执行 32 位数据乘法或除法操作指令时，目标操作数不能指定为 V 和 Z。

(7) 若除数为“0”则出错，DIV 指令不执行。

(8) 在 DIV 指令中，若目标操作数为位元件，不能获得余数，商和余数的最高位为符号位。

三、二进制加 1 指令 FNC24（INC）和二进制减 1 指令 FNC25（DEC）

1. 指令格式

指令格式见表 6－21。

2. 指令功能

INC 指令将目标操作数［D·］指定的数据加 1。

DEC 指令将目标操作数［D·］指定的数据减 1。

表 6-21　　二进制加 1、二进制减 1 指令

助记符	操作数	程序步长	备注
	［D·］		
FNC24 (D) INC (P)	KnY、KnM、KnS、T、C、D、V、Z	16 位：3 步 32 位：5 步	①16/32 位操作数； ②连续/脉冲执行方式
FNC25 (D) DEC (P)	KnY、KnM、KnS、T、C、D、V、Z	16 位：3 步 32 位：5 步	①16/32 位操作数； ②连续/脉冲执行方式

3. 指令说明

(1) 二进制加 1 指令 INC 应用如图 6-27 所示，当 X4 由 OFF→ON 时，执行 (D10)+1→(D10)。如果采用连续执行方式，每一个扫描周期 D10 都要加 1。

(2) 二进制减 1 指令 DEC 应用如图 6-27 所示，当 X1 由 OFF→ON 时，执行 (D11)-1→(D11)，若采用连续执行方式，每一个扫描周期 D11 都要减 1。

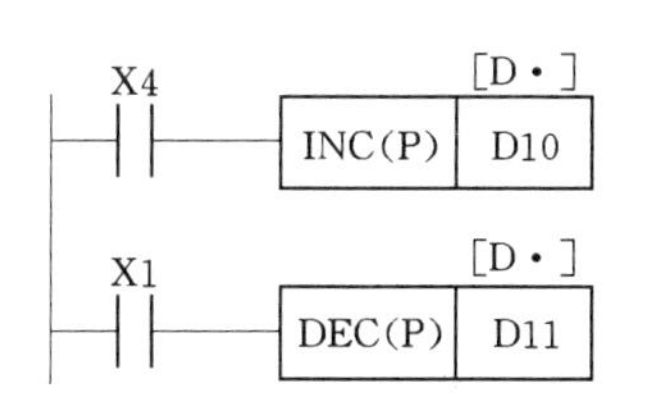

图 6-27　二进制加 1 与二进制减 1 指令

(3) 二进制加 1 指令 16 位运算中，32767 再加 1 变成 -32768，但进位标志不会动作；二进制加 1 指令 32 位运算中，+2147483647 再加 1 变为 -2147483648，但进位标志不会动作。

四、字逻辑指令 FNC26 (WAND)、FNC27 (WOR) 和 FNC28 (WXOR)

1. 指令格式

指令格式见表 6-22。

表 6-22　　字逻辑指令

助记符	操作数			程序步长	备注
	［S1·］	［S2·］	［D·］		
FNC26 (D) WAND (P)	K、H、KnX、KnY、KnM、KnS、T、C、D、V、Z		KnY、KnM、KnS、T、C、D、V、Z	16 位：7 步 32 位：13 步	①16/32 位操作数； ②连续/脉冲执行方式
FNC27 (D) WOR (P)					
FNC28 (D) WXOR (P)					

2. 指令功能

字逻辑与指令 WAND 用于将操作数［S1·］和［S2·］的各位数据依次求逻辑与运算，结果存入目标操作数［D·］中。

字逻辑或指令 WOR 用于将操作数［S1·］和［S2·］的各位数据依次求逻辑或运

算，结果存入目标操作数［D·］中。

字逻辑异或指令 WXOR 用于将操作数［S1·］和［S2·］的各位数据依次求逻辑异或运算，结果存入目标操作数［D·］中。

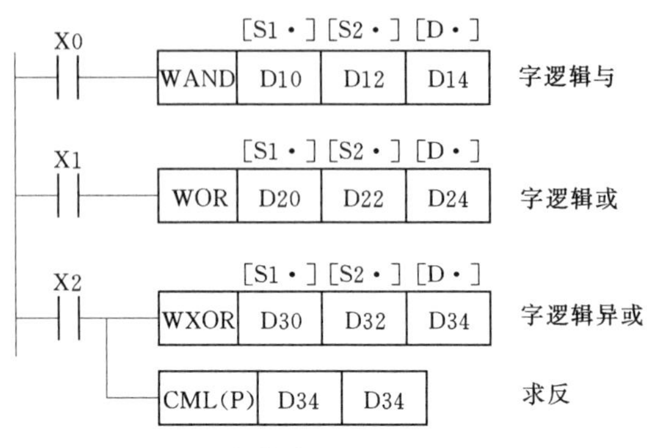

图 6-28　字逻辑指令 WAND、WOR、WXOR

3. 指令说明

（1）字逻辑与指令 WAND 应用如图 6-28所示，当 X0＝ON 时，在每一个扫描周期执行（D10）∧（D12）→（D14）。

（2）字逻辑或指令 WOR 应用如图 6-28所示，当 X1＝ON 时，在每一个扫描周期执行（D20）∨（D22）→（D24）。

（3）字逻辑异或指令 WXOR 应用如图 6-28 所示，当 X2＝ON 时，在每一个扫描周期执行（D30）⊕（D32）→（D34）。

五、求补指令 FNC29(NEG)

1. 指令格式

指令格式见表 6-23。

表 6-23　　求　补　指　令

助 记 符	操　作　数	程序步长	备　注
	［D·］		
FNC29 (D) NEG (P)	KnY、KnM、KnS、T、C、D、V、Z	16 位：3 步 32 位：5 步	①16/32 位操作数； ②连续/脉冲执行方式

2. 指令功能

NEG 指令将目标操作数［D·］的各位数据求反，结果加 1 后存入目标操作数［D·］中。

3. 指令说明

（1）求补指令 NEG 应用如图 6-29 所示，当 X4 由 OFF→ON 时，（D50）中各位数据取反，再加上 1，把结果存放在（D50）中。

X4　NEG(P)　［D·］ D50

图 6-29　求补指令 NEG

（2）NEG 指令不影响借位标志和进位标志。

第五节　循环移位和移位指令

循环移位和移位指令共 10 条，见表 6-24。

一、循环移位指令 FNC30（ROR）和 FNC31（ROL）

1. 指令格式

指令格式见表 6-25。

表 6-24 循环移位和移位指令

FNC 代号	助记符	指令名称及功能	FNC 代号	助记符	指令名称及功能
30	ROR	循环右移指令	35	SFTL	位左移指令
31	ROL	循环左移指令	36	WSFR	字右移指令
32	RCR	带进位循环右移指令	37	WSFL	字左移指令
33	RCL	带进位循环左移指令	38	SFWR	移位写入指令
34	SFTR	位右移指令	39	SFRD	移位读出指令

表 6-25 循环移位指令

助记符	操作数		程序步长	备注
	[D·]	n		
FNC30 (D) ROR (P)	KnY、KnM、KnS、T、C、D、V、Z	K，H (16 位：$n\leqslant16$； 32 位：$n\leqslant32$)	16 位：5 步 32 位：9 步	①16/32 位操作数； ②连续/脉冲执行方式； ③影响标志位：M8022
FNC31 (D) ROL (P)				

2. 指令功能

ROR 指令将目标操作数 [D·] 的数据循环右移 n 位，将结果存入目标操作数 [D·] 中。

ROL 指令将目标操作数 [D·] 的数据循环左移 n 位，将结果存入目标操作数 [D·] 中。

3. 指令说明

(1) ROR 指令应用如图 6-30 所示。当 X0 由 OFF→ON 时（脉冲执行方式），执行循环右移指令功能，将 D0 中的各位数据向右循环移动 3 位，最后一次移出来的状态同时存入标志位 M8022 中。

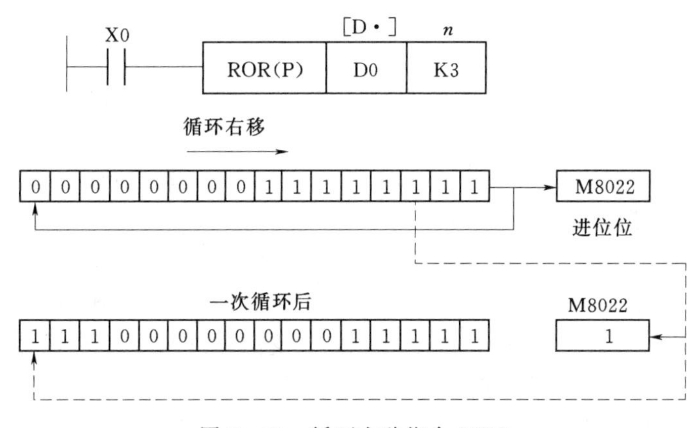

图 6-30 循环右移指令 ROR

(2) ROL 指令应用如图 6-31 所示。当 X1 由 OFF→ON 时（脉冲执行方式），执行循环左移指令功能，将 D0 中的各位数据向左循环移动 3 位，最后一次移出来的状态同时

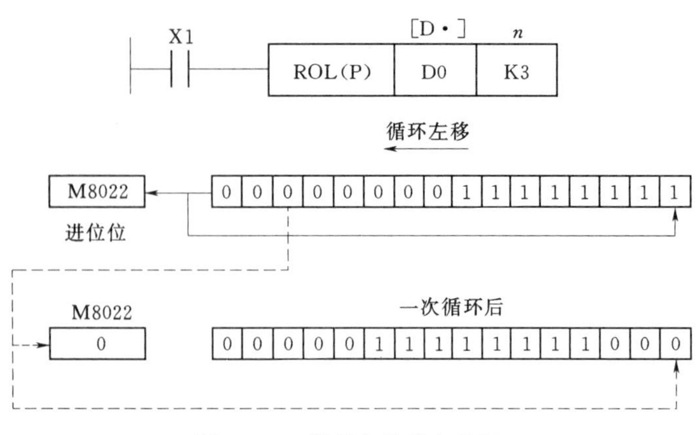

图 6-31 循环左移指令 ROL

存入标志位 M8022 中。

(3) 若目标操作数是位元件组数 KnY、KnM、KnS 时，只有 K4（16 位指令）和 K8（32 位指令）有效，如 K4M0 和 K8M10。

二、带进位的循环移位指令 FNC32（RCR）和 FNC33（RCL）

1. 指令格式

指令格式见表 6-26。

表 6-26　　带进位的循环移位指令

助记符	操作数 [D·]	操作数 n	程序步长	备注
FNC32 (D) RCR (P)	KnY、KnM、KnS、T、C、D、V、Z	K，H（16 位：$n \leqslant 16$；32 位：$n \leqslant 32$）	16 位：5 步 32 位：9 步	①16/32 位操作数； ②连续/脉冲执行方式； ③影响标志位：M8022
FNC33 (D) RCL (P)				

2. 指令功能

RCR 指令将目标操作数 [D·] 的数据和标志位 M8022 共同组成的数据循环右移 n 位，将结果存入目标操作数 [D·] 中。

RCL 指令将目标操作数 [D·] 的数据和标志位 M8022 共同组成的数据循环左移 n 位，将结果存入目标操作数 [D·] 中。

3. 指令说明

(1) RCR 的应用如图 6-32 所示，当 X2 由 OFF→ON 时（脉冲执行方式），执行带进位循环右移位指令功能，将 D0 中各位的数据以及标志位 M8022 中的数据一起向右循环右移 3 位，标志位 M8022 中的数据被送到目标操作数中。

(2) RCL 的应用如图 6-33 所示，当 X3 由 OFF→ON 时（脉冲执行方式），执行带进位循环左移位指令功能，将 D0 中各位的数据以及标志位 M8022 中的数据一起向左循环左移 3 位，标志位 M8022 中的数据被送到目标操作数中。

(3) 若目标元件是位元件组数 KnY、KnM、KnS 时，只有 K4（16 位指令）和

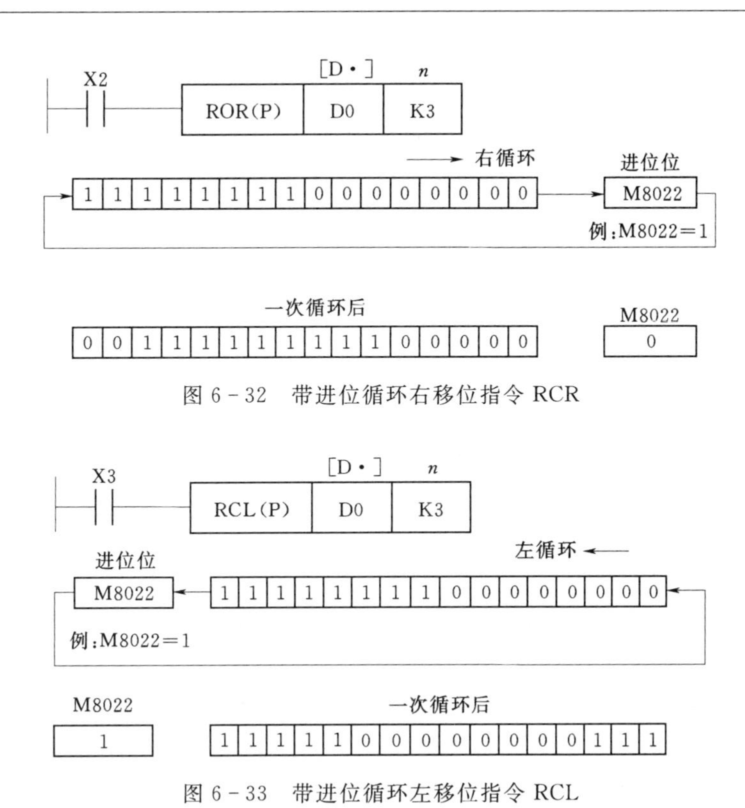

图 6-32 带进位循环右移位指令 RCR

图 6-33 带进位循环左移位指令 RCL

K8（32 位指令）有效，如 K4M0 和 K8M10。

三、位右移指令 FNC34（SFTR）和位左移指令 FNC35（SFTL）

1. 指令格式

指令格式见表 6-27。

表 6-27 **位 移 指 令**

助记符	操 作 数				程序步长	备 注
	[S·]	[D·]	n_1	n_2		
FNC34 SFTR（P）	X、Y、M、S	Y、M、S	K，H （$n_2 \leqslant n_1 \leqslant 1024$）		16 位：7 步	①只有 16 位操作数；②连续/脉冲执行方式
FNC35 SFTL（P）	X、Y、M、S	Y、M、S	K，H （$n_2 \leqslant n_1 \leqslant 1024$）		16 位：7 步	①只有 16 位操作数；②连续/脉冲执行方式

2. 指令功能

SFTR 将在 n_1 位目标操作数 [D·] 指定的 n_2 位数据成组依次向右移动，移位后的数据由源操作数 [S·] 指定的 n_2 位数据填补。

SFTL 将在 n_1 位目标操作数 [D·] 指定的 n_2 位数据成组依次向左移动，移位后的数据由源操作数 [S·] 指定的 n_2 位数据填补。

3. 指令说明

(1) SFTR 的应用如图 6-34 所示。当 X10 由 OFF→ON 时（脉冲执行方式），执行位右移指令功能，按以下顺序移位：M2～M0 中数据溢出，M5～M3→M2～M0，M8～M6→M5～M3，最后将 X2～X0 中的数据填补 M8～M6。

（2）SFTL 的应用如图 6-35 所示。当 X11 由 OFF→ON 时（脉冲执行方式），执行位左移指令功能，按以下顺序移位：M8～M6 中数据溢出，M5～M3→M8～M6，M2～M0→M5～M3，最后将 X2～X0 中的数据填补 M2～M0。

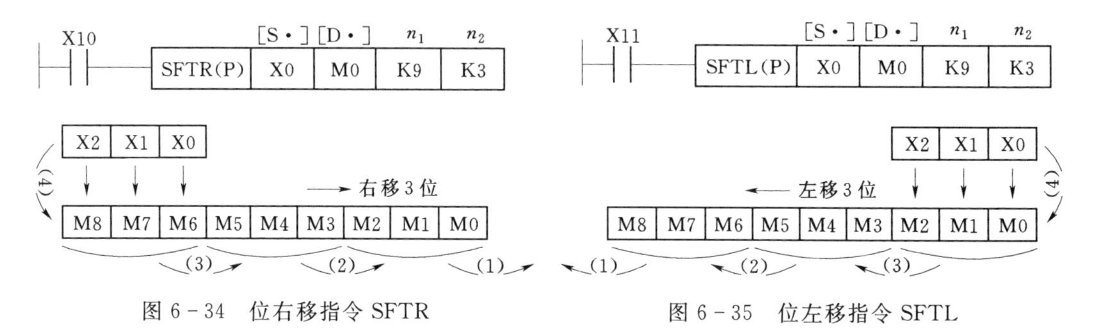

图 6-34　位右移指令 SFTR　　　　图 6-35　位左移指令 SFTL

（3）SFTR 和 SFTL 指令源操作数只能是 X、Y、M、S 位元件；目标操作数只能是 Y、M、S。

四、字右移指令 FNC36（WSFR）和字左移指令 FNC37（WSFL）

1. 指令格式

指令格式见表 6-28。

表 6-28　　字移动指令

助记符	操作数				程序步长	备注
	[S·]	[D·]	n_1	n_2		
FNC36 WSFR（P）	KnX、KnY、KnM、KnS、T、C、D	KnY、KnM、KnS、T、C、D	K，H（$n_2 \leqslant n_1 \leqslant 512$）		16 位：9 步	①只有 16 位操作数；②连续/脉冲执行方式
FNC37 WSFL（P）						

2. 指令功能

字右移指令 WSFR 将在 n_1 个字目标操作数 [D·] 指定的 n_2 个字数据成组依次向右移动，移位后的数据由源操作数 [S·] 指定的 n_2 个字数据填补。

字左移指令 WSFL 将在 n_1 个字目标操作数 [D·] 指定的 n_2 个字数据成组依次向左移动，移位后的数据由源操作数 [S·] 指定的 n_2 个字数据填补。

3. 指令说明

（1）WSFR 指令的应用如图 6-36 所示。当 X0 由 OFF→ON 时（脉冲执行方式），执行字右移指令功能，按以下顺序移位：D2～D0 中数据溢出，D5～D3→D2～D0，D8～D6→D5～D3，最后将 T2～T0 中的数据填补 D8～D6。

（2）WSFL 指令的应用如图 6-37 所示。当 X1 由 OFF→ON 时（脉冲执行方式），执行字左移指令功能，按以下顺序移位：D8～D6 中数据溢出，D5～D3→D8～D6，D2～D0→D5～D3，最后将 T2～T0 中的数据填补 D2～D0。

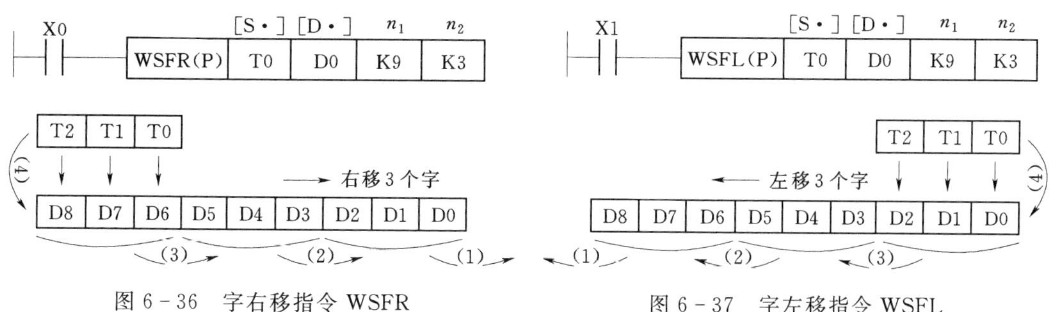

图 6－36　字右移指令 WSFR　　　　图 6－37　字左移指令 WSFL

（3）WSFR 和 WSFL 指令的源操作数是 K*n*X、K*n*Y、K*n*M、K*n*S、T、C 和 D；目标操作是 K*n*Y、K*n*M、K*n*S、T、C 和 D。

五、移位写入指令 FNC38（SFWR）和移位读出指令 FNC39（SFRD）

1. 指令格式

指令格式见表 6－29。

表 6－29　　移位写入/读出指令

助记符	操作数			程序步长	备注
	[S·]	[D·]	*n*		
FNC38 SFWR（P）	K、H、K*n*X、K*n*Y、K*n*M、K*n*S、T、C、D、V、Z	K*n*Y、K*n*M、K*n*S、T、C、D	K，H（2≤*n*≤512）	16 位：7 步	①只有 16 位操作数；②连续/脉冲执行方式
FNC39 SFRD（P）	K*n*Y、K*n*M、K*n*S、T、C、D	K*n*Y、K*n*M、K*n*S、T、C、D、V、Z			

2. 指令功能

移位写入指令 SFWR 将源操作数［S·］指定的数据写入到目标操作数［D·］指针指定的元件中，每执行一次该指令，指针加 1，直到指针内容等于 $n-1$ 为止。

移位读出指令 SFRD 将源操作数［S·］指定的 $n-1$ 个数据序列依次移入目标操作数［D·］指定的元件中，每执行一次该指令，指针减 1，直到指针内容等于 0 为止。

3. 指令说明

（1）移位写入指令 SFWR 应用如图 6－38 所示。当 X0 由 OFF→ON 时（脉冲执行方式），执行移位写入指令功能，将源操作数 D0 的数据写入 D2，D1 为指针（未执行该指令前，D1 要清 0），此时 D1 内容加 1 变为 1。当 X0 再次由 OFF→ON 时，指令将 D0 中新

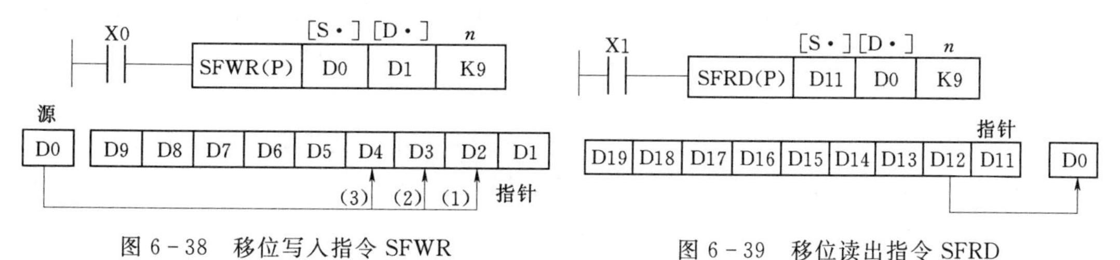

图 6－38　移位写入指令 SFWR　　　　图 6－39　移位读出指令 SFRD

的数据写入 D3 中，D1 内容加 1 变为 2，依此类推，当 D1 内容等于 8（n=9）时，不再执行写入操作并且将进位标志位 M8022 置 1。

（2）移位读出指令 SFRD 应用如图 6-39 所示。当 X1 由 OFF→ON 时（脉冲执行方式），执行移位读出指令功能，D12 的数据写入目标操作数 D0 中，D11 为指针（未执行该指令前，D11 要置 n−1，此例为 8），此时 D11 内容减 1 变为 7，D19～D13 数据依次右移 1 个字。当 X1 再次由 OFF→ON 时，指令将 D12 中数据写入 D0 中，D11 内容减 1 变为 6，D19～D13 数据依次右移 1 个字。依此类推，当 D11 内容等于 0 时，不再执行移位读出操作并且将零标志位 M8020 置 1。注意，数据总是从 D12 读出。

第六节　数据处理指令

数据处理指令共 10 条，见表 6-30。

表 6-30　　数据处理指令

FNC 代号	助记符	指令名称及功能	FNC 代号	助记符	指令名称及功能
40	ZRST	区间复位指令	45	MEAN	平均值指令
41	DECO	解码指令	46	ANS	报警器置位指令
42	ENCO	编码指令	47	ANR	报警器复位指令
43	SUM	置 1 位数求和指令	48	SQR	二进制平方根指令
44	BON	置 1 位判定指令	49	FLT	二进制整数—二进制浮点数转换指令

一、区间复位指令 FNC40（ZRST）

1. 指令格式

指令格式见表 6-31。

表 6-31　　区间复位指令

助记符	操作数		程序步长	备注
	[D1·]	[D2·]		
FNC40 ZRST（P）	Y、M、S、T、C、D （D1≤D2）		16 位：5 步	①只有 16 位操作数； ②连续/脉冲执行方式

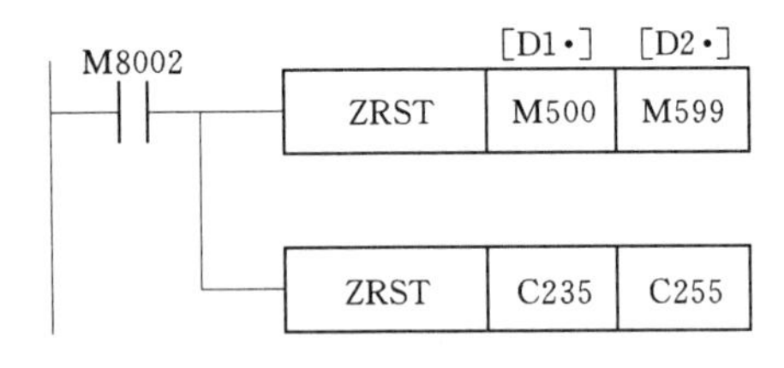

图 6-40　区间复位指令 ZRST

2. 指令功能

区间复位指令 ZRST 将目标操作数 [D1·] 和 [D2·] 区间的元件成批复位。

3. 指令说明

（1）ZRST 指令应用如图 6-40 所示。当 PLC 上电后，M8002 产生一上电脉冲，执行区间复位指令功能，将 M500～M599 共 100 个 16 位辅助继电器复位，将 C235～C255 共 21 个 32 位的计数器复位。

（2）目标操作数［D1·］和［D2·］应为同一类元件，且［D1·］≤［D2·］；如果［D1·］>［D2·］，只有［D1·］指定的元件被复位。

（3）ZRST 指令是 16 位处理指令，［D1·］、［D2·］也可以指定 32 位计数器。

（4）单个元件的复位可以使用 RST 指令。

（5）对于位组合元件 K*n*Y、K*n*M、K*n*S 和 T、C、D 的复位，可用多点写入指令 FMOV 将 K0 写入。

二、解码指令 FNC41（DECO）和编码指令 FNC42（ENCO）

1. 指令格式

指令格式见表 6-32。

表 6-32　　解码、编码指令

助记符	操作数			程序步长	备注
	［S·］	［D·］	*n*		
FNC41 DECO（P）	K、H、X、Y、M、S、T、C、D、V、Z	Y、M、S、T、C、D	K，H （1≤*n*≤8； *n*=0 时，不操作）	16 位： 7 步	①只有 16 位操作数； ②连续/脉冲执行方式
FNC42 ENCO（P）	X、Y、M、S、T、C、D、V、Z	T、C、D、V、Z			

2. 指令功能

解码指令 DECO 根据以源操作数［S·］指定的元件为首的 *n* 位数据的数值（转换为十进制 *m*），将以目标操作数［D·］指定的元件为首的第 *m* 位置 1。

编码指令 ENCO 将以源操作数［S·］指定的元件为首的 2^n 位中，从最高位开始第一个为 1 的位编号写入目标操作数［D·］中。

3. 指令说明

（1）解码指令 DECO 的应用如图 6-41 所示。当 X10 为 ON 时，在每一个扫描周期中，将 X2～X0 组成的 3 位（*n*=3）二进制数 011 换算为十进制数 3，将由目标操作数 M7～M0 组成的 8 位二进制数的第 3 位（规定最低位 M0 是第 0 位）M3 置 1，其余位不受影响。如果 X2～X0 组成的 3 位二进制数为 000，则将 M0 置 1。

（2）当 DECO 目标操作数是位元件时，*n* 的取值范围为 1≤*n*≤8；当目标操作数是字

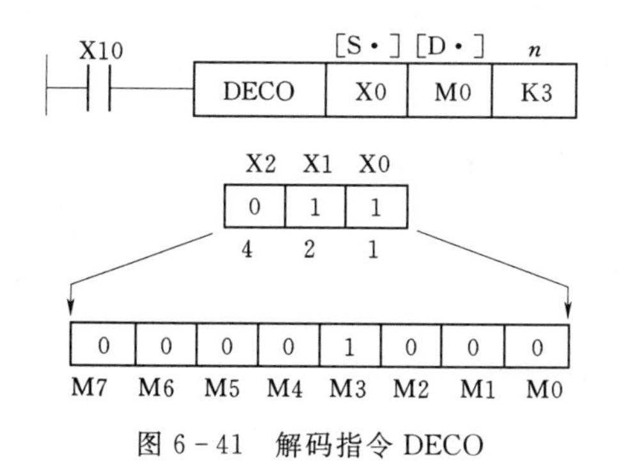

图 6-41　解码指令 DECO

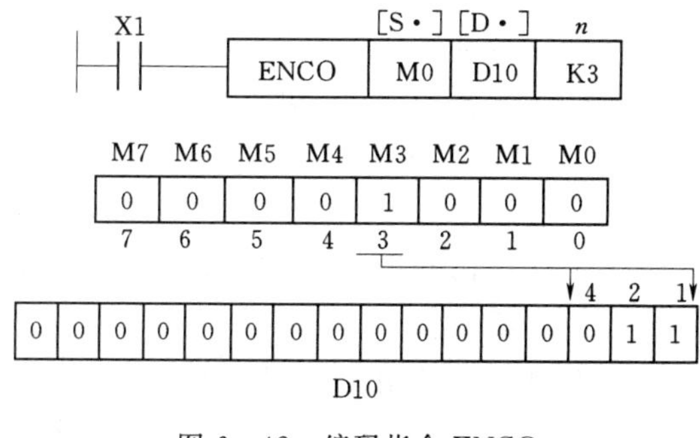

图 6-42　编码指令 ENCO

元件时，n 的取值范围为 $1\leqslant n\leqslant 4$；$n=0$ 时，不做处理。

（3）编码指令 ENCO 的应用如图 6－42 所示。当 X1 为 ON 时，在每一个扫描周期中，源操作数 M7～M0（$2^3=8$ 位）从最高位开始第一个为 1 的位是 M3，编号为 3，ENCO 将 3 编码为二进制 011，传送到目标操作数 D10 的低 3 位。

（4）当 ENCO 目标操作数是位元件时，n 的取值范围为 $1\leqslant n\leqslant 8$；当目标操作数是字元件时，n 的取值范围为 $1\leqslant n\leqslant 4$；$n=0$ 时，不做处理。

（5）当执行条件，例子中的 X10、X1 由 ON→OFF 时，指令停止执行，编码输出保持不变。

三、置 1 位数求和指令 FNC43（SUM）和置 1 位判别指令 FNC44（BON）

1. 指令格式

指令格式见表 6－33。

表 6－33　置 1 位数求和指令、置 1 位判别指令

助记符	操作数			程序步长	备注
	[S·]	[D·]	n		
FNC43 (D) SUM (P)	K、H、KnX、KnY、KnM、KnS、T、C、D、V、Z	KnY、KnM、KnS、T、C、D、V、Z	无	16 位：7 步 32 位：9 步	①16/32 位操作数； ②连续/脉冲执行方式
FNC44 (D) BON (P)	K、H、KnX、KnY、KnM、KnS、T、C、D、V、Z	Y、M、S	K，H（16 位：$n=0\sim15$；32 位：$n=0\sim31$）		

2. 指令功能

SUM 指令将源操作数［S·］的数据中“1”的个数存入目标操作数［D·］。

BON 指令检测源操作数［S·］指定第 n 位是否为 1，当该位为 1 时，将目标操作数［D·］指定的元件置 1；当该位为 0 时，则将目标操作数［D·］指定的元件置 0。

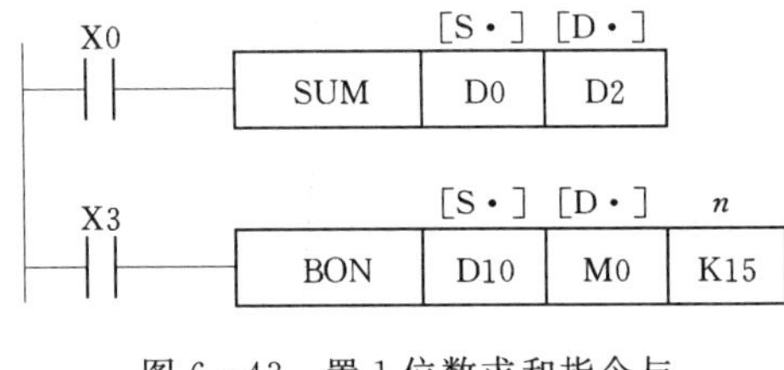

图 6－43　置 1 位数求和指令与置 1 位判别指令

3. 指令说明

（1）SUM 指令的应用如图 6－43 所示。当 X0 为 ON 时，在每一个扫描周期中，统计源操作数 D0 中各位为 ON 的个数，并将其存入目标操作数 D2 中；若 D0 中的各位均为 0，则零标志位 M8020 置 1。

（2）BON 指令应用如图 6－43 所示。当 X3 为 ON 时，在每一个扫描周期中，检测源操作数 D10 的第 15 位是否为“1”，若为“1”，则将目标操作数 M0 置 1；若为“0”，则将目标操作数 M0 置 0。

（3）SUM 指令使用 32 位指令时，目标操作数的高位字为 0。

（4）当 BON 使用 16 位指令时，n 的取值范围为 $0\leqslant n\leqslant 15$；当 BON 指令使用 32 位指令，n 的取值范围为 $0\leqslant n\leqslant 31$。

四、平均值指令 FNC45（MEAN）

1. 指令格式

指令格式见表 6－34。

表 6－34　　　平 均 值 指 令

助记符	操作数			程序步长	备注
	[S·]	[D·]	n		
FNC45 (D) MEAN (P)	KnX、KnY、KnM、KnS、T、C、D	KnY、KnM、KnS、T、C、D、V、Z	K，H (n=1～64)	16 位：7 步 32 位：13 步	①16/32 位操作数； ②连续/脉冲执行方式

2. 指令功能

MEAN 指令用于求取源操作数［S·］指定的 n 个数据序列平均值，将结果存入目标操作数［D·］中。

3. 指令说明

（1）MEAN 指令的应用如图 6－44 所示。当 X0 为 ON 时，在每一个扫描周期（连续执行方式），执行 MEAN 指令功能，求源操作数 D10 为首的 4（$n=4$）个数据寄存器 D13～D10 数据的平均值，结果存入目标操作数 D0 中。

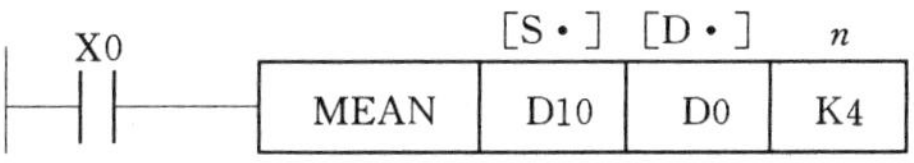

图 6－44　平均值指令 MEAN

（2）n 的取值范围是 $1 \leqslant n \leqslant 64$，元件超出指定的范围，$n$ 的值会自动缩小；n 超出取值范围，则出错。

五、报警器置位指令 FNC46（ANS）和报警器复位指令 FNC47（ANR）

1. 指令格式

指令格式见表 6－35。

表 6－35　　　报 警 器 指 令

助记符	操作数			程序步长	备注
	[S·]	[D·]	m		
FNC46 ANS	T（T0～T199）	S（S900～S999）	1～32767	16 位：7 步	①16 位操作数； ②只有连续执行方式
FNC47 ANR（P）	无			16 位：1 步	①16 位操作数； ②连续/脉冲执行方式

2. 指令功能

当源操作数［S·］指定的定时器当前值与 m 相等时，报警器置位指令 ANS 将目标操作数［D·］置 1。

报警器复位指令 ANR 将正在报警的报警器复位。

3. 指令说明

（1）ANS 指令的应用如图 6－45 所示。当 X0 为 ON 的时间超过 1s，T0 定时器当前值等于 10（$m=10$），执行 ANS 指令功能，将 S900 置 1；当 X0 变为 OFF 时，定时器 T0 复位，S900 保持为 ON；若 X0 在 1s 内变为 OFF，定时器 T0 复位，不执行 S900 置 1

操作。

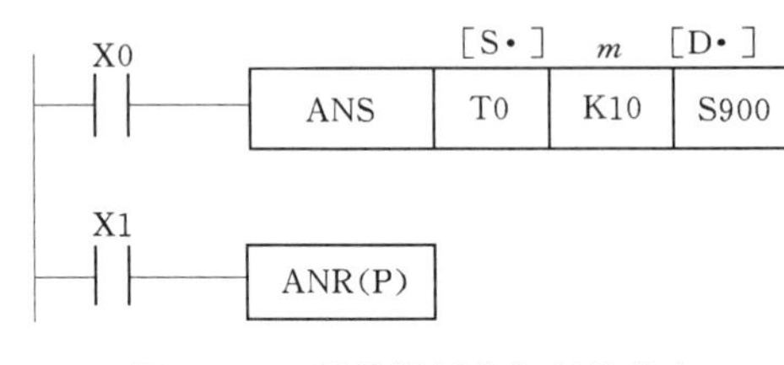

图 6-45　报警器置位与复位指令

(2) ANR 指令的应用如图 6-45 所示。当 X1 由 OFF→ON 时（脉冲执行方式），执行 ANR 指令功能，将 S900～S999 正在报警的信号复位。若超过 1 个报警器正在报警（被置 1），则元件号最低的那一个报警器被复位。若 X1 再次由 OFF→ON 时，下一地址的被置位报警器复位。

(3) ANS 和 ANR 指令只有 16 位。

(4) ANS 指令只有连续执行方式；ANR 有连续执行、脉冲执行方式。

六、二进制平方根指令 FNC48（SQR）

1. 指令格式

指令格式见表 6-36。

表 6-36　　二进制平方根指令

助记符	操作数		程序步长	备注
	[S·]	[D·]		
FNC48 (D) SQR (P)	K、H、D	D	16 位：5 步 32 位：9 步	①16/32 位操作数； ②连续/脉冲执行方式

2. 指令功能

SQR 指令将源操作数 [S·] 的数值开平方，将结果存入目标操作数 [D·] 中。

3. 指令说明

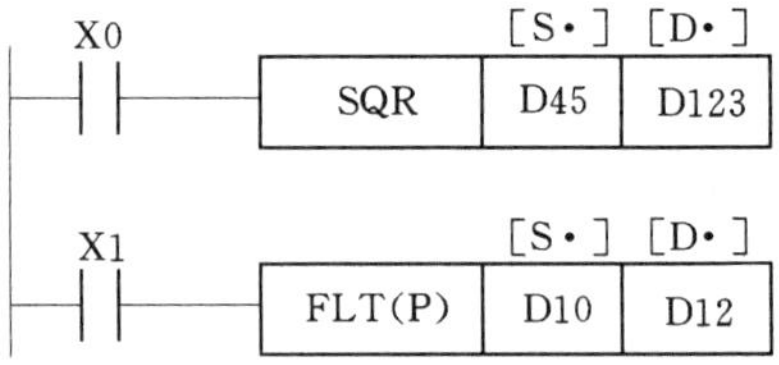

(1) SQR 的应用如图 6-46 所示。当 X0 为 ON 时，在每一个扫描周期（连续执行方式），执行 SQR 指令功能，将存放在 D45 中的数据开平方，结果存放在 D123 中。计算结果舍去小数，只取整数，舍去小数时，标志位 M8021 置 1。

图 6-46　二进制平方根指令与 FLT

(2) 源操作数 [S·] 应大于 0，若为负数，运算错误标志位 M8067 置 1。

(3) 当运算结果为 0 时，零标志位 M8020 置 1。

七、二进制整数—二进制浮点数转换指令 FNC49（FLT）

1. 指令格式

指令格式见表 6-37。

表 6-37　　二进制整数—二进制浮点数转换指令

助记符	操作数		程序步长	备注
	[S·]	[D·]		
FNC49 (D) FLT (P)	D	D	16 位：5 步 32 位：9 步	①16/32 位操作数； ②连续/脉冲执行方式

2. 指令功能

FLT 指令用于将源操作数［S·］的二进制整数转换成二进制浮点数，转换结果存入目标操作数［D·］中。

3. 指令说明

（1）FLT 指令的应用如图 6-46 所示。当 X1 由 OFF→ON 时（脉冲执行方式），执行 FLT 指令功能，将源操作数 D10 中的数据转换成浮点数，结果存入目标操作数（D13D12）中。当使用 32 位指令时，将源操作数（D11D10）组成的 32 位数据转换为二进制浮点数，结果存放在（D13D12）中。

（2）FLT 指令的逆变换指令是二进制浮点数—二进制整数转换指令 FNC129（INT）。

第七节 高 速 处 理 指 令

高速处理指令共有 10 条，见表 6-38。

表 6-38　　高 速 处 理 指 令

FNC 代号	助记符	指令名称及功能	FNC 代号	助记符	指令名称及功能
50	REF	输入/输出刷新指令	55	HSZ	高速计数器区间比较指令
51	REFF	刷新及滤波时间调整指令	56	SPD	速度检测指令
52	MTR	矩阵输入指令	57	PLSY	脉冲输出指令
53	HSCS	高速计数器置位指令	58	PWM	脉宽调制指令
54	HSCR	高速计数器复位指令	59	PLSR	带加、减功能的脉冲输出指令

一、输入/输出刷新指令 FNC50（REF）

1. 指令格式

指令格式见表 6-39。

表 6-39　　输入/输出刷新指令

助记符	操 作 数		程序步长	备 注
	［D·］	*n*		
FNC50 REF（P）	X、Y	K、H	16 位：5 步	①16 位操作数； ②连续/脉冲执行方式

2. 指令功能

REF 指令用于立即刷新输入/输出信息，获取最新输入信息和立即输出信息。

3. 指令说明

（1）输入数据的输入操作是在扫描周期输入采样阶段成批地读入输入映像寄存器；输出数据是在执行 END 指令后由输出映像寄存器通过输出锁存器输出到输出端子。REF 可用于在某段程序处理时读入最新的数据并将操作结果立即输出，无需等到执行 END 指令后才输出，适合于高速数据处理应用场合。

（2）输入刷新指令应用如图 6-47（a）所示。当 X0 为 ON 时，执行 REF 指令功能，X17～X10（n=8）共 8 点输入立即刷新。输入数字滤波器的相应延迟时间约 10ms，若在 REF 指令执行之前 10ms，X17～X10 已变为 ON，则执行 REF 指令时，X17～X10 的映像寄存器变为 ON。

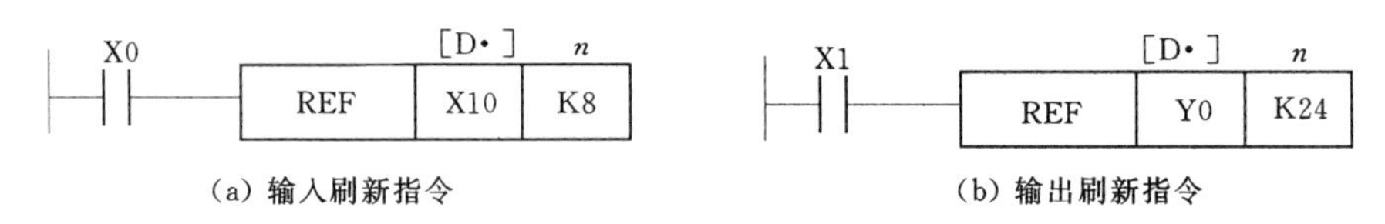

图 6-47　输入/输出刷新指令 REF

（3）输出刷新指令应用如图 6-47（b）所示，当 X1 为 ON 时，执行 REF 指令功能，Y27～Y20、Y17～Y10、Y7～Y0 共 24 点输出被刷新，输出映像寄存器的内容送到输出锁存器。

（4）REF 指令的目标操作数首元件号必须是 10 的倍数，如 X0、Y10 等。

（5）REF 指令刷新点数 n 应为 8 的倍数，如 8、16、24 等，否则出错。

（6）REF 指令一般放在 FOR-NEXT 循环中或放在标号的步序号低于对应的 CJ 指令步序号的标号和步序号之间。

二、刷新及滤波时间调整指令 FNC51（REFF）

1. 指令格式

指令格式见表 6-40。

表 6-40　刷新及滤波时间调整指令

助记符	操作数 n	程序步长	备　注
FNC51 REFF（P）	K、H	16 位：3 步	①16 位操作数；②连续/脉冲执行方式

2. 指令功能

REFF 指令用于根据给定值调整输入滤波时间。

3. 指令说明

（1）REFF 指令的应用如图 6-48 所示。主程序 1 中的输入继电器的滤波时间为默认值 10ms；当 X0 为 ON 时，在每一个扫描周期（连续执行方式），执行 REFF 指令功能，该指令后的主程序 2 中输入继电器的滤波时间是 1ms（n=1）；当 X1 为 ON 时，在每一个扫描周期（连续执行方式），执行 REFF 指令功能，该指令后的主程序 3 中的输入继电器的滤波时间是 20ms（n=20）。

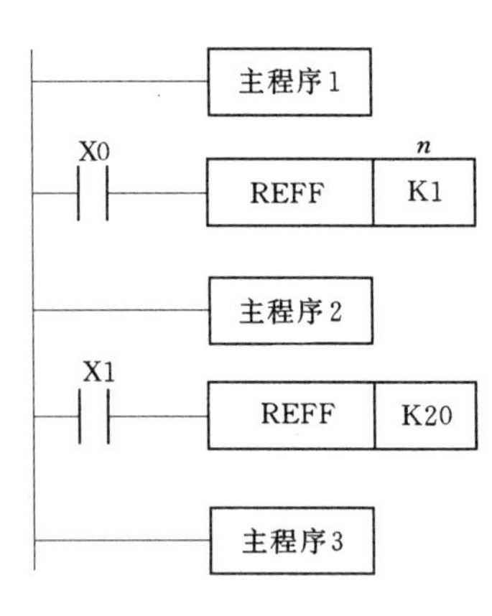

图 6-48　刷新及滤波时间调整指令 REFF

（2）为防止输入噪声的影响，PLC 的输入 RC 滤波时间常数为 10ms；无触点的电子固态开关没有抖动噪声，可高速输入。

（3）REFF 指令可改变的输入滤波时间范围是 $0 \leqslant n \leqslant 60$ms，实际滤波时间最小为 50μs（X0、X1 为 20μs）。

（4）当中断指针、高速计数器或者 FNC56（SPD）速度检测指令采用 X0～X7 输入时，输入滤波器的滤波时间中断设置为 50。

（5）该指令只有 16 位操作数。

三、矩阵输入指令 FNC52（MTR）

1. 指令格式

指令格式见表 6－41。

表 6－41　矩阵输入指令

<table>
<tr><th rowspan="3">助记符</th><th colspan="4">操作数</th><th rowspan="3">程序步长</th><th rowspan="3">备注</th></tr>
<tr><th rowspan="2">[S]</th><th colspan="2">[D]</th><th rowspan="2">n</th></tr>
<tr><th>[D1]</th><th>[D2]</th></tr>
<tr><td>FNC52
MTR</td><td>X</td><td>Y</td><td>Y、M、S</td><td>K、H
（n=2～8）</td><td>16 位：9 步</td><td>①16 位操作数；
②连续执行方式</td></tr>
</table>

2. 指令功能

MTR 指令用于将源操作数［S］和目标操作数［D1］组成的矩阵开关输入状态存入目标操作数［D2］。

3. 指令说明

（1）MTR 指令可用连续的 8 点输入与 n 点输出组成 n 行 8 列（n×8）的输入矩阵。矩阵输入占用由［S］指定的输入号开始的 8 个输入点，并占用由［D1］指定的输出号开始 n 个输出点。

（2）指令具体应用如图 6－49 所示。当 M0 为 ON 时，组成 3×8 的矩阵，Y10～Y12 依次输出一定宽度的脉冲；当 Y10 为 ON 时，读入第一行输入的开关状态，并存入 M30～M37 中；当 Y11 为 ON 时，读入第二行输入的开关状态，并存入 M40～M47 中；当 Y12 为 ON 时，读入第三行输入的开关状态，并存入 M50～M57 中。指令执行完成后，指令结束标志 M8029 置 1。

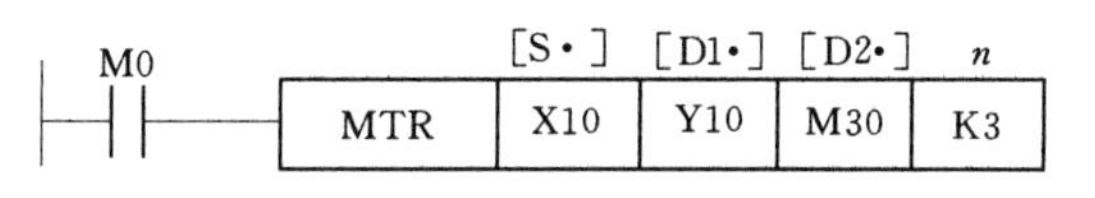

图 6－49　矩阵输入指令 MTR

（3）对于每一个输出，应用例子中的 Y10～Y12，其 I/O 指令采用中断方式，立即执行，间隔时间为 20ms，允许输入滤波器的延迟时间为 10ms。

（4）MTR 指令只需 8 个输入点和 8 个输出点，就可以输入 64 个输入点的状态。但是读一次 64 个输入点所需的时间是 20ms×8=160ms，不适用于快速响应的系统。如果用 X0～X7、X10～X17 作为输入点，只需要 4 个输出点构成 64 个输入点的状态，每行的读入时间仍为 20ms，那么 64 个输入点的输入时间约为 20ms×4=80ms。图 6－50 所示为 MTR 矩阵输入硬件接线。图 6－51 所示为 MTR 矩阵输入时序。

四、高速计数器置位指令 FNC53（HSCS）和高速计数器复位指令 FNC54（HSCR）

1. 指令格式

指令格式见表 6－42。

2. 指令说明

在源操作数［S2·］指定的高速计数器当前值和源操作数［S1·］指定的数值相等时，HSCS 指令将目标操作数［D·］立即置 1。

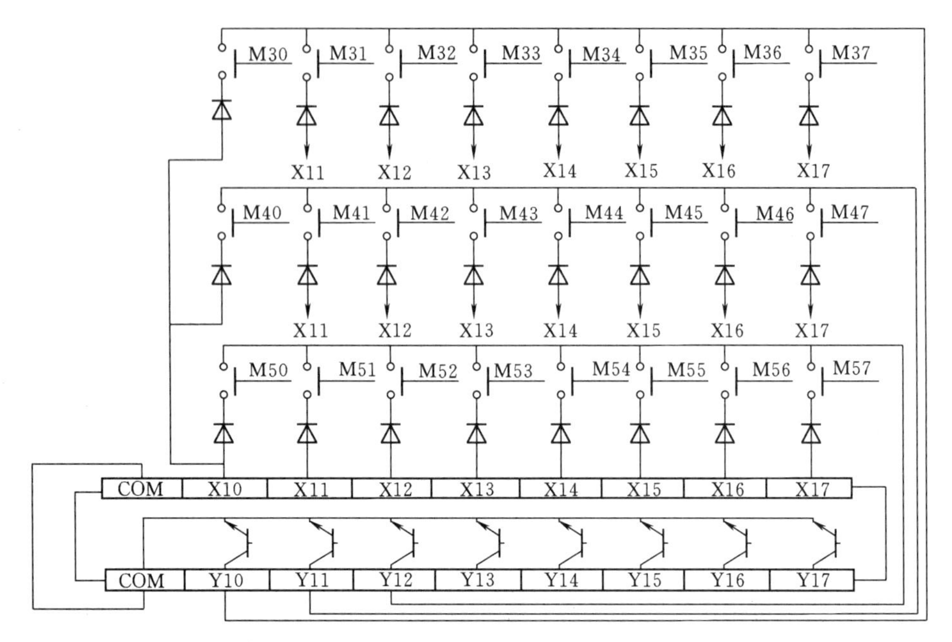

图 6-50 MTR矩阵输入硬件接线

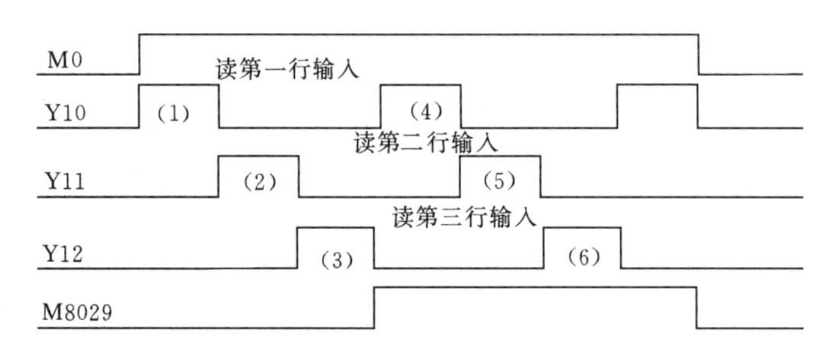

图 6-51 MTR矩阵输入时序

表 6-42 **高速计数器指令**

助记符	操作数			程序步长	备注
	[S1·]	[S2·]	[D·]		
FNC53 (D) HSCS FNC54 (D) HSCR	K、H、K*n*X、K*n*Y、K*n*M、K*n*S、T、C、D、V、Z	C（C235～C255）	Y、M、S	32位：13步	①32位操作数；②连续执行方式

在源操作数［S2·］指定的高速计数器当前值和源操作数［S1·］指定的数值相等时，HSCR指令将目标操作数［D·］立即置0。

3. 指令功能

(1) HSCS指令应用如图6-52所示。当X0为ON时，执行HSCS指令功能，当高速计数器C235的当前值由99变为100时，或者由101变为100时，Y1立即置位为1。

(2) HSCR指令应用如图6-52所示。当X1为ON时，执行HSCR指令功能，当高

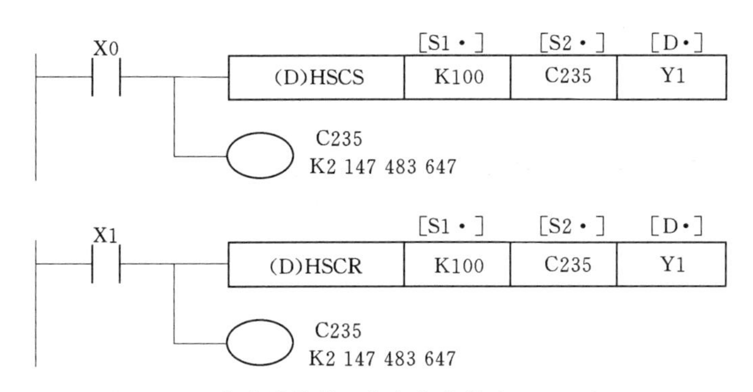

图 6-52　高速计数器置位与复位指令 HSCS/HSCR

速计数器 C235 的当前值由 99 变为 100 时，或者由 101 变为 100 时，Y1 立即复位为 0。

（3）高速计数器置位、复位指令只有 32 位运算，只有连续执行方式，[D·] 指定的输出用中断方式立即动作，不受扫描周期的影响。

五、高速计数器区间比较指令 FNC55（HSZ）

1. 指令格式

指令格式见表 6-43。

表 6-43　　高速计数器区间比较指令

助记符	操作数				程序步长	备注
	[S1·]	[S2·]	[S3·]	[D·]		
FNC55 (D) HSZ	K、H、KnX、KnY、KnM、KnS、T、C、D、V、Z		C（C235～C255）	Y、M、S	32 位：17 步	①32 位操作数； ②连续执行方式

2. 指令功能

HSZ 用于将操作数 [S3·] 指定的计数器当前值和源操作数 [S1·]、[S2·]进行比较，比较的结果决定以[D·]为首址的连续 3 个继电器的状态。

3. 指令说明

（1）HSZ 指令的应用如图 6-53 所示，当 X10 为 OFF 时，C251 和 Y10～Y12 复位。当 X10 为由 OFF→ON 时，执行 ZCP 指令和 HSZ 指令。当 C251 的当前值＜1000 时，Y10 为 ON，Y11 和 Y12 为 OFF；当 1000≤C251 的当前值≤1200 时，Y11 为 ON，Y10 和 Y12 为 OFF；当 C251 当前值＞1200 时，Y12 为 ON，Y10 和 Y11 为 OFF。计数、比较和外部输出均以中断方式进行，HSZ 指令仅在计数器 C251 有脉冲输入时才能执行，所以其最初的驱动可用区间比

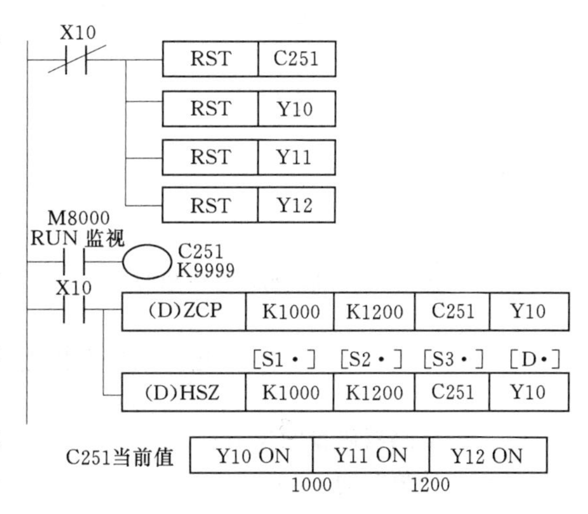

图 6-53　高速计数器区间比较指令 HSZ

较指令 ZCP 来控制。

（2）高速计数器区间比较指令为连续执行方式，32 位运算。

（3）高速计数器区间比较指令的源操作数满足［S1・］≤［S2・］。

六、速度检测指令 FNC56（SPD）

1. 指令格式

指令格式见表 6－44。

表 6－44　　速度检测指令

助记符	操作数			程序步长	备注
	［S1・］	［S2・］	［D・］		
FNC56 SPD	X0～X5	K、H、KnX、KnY、KnM、KnS、T、C、D、V、Z	T、C、D、V、Z	16 位：7 步	①16 位操作数；②连续执行方式

2. 指令功能

SPD 指令用于检测给定时间内编码器的脉冲个数，将源操作数［S1・］指定的输入脉冲在［S2・］指定的时间（以 ms 为单位）内计数，计数结果存入［D・］指定的连续 3 个字元件中。

3. 指令说明

（1）SPD 指令应用如图 6－54、图 6－55 所示。当 X10 为 ON 时，执行 SPD 指令功能，D1 对输入点 X0 脉冲的上升沿计数；100（S2＝100）ms 后计数结果存入 D0，同时 D1 清 0，重新开始对 X0 脉冲上升沿计数，D2 存放剩余时间值。D0 的值和转速 N 成正比，可通过式（6－1）求出转速 N：

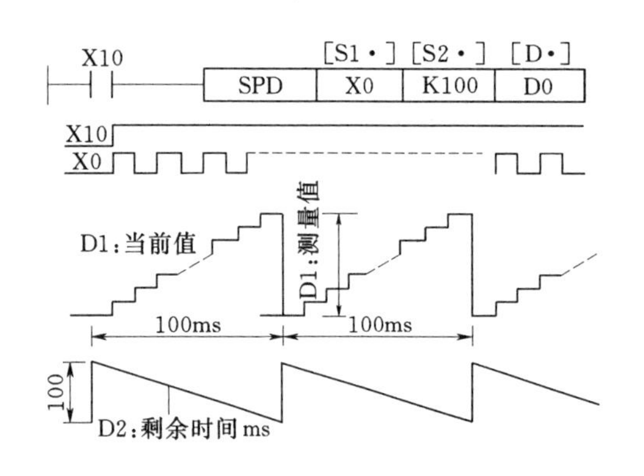

图 6－54　速度检测指令 SPD

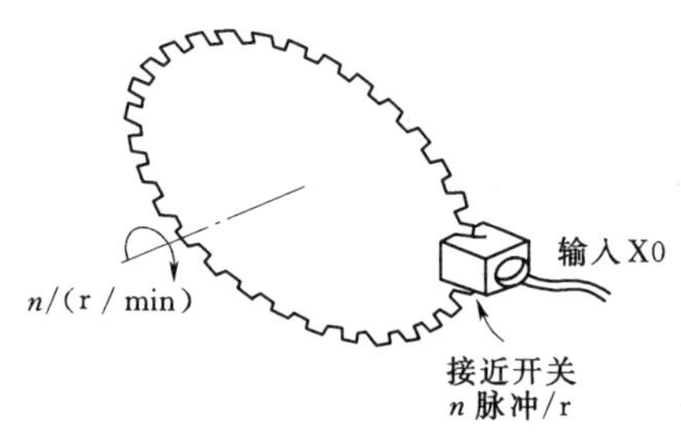

图 6－55　测速应用示意图

$$N=\frac{60(\mathrm{D0})}{n[\mathrm{S2}\cdot]}=\frac{60(\mathrm{D0})}{nt}\times 10^3(\mathrm{r/min}) \qquad (6-1)$$

式中　n——编码器码盘的齿数；

t——计数时间，ms。

（2）SPD 指令用到的输入继电器，不能用于其他高速处理。

七、脉冲输出指令 FNC57 (PLSY)

1. 指令格式

指令格式见表 6-45。

表 6-45 脉冲输出指令

助记符	操作数			程序步长	备注
	[S1·]	[S2·]	[D·]		
FNC57 (D) PLSY	K、H、KnX、KnY、KnM、KnS、T、C、D、V、Z		Y	16 位：7 步 32 位：13 步	①16/32 位操作数； ②连续执行方式

2. 指令功能

PLSY 脉冲输出指令将源操作数［S1·］指定的脉冲频率和［S2·］指定个数的脉冲信号，在目标操作数［D·］指定的输出端口输出。

3. 指令说明

(1) PLSY 指令应用如图 6-56 所示。K1000（［S1·］）指定脉冲频率为 1000Hz，D0（［S2·］）指定产生脉冲的个数，当 X10 为 ON 时，执行 PLSY 功能指令，将指定频率的脉冲和脉冲个数从 Y0（［D·］）输出。输出脉冲发送完毕，结束标志位 M8029 置 1。若在执行过程中，X10 变为 OFF，停止脉冲输出，Y0 变为 OFF，M8029 复位。当 X10 再为 ON 时，重新执行指令。

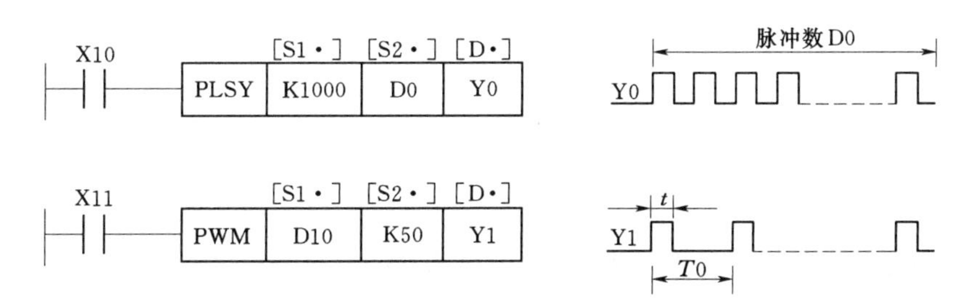

图 6-56 脉冲输出指令 PLSY 与脉宽调制指令 PWM

(2) 脉冲以中断方式输出，占空比为 50%。

(3) ［S1·］的指定频率范围是 2～20kHz；［S2·］指定产生的脉冲个数，操作数为 16 位时，脉冲个数范围是 1～32767，操作数为 32 位时，脉冲个数范围是 1～2147483647。

(4) PLSY 指令在程序中只能使用一次，且只能用于晶体管输出型 PLC。

八、脉宽调制指令 FNC58 (PWM)

1. 指令格式

指令格式见表 6-46。

2. 指令功能

PWM 指令用于产生脉冲宽度和周期可调的 PWM 脉冲，其脉冲宽度由源操作数［S1·］指定，脉冲周期由源操作数［S2·］指定，目标操作数［D·］指定脉冲输出端口。

表 6-46　　脉宽调制指令

助记符	操作数			程序步长	备注
	[S1·]	[S2·]	[D·]		
FNC58 PWM	K、H、KnX、KnY、KnM、KnS、T、C、D、V、Z		Y	16位：7步	①16位操作数； ②连续执行方式

3. 指令说明

(1) PWM指令中 [S1·] 取值范围是1～32767ms；[S2·] 用于指定脉冲周期，取值范围是T0=1～32767ms，且 [S1·]≤[S2·]。

(2) PWM的应用如图6-56所示。当X11为ON时，执行PWM指令功能，在Y1输出D10指定宽度和周期为50ms的脉冲。当D10的值为0～50时，Y1输出脉冲的占空比为0～100%。当X11变为OFF时，Y1也变为OFF。

(3) PWM指令只有16位操作数，且只能使用一次，适用于晶体管输出型PLC。

九、带加、减功能的脉冲输出指令FNC59 (PLSR)

1. 指令格式

指令格式见表6-47。

表 6-47　　带加、减功能的脉冲输出指令

助记符	操作数				程序步长	备注
	[S1·]	[S2·]	[S3·]	[D·]		
FNC59 (D) PLSR	K、H、KnX、KnY、KnM、KnS、T、C、D、V、Z			Y (Y0、Y1)	16位：7步 32位：17步	①16/32位操作数； ②连续执行方式

2. 指令功能

PLSR指令用于将目标操作数 [D·] 输出频率从0加速到源操作数 [S1·] 指定的最高频率，到达最高频率后，再减速为0，输出脉冲的总数量由 [S2·] 指定，加速和减速的时间由 [S3·] 指定。

3. 指令说明

(1) PLSR指令的应用如图6-57所示，当X10为ON时，执行带加、减功能的脉冲输出指令功能，由Y0输出频率变化的脉冲。

(2) [S1·] 的取值范围是10～20000Hz，且应为10的整数倍；操作数为16位时，[S2·] 的取值范围为110～32767，操作数为32位时，[S2·] 的取值范围为110～2147483647，设定值少于110时，脉冲不能正常输出；[S3·] 的取值范围是0～5000ms，且应大于PLC扫描周期最大值 (D8012) 的10倍，并满足以下公式：

$$\frac{9000\times 5}{[S1\cdot]}\leqslant[S3\cdot]\leqslant\frac{[S2\cdot]\times 818}{[S1\cdot]} \tag{6-2}$$

加、减速的变速次数固定为10次。[D·] 只能是Y0或Y1，且输出频率范围为2～20000Hz，最高速度、加减速时的变速度超过此范围时，将自动调到允许值内。

(3) 脉冲输出采用中断处理，不受扫描周期的影响。

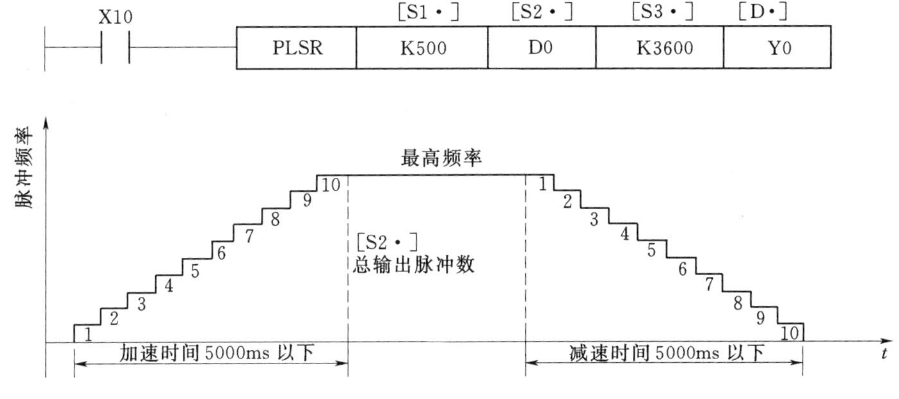

图 6－57 带加、减功能的脉冲输出指令 PLSR

(4) 输出脉冲发送完毕，结束标志位 M8029 置 1。X10 为 OFF 时，Y0 为 OFF，M8029 复位。当 X0 再次变为 ON 时，从初始值开始输出。

第八节 方 便 指 令

方便指令共有 10 条，见表 6－48。

表 6－48　　方 便 指 令

FNC 代号	助记符	指令名称及功能	FNC 代号	助记符	指令名称及功能
60	IST	状态初始化指令	65	STMR	特殊定时器指令
61	SER	数据搜索指令	66	ALT	交替输出指令
62	ABSD	绝对值式凸轮顺控指令	67	RAMP	斜坡信号输出指令
63	INCD	增量式凸轮顺控指令	68	ROTC	旋转工作台控制指令
64	TTMR	示教定时器指令	69	SORT	数据排序指令

一、状态初始化指令 FNC60（IST）

1. 指令格式

指令格式见表 6－49。

表 6－49　　状 态 初 始 化 指 令

助记符	操 作 数			程序步长	备 注
	[S・]	[D1・]	[D2・]		
FNC60 IST	X、Y、M	S20～S899 D1＜D2		16 位：7 步	①16 位操作数； ②连续执行方式

2. 指令功能

IST 指令用于步进顺序控制中相关状态寄存器和特殊辅助继电器的初始化设置。

3. 指令说明

(1) 图 5－19 所示是 IST 具体应用场合的操作面板，X20 为输入首元件的编号，

X20～X24 用旋转开关实现，以保证输入中不可能有两个输入同时为 ON。IST 指令应用如图 6-58 所示，S20、S27 分别为自动方式的最小状态元件编号和最大状态元件编号，当 PLC 上电后，M8000 为 ON，执行 IST 指令功能，状态元件和特殊辅助继电器自动被指定如下。

S0：手动操作初始状态。

S1：回原点初始状态。

S2：自动操作初始状态。

M8040：禁止状态转移。

M8041：开始转移。

M8042：启动脉冲。

M8047：STL 监控有效。

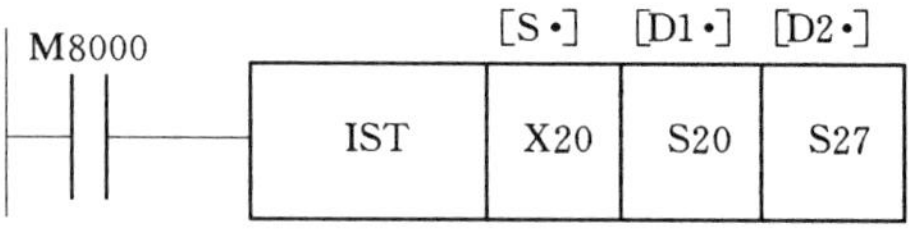

M8000 [S·] [D1·] [D2·]
IST X20 S20 S27

图 6-58 状态初始化指令 IST

(2) IST 指令只有连续执行方式，操作数为 16 位。

(3) IST 指令在程序中只能使用一次。

(4) 使用 IST 指令时，S10～S19 用于原点回归操作，在编程时，不要将其作为普通状态继电器使用。S0～S9 用于状态初始化处理，其中 S0～S2 用于以上操作，S3～S9 可自由使用。

(5) IST 指令必须放置在 STL 指令之前，即在 S0～S2 出现之前。

二、数据搜索指令 FNC61 (SER)

1. 指令格式

指令格式见表 6-50。

2. 指令功能

SER 指令用于在源操作数 [S1·] 指定的首元件起始的 *n* 个元件中，查找源操作数 [S2·] 指定的内容，将查找的结果存入目标操作数 [D·] 中。

表 6-50　　数据搜索指令

助记符	操作数				程序步长	备注
	[S1·]	[S2·]	[D·]	*n*		
FNC61 (D) SER(P)	K*n*X、K*n*Y、K*n*M、K*n*S、T、C、D	K、H、K*n*X、K*n*Y、K*n*M、K*n*S、T、C、D、V、Z	K*n*Y、K*n*M、K*n*S、T、C、D	K、H、D (16 位：*n*=1～256；32 位：*n*=1～128)	16 位：9 步 32 位：17 步	①16/32 位操作数； ②连续/脉冲执行方式

3. 指令说明

(1) SER 指令的应用如图 6-59 所示。当 X1 为 ON 时，执行 SER 指令功能，将 D130～D138（9 个元件）中的数据与 D24 中的数据进行比较，设 D24=100，被搜索数据见表 6-51，并把结果存放在 D35～D39 中，见表 6-52。

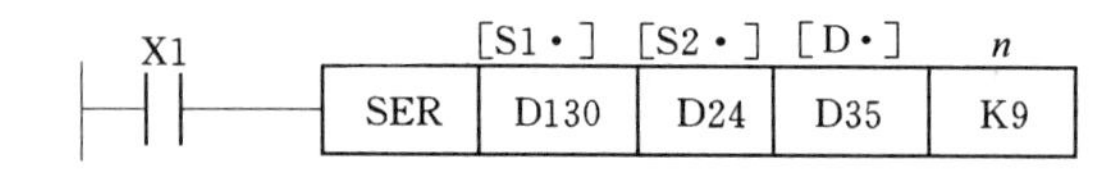

图 6-59 置初始状态与数据搜索指令 SER

表 6-51　　被搜索数据

序号	0	1	2	3	4	5	6	7	8
元件号	D130	D131	D132	D133	D134	D135	D136	D137	D138
数据	100	111	100	98	123	66	100	95	210
搜索结果	符合		符合			最小	符合		最大

表 6-52　　搜　索　结　果

元件号	搜索内容	序号	元件号	搜索内容	序号
D35	符合值个数	3	D38	表中最小数的序号	5
D36	第一个符合值在表中的序号	0	D39	表中最大数的序号	8
D37	最后一个符合值在表中的序号	6			

（2）SER 指令有连续/脉冲执行方式，操作数有 16 位和 32 位。

（3）16 位指令 n 的范围是 1～256，32 位指令 n 的范围是 1～128。

三、绝对值式凸轮顺控指令 FNC62（ABSD）和增量式凸轮顺控指令 FNC63（INCD）

1. 指令格式

指令格式见表 6-53。

2. 指令功能

ABSD 指令根据计数器［S2·］的当前值，由以目标操作数［D·］为首元件的 n 个元件产生一组对应于计数器数值变化的输出波形。

INCD 指令用于产生一组对应于计数器数值变化的输出波形。

表 6-53　　凸轮顺控指令

助记符	操作数				程序步长	备注
	［S1·］	［S2·］	［D·］	n		
FNC62 (D) ABSD	KnX、KnY、KnM、KnS、T、C、D	C	Y、M、S（n 个连续元件）	K、H（1≤n≤64）	16 位：9 步 32 位：17 步	①16/32 位操作数；②连续执行方式
FNC63 INCD	KnX、KnY、KnM、KnS、T、C、D				16 位：9 步	①16 位操作数；②连续执行方式

3. 指令说明

（1）ABSD 指令的应用如图 6-60 所示。当 X0 由 OFF 变为 ON 时，执行 ABSD 指令功能。X1 为计数器 C0 脉冲输入信号，计数器 C0 的当前值若与 D300～D307 中的某一值相等时，则使对应输出端信号状态发生变化。用 MOV 指令将设定数据写入 D300～D307 中，其中开通点的数据写入偶数元件，关断点的数据写入奇数元件，见表 6-54。当 X0 为 ON 时，计数器 C0 当前值=40 时，M0 输出 ON（开通点）并保持；计数器 C0 当前值=100时，M1输出ON并保持；计数器C0继续累计，当前值=140时，M0输出OFF关闭；依此类推。M0～M3的输出波形如图6-60（b）所示。

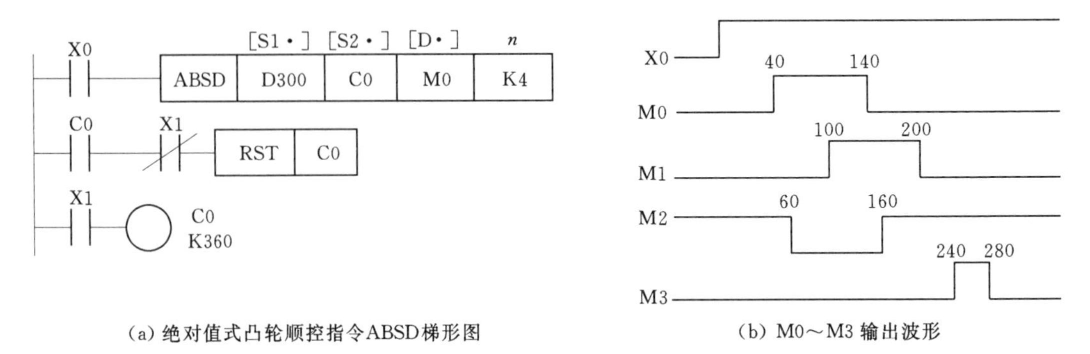

(a) 绝对值式凸轮顺控指令ABSD梯形图　(b) M0～M3输出波形

图6-60　绝对值式凸轮顺控指令ABSD

表6-54　ABSD数据写入表

开通点数据	关断点数据	输出	开通点数据	关断点数据	输出
D300=40	D301=140	M0	D304=160	D305=60	M2
D302=100	D303=200	M1	D306=240	D307=280	M3

（2）当X0变为OFF时，输出点的状态保持不变。该指令只能使用一次。

（3）增量式凸轮顺控指令INCD应用如图6-61所示。当X0为ON时，执行INCD指令功能，M0～M3依次有效输出高电平。C0计数器接收1s时钟M8013的输入，D300～D303需要用MOV指令提前存入数据，该数据决定M0～M3处于ON状态的脉冲个数。C0的当前数值依次达到D300～D303中的设定值时自动复位，若D300=20、

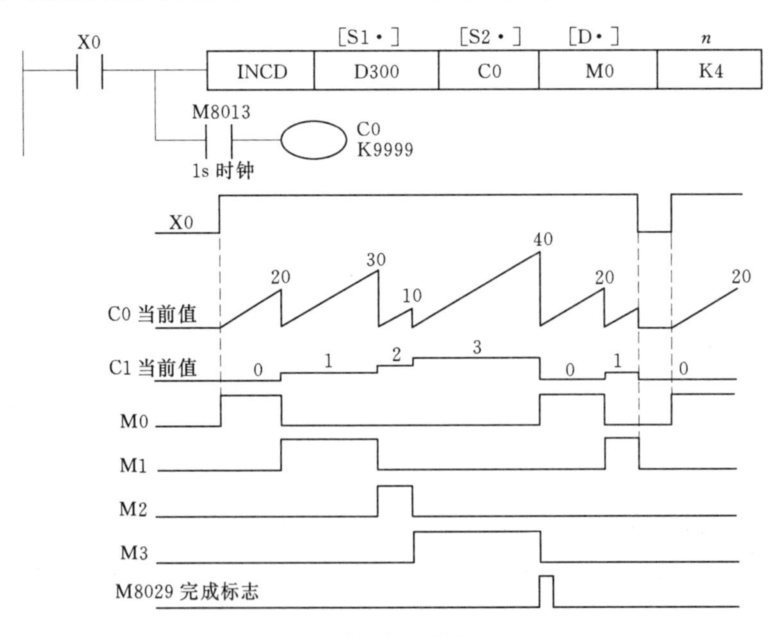

图6-61　增量式凸轮顺控指令INCD

D301＝30、D302＝10、D303＝40，当C0依次计数达到后重新开始计数，段计数器C1用来计算复位的次数，M0～M3按C1的值依次动作。由n指定的最后一段完成后，标志位M8029置1，以后又重复上述过程。

（4）当X0变为OFF时，C0和C1复位（当前值清零），同时M0～M3变为OFF，X0再变为ON后重新开始运行。

四、示教定时器指令FNC64（TTMR）和特殊定时器指令FNC65（STMR）

1. 指令格式

指令格式见表6-55。

表6-55　示教定时器指令和特殊定时器指令

助记符	操作数			程序步长	备注
	[S·]	n	[D·]		
FNC64 TTMR	无	K、H （n＝0～2）	D	16位：5步	①16位操作数； ②连续执行方式
FNC65 STMR	T T0～T199 （100ms）	K、H （n＝1～32767）	Y、M、S		

2. 指令功能

TTMR指令利用按钮调整定时器的设定值。

STMR指令产生延时定时器、单脉冲式定时器和闪动定时器。

3. 指令说明

（1）TTMR指令的应用如图6-62所示，当X10为ON时（此时X10按下），执行TTMR指令功能。将X10按下的时间t存入[D·]+1，即D301中；把t乘以系数10^n后作为定时器的预置值，存入[D·]中，即D300中。图6-62所示的程序可以设定定时器T0～T9。它们的设定值由D400～D409提供，T0～T9是100ms定时器，实际运行时间是示教定时提供的数据的1/10（以s为单位）。定时器的序号由接在X0～X3上的十进制数字拨码开关来设定，BIN指令将拨码开关设定的1位十进制数（BCD码）转换为二进制数，并送到变址寄存器Z0，示教按钮X10按下时间（s）存入D300，用下降沿微分指令PLF在放开按钮时将D300中的时间值送入拨码开关指定的数据寄存器（其元件号为400+拨码开关设定的定时器元件号），至此完成一个示教定时器的设定。

（2）TTMR指令是连续执行方式，操作数为16位。

（3）STMR指令应用如图6-63所示。当X0为ON时，执行STMR指令功能。定时器T10的设定值为10s（n＝100）；M0是断电延时断开定时器；M1是X0由ON→OFF的单脉冲定时器；M2为通电延时断开定时器，M3由M2的下降沿驱动变为ON，由M1的下降沿复位变为OFF，M2、M3称为闪动定时器。当X0为OFF，M0、M1、M3延时设定值（此例延时设定值是10s）后变为OFF。

（4）STMR指令是连续执行方式，操作数为16位。

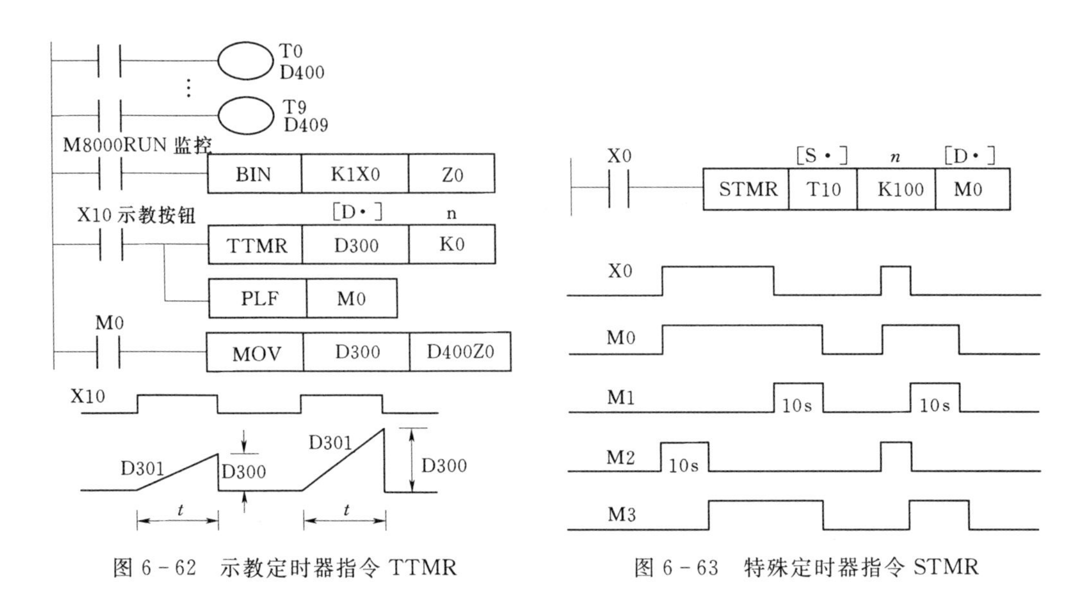

图 6-62　示教定时器指令 TTMR　　　　图 6-63　特殊定时器指令 STMR

(5) STMR 指令的源操作数 [S·] 指定的定时器 T 的范围是 T0～T199；*n* 的取值范围是 1～32767。

(6) STMR 指令中用到的定时器，不能在其他程序再次使用。

五、交替输出指令 FNC66 (ALT)

1. 指令格式

指令格式见表 6-56。

表 6-56　　交替输出指令

助记符	操作数 [D·]	程序步长	备　注
FNC66 ALT (P)	Y、M、S	16 位：3 步	①16 位操作数；②连续/脉冲执行方式

2. 指令功能

ALT 指令在输入信号的上升沿改变目标操作数 [D·] 的状态。

3. 指令说明

(1) ALT 指令应用如图 6-64 (a) 所示，当 X0 由 OFF→ON 时（脉冲执行方式），输出 Y0 的状态改变一次；若用连续执行方式，在每一个扫描周期，输出 Y0 的状态改变一次。

(2) 在图 6-64 (b) 中，当 X6 为 ON 时，T2 产生周期等于其设定值 (0.5s) 的脉冲序列信号，脉冲宽度为一个扫描周期，ALT (P) 指令对该脉冲序列分频，得到周期为 1s 的方波脉冲。

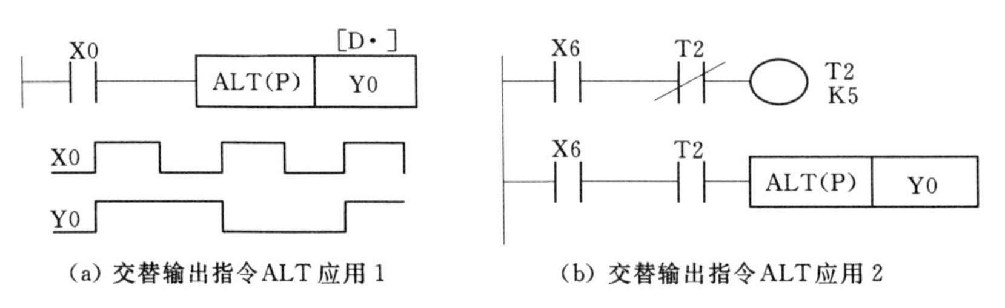

(a) 交替输出指令ALT 应用 1　　(b) 交替输出指令ALT 应用 2

图 6-64　交替输出指令 ALT

（3）ALT 指令的操作数只有 16 位。

（4）ALT 指令可以实现一个按钮控制电机的启动和停止。第一次 X0 为 ON 时实现启动，第二次 X0 为 ON 时实现停止。

六、斜坡信号输出指令 FNC67（RAMP）

1. 指令格式

指令格式见表 6－57。

表 6－57　　斜坡信号输出指令

助记符	操作数				程序步长	备注
	[S1・]	[S2・]	[D・]	n		
FNC67 RAMP	D 2 个连号元件			K、H （n＝1～32767）	16 位：9 步	①16 位操作数； ②连续执行方式

2. 指令功能

RAMP 指令根据设定要求产生一个斜坡信号。

3. 指令说明

（1）执行 RAMP 指令前，需预先将斜坡输出信号的初始值和最终值分别写入 [S1・] 和 [S2・] 中，执行 RAMP 指令，[D・] 中的数据从初始值逐渐变为最终值，整个变化过程所需时间为 n 个扫描周期。

（2）RAMP 指令的应用如图 6－65 所示，D1、D2 预先设定初始值和最终值，D4 存储扫描次数（此例为 n＝1000）。当 X10 为 ON 时，D3 中的数据从 D1 初始值逐渐变为 D2 的最终值，变化的过程需要 1000 个扫描周期。当 X10 变为 OFF 时，斜坡信号停止输出，D3 的值保持不变；当 X10 再次变为 ON 时，D3 清零，斜坡信号重新从 D1 值开始，输出达到 D2 值时，标志位 M8029 置 1。由于 D4 是掉电保持型数据寄存器，X10 为 ON 前，D4 预先清 0。

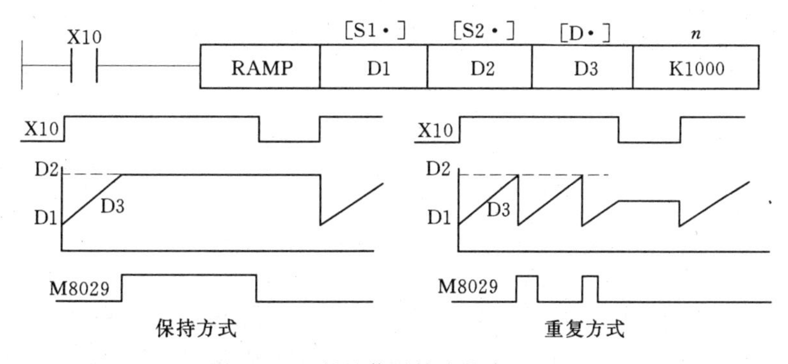

图 6－65　斜坡信号输出指令 RAMP

（3）斜坡信号输出指令为连续执行方式，操作数为 16 位。

（4）若要改变斜坡信号输出指令执行的扫描周期，可将设定的扫描周期（稍长于实际扫描周期）写入 D8039，然后将 M8039 置 1，PLC 进入恒值扫描周期运行方式。若扫描周期的设定值为 20ms，D3 的值由 D1 的值变到 D2 的值所需时间为 20ms×1000＝20s。

（5）RAMP 指令有保持和重复两种输出方式，由保持标志 M8029 决定：当 M8029 为 ON 时，斜坡信号是保持型输出模式，D3 达到 D2 值后，保持 D2 值；当 M8029 为 OFF 时，斜坡信号是重复型输出方式，D3 达到 D2 值后立即恢复为 D1 值，重复斜坡输出。

（6）RAMP 指令与模拟输出相结合可实现软启动和软停止。

七、旋转工作台控制指令 FNC68（ROTC）

1. 指令格式

指令格式见表 6－58。

表 6－58　　**旋转工作台控制指令**

助记符	操作数				程序步长	备注
	[S·]	m_1	m_2	[D·]		
FNC68 ROTC	D	K、H		Y、M、S	16 位：9 步	①16 位操作数； ②连续执行方式

2. 指令功能

ROTC 指令用于控制旋转工作台旋转，使得被选工件以最短路径转到出口位置。

3. 指令说明

（1）[S·] 为旋转工作台位置检测计数器，m_1 用于指定旋转工作台划分的位置数，取值范围为 2～32767；m_2 用于指定低速区间；m_1 和 m_2 满足 $m_1 \geqslant m_2$。

（2）ROTC 指令的应用如图 6－66 所示。由于 [S·] 指定了 D200，D201 自动被分配为取出窗口位置号的寄存器，存放在图 6－67 中的 0 号、1 号位置。要取出的工件的位置号存放在 D202 中。目标操作数 [D·] 指定 M0～M2 和 M3～M7 分别用来存放输入信号和输出信号。

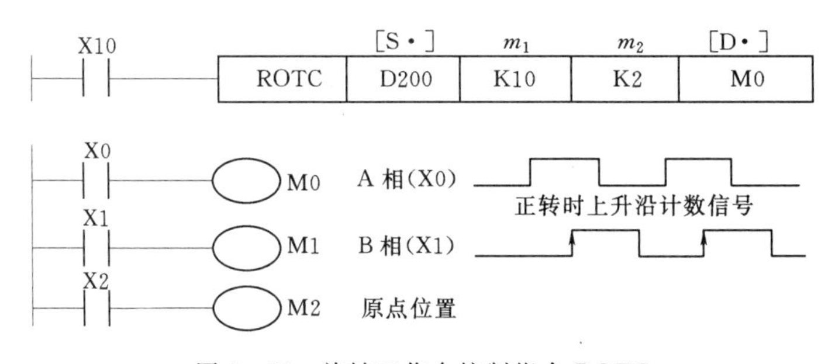

图 6－66　旋转工作台控制指令 ROTC

图 6－66 中用一个 2 相开关 X0 和 X1 检测工作台的旋转方向，X2 是原点开关，当 0 号工件转到 0 号位置时，X2 接通。输入信号 X0～X2 驱动 M0～M2（可选任意的 X 和 M 作首元件），M0～M2 分别为 A 相信号、B 相信号和原点检测信号。

M3～M7 分别用来控制高速正转、低速正转、停止、低速反转和高速反转。

上述的设定任务完成后，若 X10 变为 ON，执行 ROTC 指令，自动控制 M3～M7，使工作台上被指定的工件以最短的路径转到出口位置。X10 为 OFF 时，M3～M7 均为 OFF。

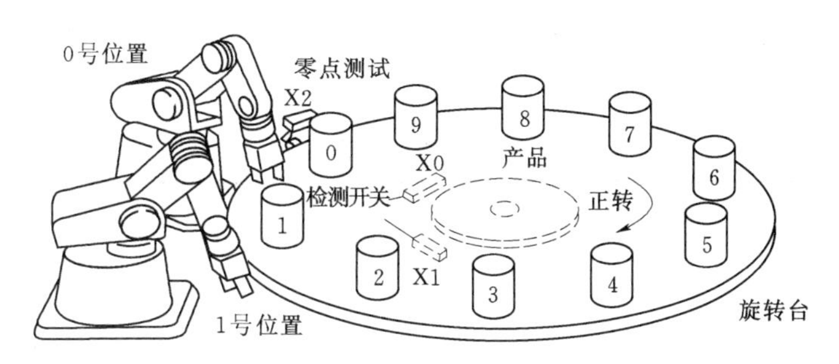

图 6－67　旋转工作台

执行 ROTC 指令时，若原点检测信号 M2 变为 ON 时，计数寄存器 D200 清零，在开始运行前应执行上述清零操作。

若一个工件区间旋转检测信号（M0，M1）的脉冲数为 10，则分度数、呼唤位置号和工件位置号都必须乘以 10。例如，若旋转检测信号为 100 脉冲/周，工作台分成 10 个位置，则 m_1 应为 100，工件输入/输出信号应为 0，10，20，…，90。要使低速区为 1.5 个位置区间，则 m_2 应为 15。

（3）ROTC 指令为连续执行方式，操作数为 16 位。只能使用一次。

八、数据排序指令 FNC69（SORT）

1. 指令格式

指令格式见表 6－59。

表 6－59　　　　数据排序指令

助记符	操作数					程序步长	备注
	[S・]	m_1	m_2	[D・]	n		
FNC69 SORT	D	K、H		D	K、H、D	16 位：17 步	①16 位操作数；②连续执行方式

2. 指令功能

SORT 指令用于将源操作数［S・］指定的数据内容进行排序。

3. 指令说明

（1）［S・］指定要进行排序的表的第一项内容的地址；［D・］指定排序后新表的首地址；m_1 指定排序表的行数，取值范围为 1～32；m_2 指定排序表的列数，取值范围为 1～6；n 指定对表中那一列的数据进行排序，$n=1\sim m_2$。

（2）SORT 应用如图 6－68 所示。当 X1 为 ON 时，执行 SORT 指令功能，以数据寄存器 D100 为起始地址对 5 行 4 列数据序列按照 D15 指定的列从小到大进行重新排序，结果存入以数据寄存器 D200 为首地址的新表中。

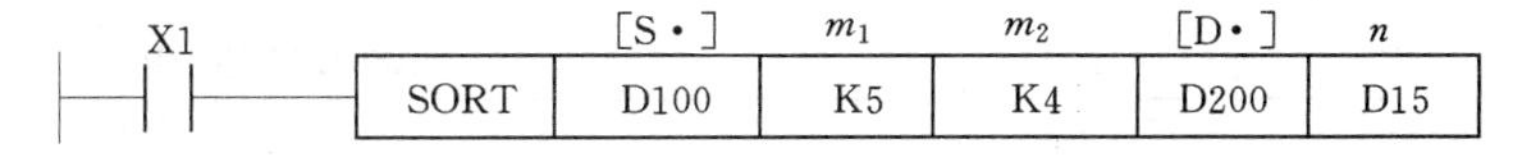

图 6－68　数据排序指令 SORT

若 D15 中的数为 2，SORT 指令对第二列的各行进行排序，排序前后见表 6－60 和表 6－61。

表 6－60 排序前数据

行号＼列号	1	2	3	4
	人员编号	身高	体重	年龄
1	(D100) ＝1	(D105) ＝145	(D110) ＝45	(D115) ＝20
2	(D101) ＝2	(D106) ＝180	(D111) ＝50	(D116) ＝40
3	(D102) ＝3	(D107) ＝160	(D112) ＝70	(D117) ＝30
4	(D103) ＝4	(D108) ＝100	(D113) ＝20	(D118) ＝8
5	(D104) ＝5	(D109) ＝150	(D114) ＝50	(D119) ＝45

表 6－61 排序指令执行结果

行号＼列号	1	2	3	4
	人员编号	身高	体重	年龄
1	(D200) ＝4	(D205) ＝100	(D210) ＝20	(D215) ＝8
2	(D201) ＝1	(D206) ＝145	(D211) ＝45	(D216) ＝20
3	(D202) ＝5	(D207) ＝150	(D212) ＝50	(D217) ＝45
4	(D203) ＝3	(D208) ＝160	(D213) ＝70	(D218) ＝30
5	(D204) ＝2	(D209) ＝180	(D214) ＝50	(D219) ＝40

(3) SORT 指令为连续执行方式，操作数为 16 位。

(4) SORT 指令执行完毕后结束指令，M8029 值置 1 并停止工作。需特别注意：在排序过程中不要改变操作数和数据。

第九节 外部 I/O 设备指令

外部 I/O 设备指令共有 10 条，见表 6－62。

表 6－62 外部 I/O 设备指令

FNC 代号	助记符	指令名称及功能
70	TKY	10 键输入指令
71	HKY	16 键输入指令
72	DSW	数字开关指令
73	SEGD	7 段译码指令
74	SEGL	带锁存的 7 段显示指令
75	ARWS	方向开关指令
76	ASC	ASCII 码变换指令
77	PR	ASCII 码打印指令
78	FROM	读特殊功能模块指令（BFM 读出指令）
79	TO	写特殊功能模块指令（BFM 写入指令）

一、10 键输入指令 FNC70（TKY）和 16 键输入指令 FNC71（HKY）

1. 指令格式

指令格式见表 6-63。

表 6-63　　10 键、16 键输入指令

助记符	操作数				程序步长	备注
	[S·]	[D1·]	[D2·]	[D3·]		
FNC70 (D) TKY	X、Y、M、S（用 10 个连号元件）	KnY、KnM、KnS、T、C、D、V、Z	Y、M、S（用 11 个连号元件）	无	16 位：9 步 32 位：17 步	① 16/32 位操作数； ②连续执行方式
FNC71 (D) HKY (P)	X	Y	T、C、D、V、Z	Y、M、S（使用 8 个连号元件）		① 16/32 位操作数； ② 连续/脉冲执行方式

2. 指令功能

TKY 指令利用 10 个键输入十进制数。

HKY 指令利用 10 个数字键（0～9）和 6 个功能键（A～F）实现功能输入。

3. 指令说明

(1) TKY 指令中，[S·] 指定输入元件的最低元件号，连续 10 个，其接线如图 6-69所示；[D1·] 指定存储元件；[D2·] 指定读出元件。

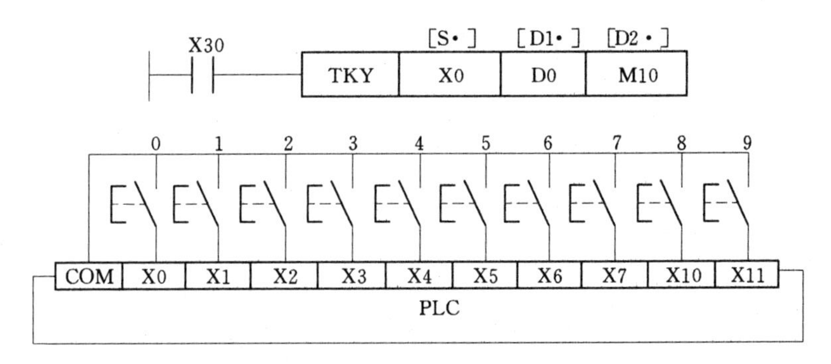

图 6-69　10 键输入指令 TKY 及接线

(2) 10 键输入指令 TKY 应用如图 6-69 所示，X0～X11 按键的输入顺序如图 6-70 所示，此时 D0（[D1·]）中存入的数据为 2130，且是以二进制形式存储。当 X2 按下后，M12 置 1 并保持到另一键按下，依此类推。M10～M19 的动作对应于 X0～X11。任一键按下，键信号 M20 置 1 直到该键放开。若多个键按下，则首先按下的键有效。当 X30 变为 OFF 时，D0 中的数据保持不变，但 M10～M20 全部变为 OFF。

(3) 如果输入数据大于 9999，则高位溢出并丢失。如果使用 32 位指令，D0、D1 组对使用数据大于 99999999 时，高位数据溢出。

(4) HKY 指令中 [S·] 指定 4 个输入元件；[D1·] 指定 4 个扫描输出元件；

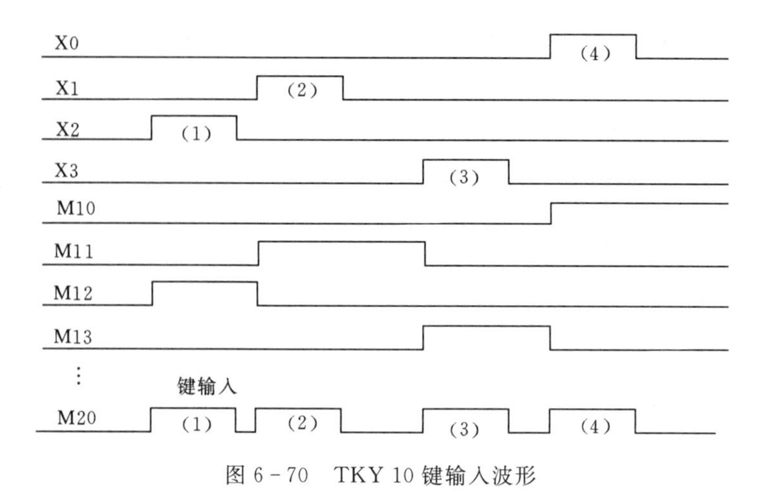

图 6-70　TKY 10 键输入波形

[D2·]指定键输入的存储元件；[D3·] 指定读出元件。其接线如图 6-71 所示。

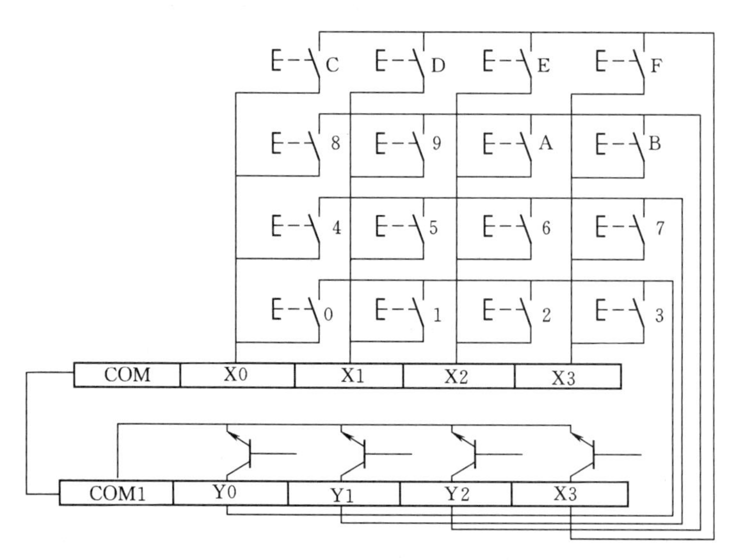

图 6-71　16 键输入指令 HKY 硬件接线

(5) 16 键输入指令 HKY 应用如图 6-72 所示，输入的数字 0～9999 以二进制数的方式存放在 D0 中；功能键 A～F 依次对应 M0～M5。按下一个功能键后，相应的 M 置 1，其余 5 个为 0。按下的任何一个键被扫描到后标志位 M8029 置 1。功能键 A～F 的任何一个按下时，M6 置 1，并不保持；数字键 0～9 的任一个按下时，M7 置 1，并不保持。当 X4 变为 OFF 时，D0 保持不变，M0～M7 全部为 OFF。扫描全部 16 个键需要 8 个扫描周期。按下 A 键，M0 置 1 并保持，再按下 D 键则 M0 置 0，M3 置 1 并保持，依此类推。同时按下多个键时，先按下的有效。

(6) HKY 指令的输入数据大于 9999，则高位溢出。如果使用 32 位指令，D0、D1 组对使用，数据大于 99999999 时，高位数据溢出。

(7) TKY 指令和 HKY 指令只能使用一次。

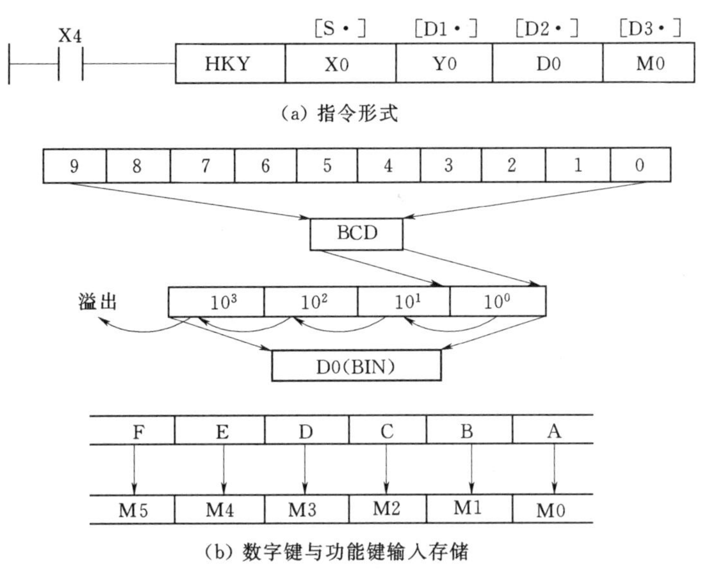

图 6-72 16 键输入指令 HKY 说明

二、数字开关指令 FNC72（DSW）

1. 指令格式

指令格式见表 6-64。

表 6-64 数字开关指令

助记符	操作数				程序步长	备注
	[S·]	[D1·]	[D2·]	n		
FNC72 DSW	X	Y	T、C、D、 V、Z	K、H (n=1、2)	16 位：9 步	①16 位操作数； ②连续执行方式

2. 指令功能

DSW 指令用于读入一组或两组 4 位 BCD 码数字开关设置值。

3. 指令说明

（1）DSW 指令中，[S·] 指定选通输入点的首位元件号，[D1·] 用来指定选通输出点的首位元件号，[D2·] 用来指定数据存储元件，n 用来指定开关的组数，n=1 或 2。

（2）BCD 码数字开关与 PLC 硬件接线如图 6-73 所示。DSW 功能指令应用如图 6-74所示，当 X10 为 ON 时，第一组 4 位 BCD 码数字开关接到 X0～X3，按 Y0～Y3 的顺序选通读入，数据以二进制数的形式存放在 D0 中。n=2 时有两组数字开关，第二组数字开关接到 X4～X7，仍由 Y0～Y3 顺序选通读入，数据以二进制数的形式存放在 D1 中，第二组数据只有在 n=2 时才有效。当 X10 保持为 ON 时，Y0～Y3 依次为 ON，一个周期完成后标志位 M8029 置 1。

（3）如需连续读入数字开关的值，应使用晶体管输出型的 PLC，如果不需要连续读入，也可以使用继电器输出的 PLC，可用按钮输入和 SET 指令将 M0 置位，用 M0 驱动 DSW 指令，并用执行完毕标志位 M8029 和复位指令将 M0 复位。

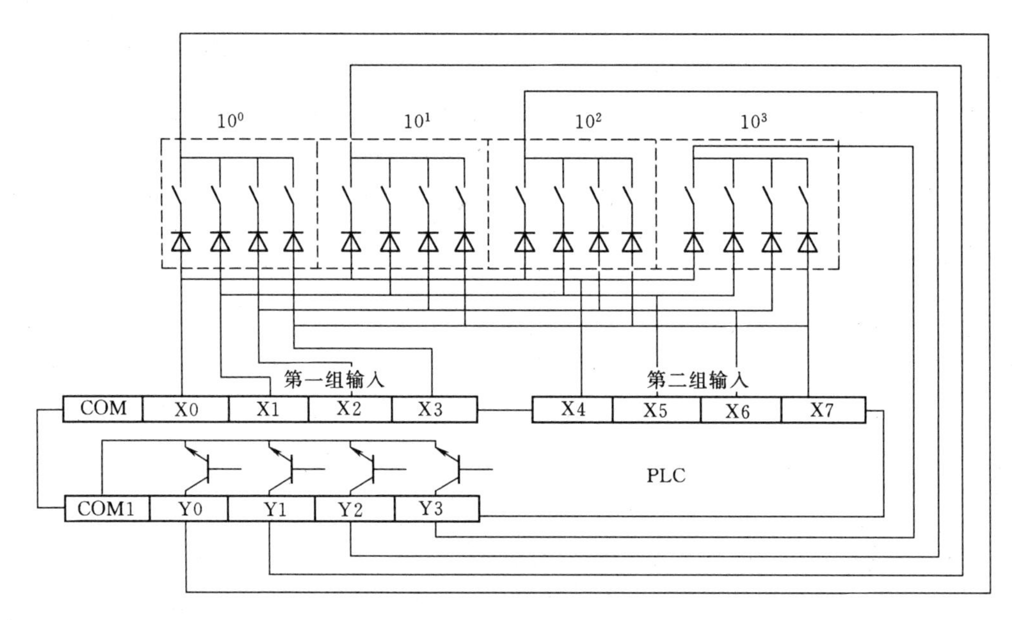

图 6-73　BCD 码数字开关与 PLC 硬件接线

三、7 段译码指令 FNC73（SEGD）

1. 指令格式

指令格式见表 6-65。

表 6-65　　　7 段译码指令

助记符	操作数		程序步长	备注
	[S·]	[D·]		
FNC73 SEGD（P）	K、H、KnX、KnY、KnM、KnS、T、C、D、V、Z	KnY、KnM、KnS、T、C、D、V、Z	16 位：5 步	①16 位操作数；②连续/脉冲执行方式

2. 指令功能

SEGD 指令用于将指定的数据译码后驱动 7 段数码管。

3. 指令说明

（1）[S·] 指定元件的低 4 位，确定十六进制数（0～F）；[D·] 存放译码信号。

（2）SEGD 指令应用如图 6-75 所示。当 X0 为 ON 时，将 D0 存放的低 4 位确定的十六进制数，译码后驱动 7 段数码管。数码管的 B0～B6 分别对应于 Y0～Y6（[D·] 的最低位至第 6 位），某段亮时 [D·] 中对应的位为 1，反之为 0。例如，D0 中的数据为“0000 0001”（低 4 为有效），执行 SEGD 指令后，驱动 Y0～Y7 为“0000 0110”，对应的数码管 B1、B2 为 1，B1、B2 段亮，显示数字“1”。

（3）SEGD 指令为连续/脉冲执行方式，操作数只有 16 位。

（4）SEGD 指令的编码表见表 6-66。

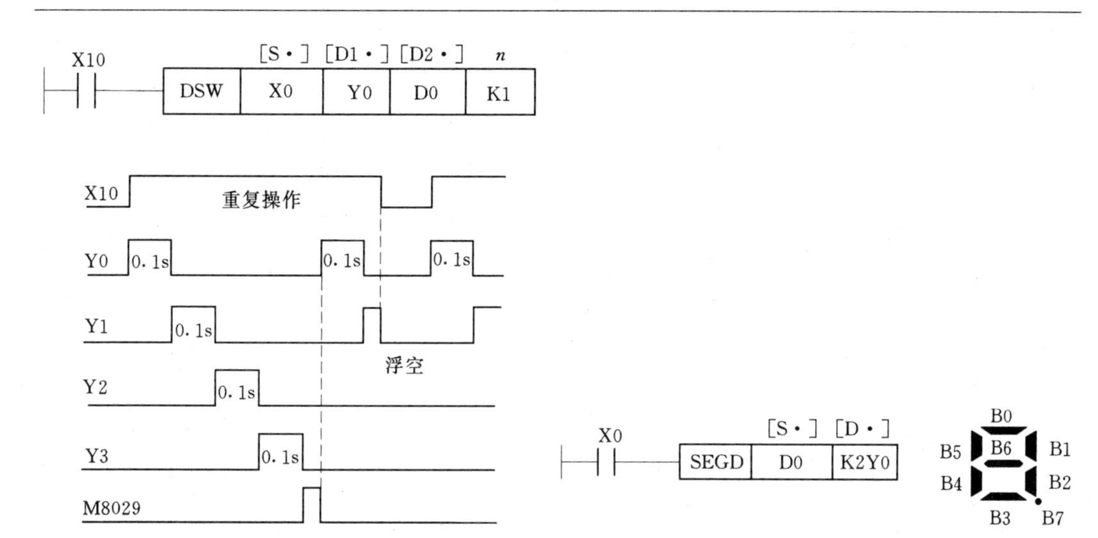

图 6-74　数字开关指令 DSW 及 Y0～Y3 时序波形

图 6-75　7 段译码指令 SEGD

表 6-66　　　　SEGD 指令编码表

[S·]		7 段码构成	[D·]								显示数据
十六进制	二进制		B7	B6	B5	B4	B3	B2	B1	B0	
0	0000		0	0	1	1	1	1	1	1	0
1	0001		0	0	0	0	0	1	1	0	1
2	0010		0	1	0	1	1	0	1	1	2
3	0011		0	1	0	0	1	1	1	1	3
4	0100		0	1	1	0	0	1	1	0	4
5	0101		0	1	1	0	1	1	0	1	5
6	0110		0	1	1	1	1	1	0	1	6
7	0111		0	0	1	0	0	1	1	1	7
8	1000		0	1	1	1	1	1	1	1	8
9	1001		0	1	1	0	1	1	1	1	9
A	1010		0	1	1	1	0	1	1	1	A
B	1011		0	1	1	1	1	1	0	0	B
C	1100		0	0	1	1	1	0	0	1	C
D	1101		0	1	0	1	1	1	1	0	D
E	1110		0	1	1	1	1	0	0	1	E
F	1111		0	1	1	1	0	0	0	1	F

四、带锁存的 7 段显示指令 FNC74（SEGL）

1. 指令格式

指令格式见表 6-67。

表 6－67　　带锁存的 7 段显示指令

<table>
<tr><th rowspan="2">助记符</th><th colspan="3">操　作　数</th><th rowspan="2">程序步长</th><th rowspan="2">备　　注</th></tr>
<tr><th>[S・]</th><th>[D・]</th><th>n</th></tr>
<tr><td>FNC74
SEGL</td><td>K、H、KnX、KnY、KnM、
KnS、T、C、D、V、Z</td><td>Y</td><td>K、H</td><td>16 位：7 步</td><td>①16 位操作数；
②连续执行方式；
③影响 M8029</td></tr>
</table>

2. 指令功能

SEGL 指令用 12 个扫描周期将一组或两组 4 位数据驱动带锁存和译码功能的 7 段数码管。

3. 指令说明

(1) 带锁存的 7 段数码管显示接线如图 6－76 所示，其应用如图 6－77 所示。当 X0 为 ON 时，n＝0～3 时，D0 中的二进制数据转换成 BCD 码（0～9 999）依次送到 Y0～Y3；当 n＝4～7，D0 中的数据送到 Y0～Y3，D1 中的数据送到 Y10～Y13，选通信号由 Y4～Y7 提供。

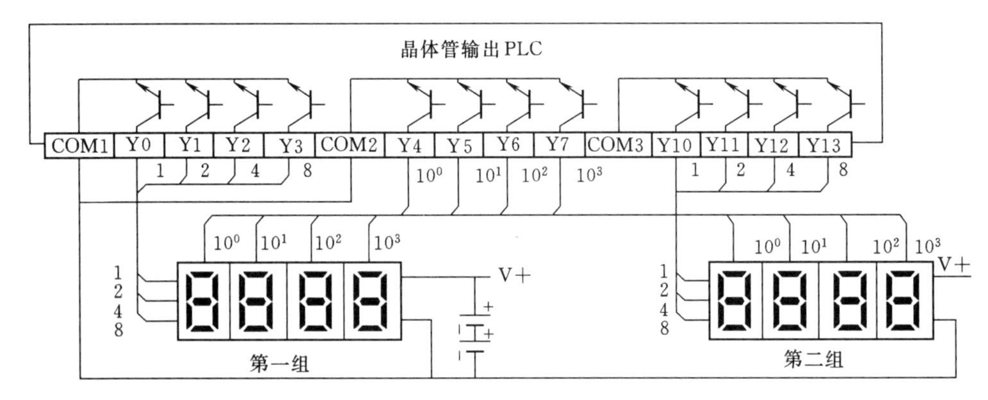

图 6－76　带锁存的 7 段数码管显示接线

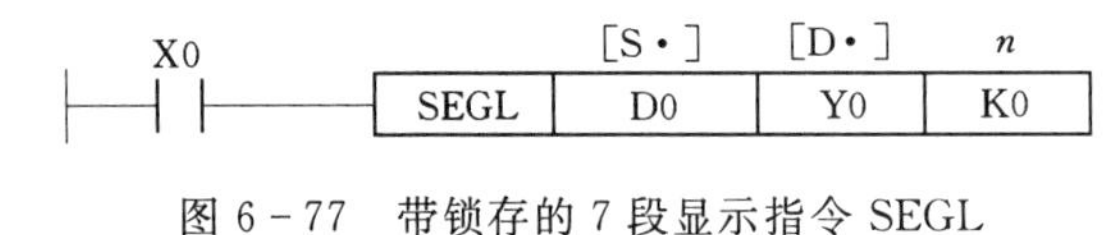

图 6－77　带锁存的 7 段显示指令 SEGL

(2) SEGL 完成 4 位显示后，标志位 M8029 置 1。指令的执行条件 X0（图 6－78）一旦接通，指令反复执行，当执行条件变为 OFF，停止执行。当执行条件再次为 ON，则从头开始反复执行。

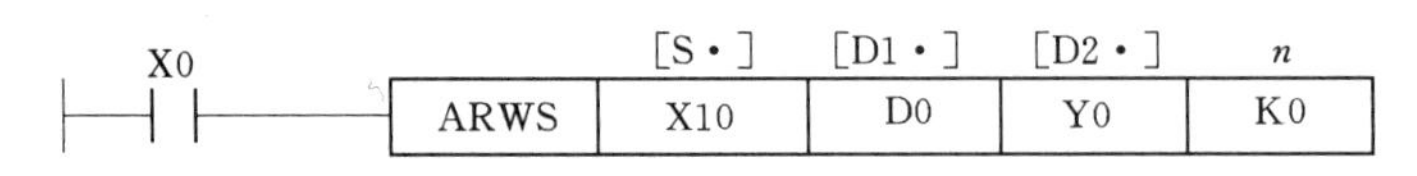

图 6－78　方向开关指令 ARWS

(3) SEGL 是连续执行方式，操作数只有 16 位。

(4) 参数 n 的确定与 PLC 的逻辑性质、7 段数码管显示逻辑及显示组数有关。PLC 的晶体管输出电路有负逻辑（集电极输出）和正逻辑（发射极输出），输入数据和选通信号以高电平为“1”，为正逻辑；反之为负逻辑。n 的确定见表 6－68。

表 6-68 参数 n 的确定

组数	1				2			
PLC与数据输入类型	相同		不同		相同		不同	
PLC与选通脉冲类型	相同	不同	相同	不同	相同	不同	相同	不同
n	0	1	2	3	4	5	6	7

五、方向开关指令 FNC75（ARWS）

1. 指令格式

指令格式见表 6-69。

表 6-69 方向开关指令

助记符	操作数				程序步长	备注
	[S·]	[D1·]	[D2·]	n		
FNC75 ARWS	X、Y、M、S（4个连号元件）	T、C、D、V、Z	Y（8个连号元件）	K、H（n=0～3）	16位：9步	①16位操作数； ②连续执行方式

2. 指令功能

ARWS指令利用4个方向开关实现4位BCD数据的修改和显示。

3. 指令说明

(1) ARWS指令中［S·］指定4个方向开关的输入元件首地址，［D1·］指定存储需要修改的4位数据，［D2·］指定驱动带锁存的7段数码管的数据输出和选通脉冲输出端元件的首地址。

(2) ARWS指令的应用如图6-78所示。［S·］指定方向开关起始元件为X10，如图6-79（a）所示的方向开关定义：X10——减少（减1），X11——增加（增1），X12——位右移，X13——位左移。D0存放十六进制数，为了方便均以BCD码表示。当X0为由OFF→ON时，指定是最高位10^3，每按一次位右移（X12），指定位按10^3→10^2→10^1→10^0→10^3顺序移动；若按位左移（X13），指定位按10^3→10^0→10^1→10^2→10^3顺序移动。通过接到Y4～Y7上的LED发光二极管显示指定位，显示器与PLC的连接如图6-79（b）所示。指定位确定后，该LED二极管亮，可通过X10、X11按钮改变指定位的数据，每按一次减少键（X10），数据改变顺序0→9→8→7→6→5→4→3→2→1→0；每按一次增加键（X11），数据改变顺序0→1→2→3→4→5→6→7→8→9→0。ARWS指

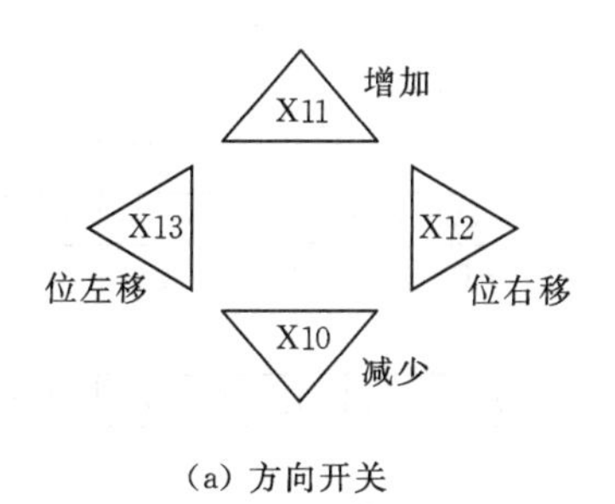

（a）方向开关

（b）显示器与PLC连接

图 6-79 方向开关指令应用

令将数据写入 D0 并用 7 段数码管监视写入的数据，$n=0\sim3$，其确定方法与 SEGL 指令相同。

(3) ARWS 指令是连续执行方式，操作数只有 16 位，只能使用一次，且必须使用晶体管输出型 PLC。

(4) 定时器的设定变更与当前值显示实例接线如图 6-80 所示。操作过程如下：每次按读出/写入键，读出、写入 LED 切换灯亮。读出时，用数字开关设定定时器号码后，接通 X3。写入时，用箭头开关一边看 7 段数码管显示，一边设定数值，接通（按下）X3。控制梯形图如图 6-81 所示。用读写键和交替输出指令 ALT 来切换读/写操作。因位数不多，只用了右移键。T0～T99 的设定值由 D300～D399 给出，读操作时用 3 个拨码开关设定定时器的元件号，按设定键 X3 时用数字开关指令 DSW 将元件号读入 Z0 中，并用带锁存的 7 段显示指令 SEGL 将指定的定时器的当前值送给 7 段数码管显示。刚进入写操作时用脉冲方式的 MOV (P) 传送指令将待设定定时器原来的设定值 D300Z0 送到 D511，写操作时用加 1 键、减 1 键和右移键（X0～X2）来修改指定定时器的设定值，修改好后按设定键，用 MOV (P) 指令将 D511 中的新值送入指定的定时器对应的数据寄存器 D300Z0 中，就完成了一个定时器的设定值修改工作。

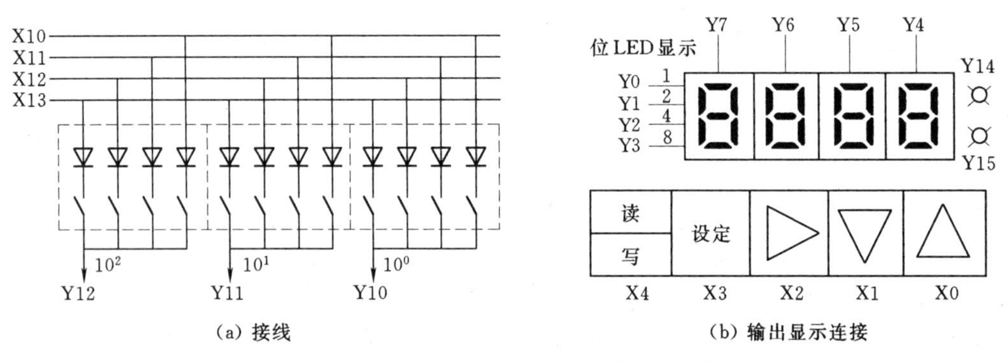

(a) 接线　　(b) 输出显示连接

图 6-80　定时器的设定变更与当前值显示实例

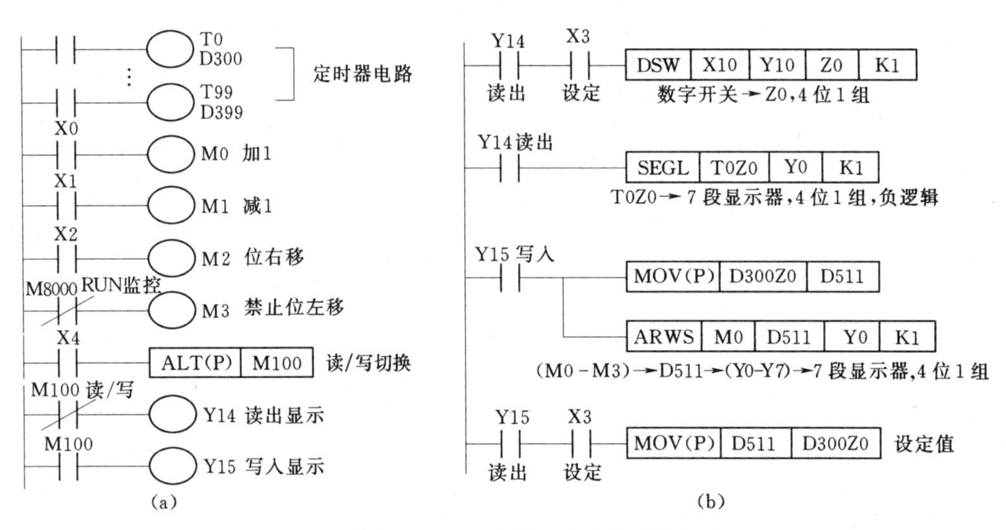

(a)　　(b)

图 6-81　修改定时器设定值和当前值的控制梯形图

六、ASCII 码变换指令 FNC76（ASC）

1. 指令格式

指令格式见表 6－70。

表 6－70　ASCII 码变换指令

助记符	操作数		程序步长	备注
	[S·]	[D·]		
FNC76 ASC	8 个字符或数字	T、C、D（4 个连号元件）	16 位：11 步	①16 位操作数；②连续执行方式

2. 指令功能

ASC 指令用于将指定的字符或数据转换成 ASCII 码存放到指定的元件中。

3. 指令说明

（1）ASC 指令应用如图 6－82 所示，当 X3 为 ON 时，将源操作数中的字符串“ABCDEFGH”转换成 ASCII 码，存放在 D300～D303 中。当 M8161 为 ON 时（8 位处理模式）执行该指令，将 ASCII 存放在 D300～D307 的低 8 位，高 8 位为 0。

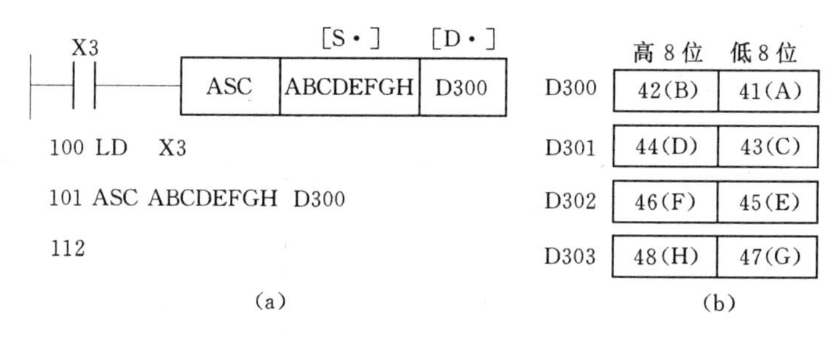

图 6－82　ASCII 码变换指令 ASC

（2）ASC 指令是连续执行指令，操作数只有 16 位。

七、ASCII 码打印指令 FNC77（PR）

1. 指令格式

指令格式见表 6－71。

表 6－71　ASCII 码打印指令

助记符	操作数		程序步长	备注
	[S·]	[D·]		
FNC77 PR	T、C、D	Y	16 位：5 步	①16 位操作数；②连续执行方式

2. 指令功能

PR 指令将指定位置的 ASCII 码经指定的输出元件输出。

3. 指令说明

（1）PR 指令的应用如图 6－83 所示。当 X0 为 ON 时，执行 PR 指令功能，D300～

D303 中的 8 个 ASCII 码送到 Y0～Y7 去打印，发送的顺序以 A 为开始，最后为 H，同时用 Y10 和 Y11 作为输出选通信号和执行标志信号，字符发送完后 Y11 复位。

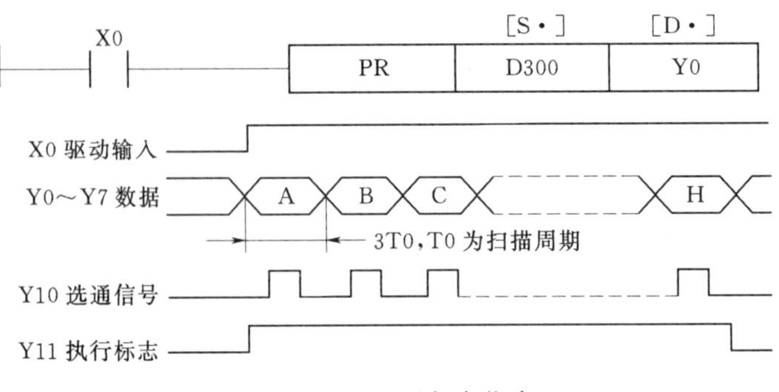

图 6-83　ASCII 码打印指令 PR

(2) PR 指令为连续执行方式，操作数为 16 位，只能使用 2 次，必须使用晶体管输出型 PLC。

(3) 当标志位 M8027 为 ON 时，PR 指令可以一次送 16 个 ASCII 码。

八、读特殊功能模块指令 FNC78 (FROM)

1. 指令格式

指令格式见表 6-72。

表 6-72　　读特殊功能模块指令

助记符	操作数				程序步长	备注
	m_1	m_2	[D·]	n		
FNC78 (D) FROM (P)	K、H $m_1=0\sim7$	K、H $m_2=0\sim31$	KnY、KnM、KnS、 T、C、D、V、Z	K、H ($n=1\sim32$)	16 位：9 步 32 位：17 步	①16/32 位操作数； ② 连续/脉冲执行方式

2. 指令功能

FROM 指令从特殊功能模块中读取数据并存入指定数据寄存器中。

3. 指令说明

(1) FROM 指令中，m_1 指定特殊功能模块的编号，范围是 0～7；m_2 指定特殊功能模块内部缓冲寄存器首元件号，范围是 0～31；n 指定缓冲寄存器的个数，范围是 1～32；[D·] 指定写入 PLC 寄存器的首地址。

(2) FROM 指令应用如图 6-84 所示，当 X3 为 ON 时，将编号为 1 ($m_1=1$) 的特殊功能模块内部编号为 29 (m_2=K29) 开始的 1 个 ($n=1$) 缓冲寄存器 (BFM) 的数据读入 PLC，并存入 M0～M15 中。

(3) FROM 指令是脉冲/连续执行方式，操作数为 16 位时，以字为单位传送数据；操作数为 32 位时，以双字为单位传送数据，指定的 BFM 为低 16 位。

九、写特殊功能模块指令 FNC79 (TO)

1. 指令格式

指令格式见表 6-73。

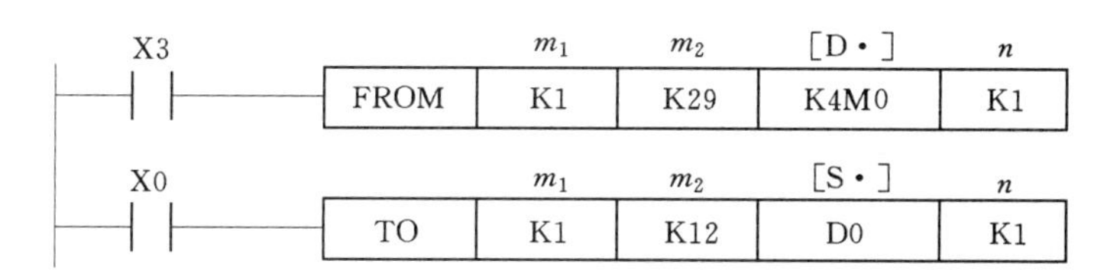

图 6-84　读、写特殊功能模块指令

表 6-73　　**写特殊功能模块指令**

助记符	操作数				程序步长	备注
	m_1	m_2	[S·]	n		
FNC79 (D) TO (P)	K、H ($m_1=0\sim7$)	K、H ($m_2=0\sim31$)	KnY、KnM、KnS、T、C、D、V、Z	K、H ($n=1\sim32$)	16 位：9 步 32 位：17 步	①16/32 位操作数； ②连续/脉冲执行方式

2. 指令功能

TO 指令用于将指定数据寄存器的内容写入特殊模块的缓冲寄存器。

3. 指令说明

（1）TO 指令的 m_1、m_2、n 的含义及取值范围和 FROM 相同。

（2）TO 指令的应用如图 6-84 所示，当 X0 为 ON 时，将 PLC 基本单元以 D0 开始的 1 个数据写入编号为 1 的特殊功能模块内部的编号为 12 开始的 1 个缓冲寄存器中。

（3）在 FROM 和 TO 指令的执行过程中，若 M8028 为 ON，可以中断；若 M8028 为 OFF，禁止中断，输入中断或定时器中断将不能执行。

（4）TO 指令是连续/脉冲执行方式，操作数为 16 位和 32 位。

第十节　外部设备指令

外部设备指令有 8 条，见表 6-74。

表 6-74　　**外部设备指令**

FNC 代号	助记符	指令名称及功能	FNC 代号	助记符	指令名称及功能
80	RS	串行数据传送指令	85	VRRD	电位器值读出指令
81	PRUN	八进制位传送指令	86	VRSC	电位器刻度指令
82	ASCII	HEX—ASCII 转换指令	87	—	—
83	HEX	ASCII—HEX 转换指令	88	PID	PID 运算指令
84	CCD	校验码指令	89	—	—

外部设备指令用于连接于串行口的特殊适配器进行控制的指令。本节只介绍串行数据传送指令 FNC80（RS），其余指令可查阅三菱 FX 系列 PLC 指令说明手册。

串行数据传送指令 RS 功能：使用 RS-232 和 RS-485 功能扩展板及特殊适配器时发送和接收串行数据的指令。

串行数据传送指令 RS（表 6－75）说明如下：

表 6－75　　串行数据传送指令

助记符	操作数				程序步长	备注
	[S·]	m	[D·]	n		
FNC80 RS	D	K、H、D	D	K、H、D	16 位：9 步	①16 位操作数； ②连续执行方式

（1）RS 的应用如图 6－85 所示，D200 为发送数据的首地址，D0 存储发送数据的数量，D500 是接收数据的首地址，D1 为接收数据的数量。当 X0 为 ON 时，把以 D200 开始的连续 m 个数据寄存器中的内容发送到起始地址为 D500 的 n 个数据寄存器中。当发送、接收的数据数量可变时，可修改数据寄存器的存储值。

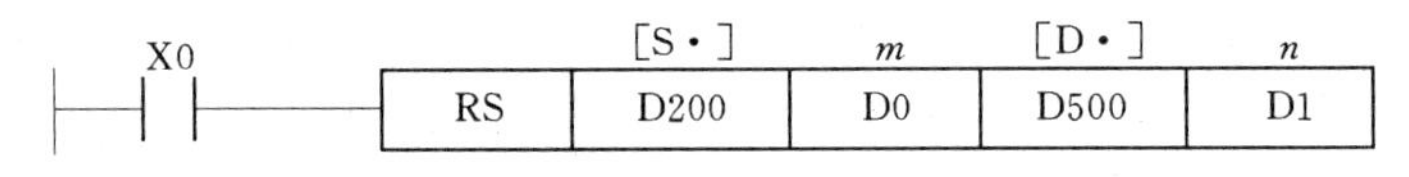

图 6－85　串行数据传送指令 RS

（2）使用 RS 指令时，同时自定义表 6－76 所列的软元件。

表 6－76　　RS 功能指令软元件定义

软元件	自定义
D8120	存放通信参数，如数据位数、波特率等
D8122	存放当前发送的信息中尚未发出的字节数
D8123	存放接收信息中已接收到的字节数
D8124	存放起始字符串的 ASCII 码值，默认值是 H02，即 STX
D8125	存放结束字符串的 ASCII 码值，默认值是 H03，即 ETX
M8121	该标志为 ON 时表示传送被延迟，直到目前的接收操作完成
M8122	该标志为 ON 时，触发数据发送
M8123	该标志为 ON 时，表示一条信息已被完整接收
M8124	载波检测标志
M8161	该标志为 ON 时，表示 8 位操作模式，在各个源、目标元件中只有低 8 位才有用，即在每个数据寄存器中只有 1 个 ASCII 码字符；该标志为 OFF 时表示 16 位操作模式，在各个源、目标元件中全部 16 位都有用，即在每个数据寄存器中存放 2 个 ASCII 码字符

（3）RS 指令的通信参数的设置由数据寄存器 D8120 来完成。D8120 各位设置见表 6－77。

（4）RS 指令应用实例如图 6－86 所示，定义波特率为 9600bit/s，1 位停止位，无校验，7 位数据。RS 指令设置发送数据区首元件地址为 D350，长度为 3，接收数据区首元件地址为 D200，长度为 30。接着将 D300～D302 的数据发送出去，如图 6－87 程序段所示。图6－88所示为接收数据，并将接收的数据存放到 D600～D629 中。

表 6-77　　D8120 参数设置表

位	说　明	含　义	
		0（OFF）	1（ON）
b0	数据长度	7 位	8 位
b1 b2	校验 （b2b1）	（00）：无校验　（11）：偶校验 （01）：奇校验	
b3	停止位	1 位	2 位
b4 b5 b6 b7	波特率 （b7b6b5b4）	（0011）：300bit/s　（0111）：4800bit/s （0100）：600bit/s　（1000）：9600bit/s （0101）：1200bit/s　（1001）：19200bit/s （0110）：2400bit/s	
b8	起始字符	无	D8124
b9	结束字符	无	D8125
b10	握手信号类型 1	无	H/W1
b11	模式	常规	单控
b12	握手信号类型 2	无	H/W2
b13、b14、b15	用于 485ADP 模块构成 FX—485 网络		

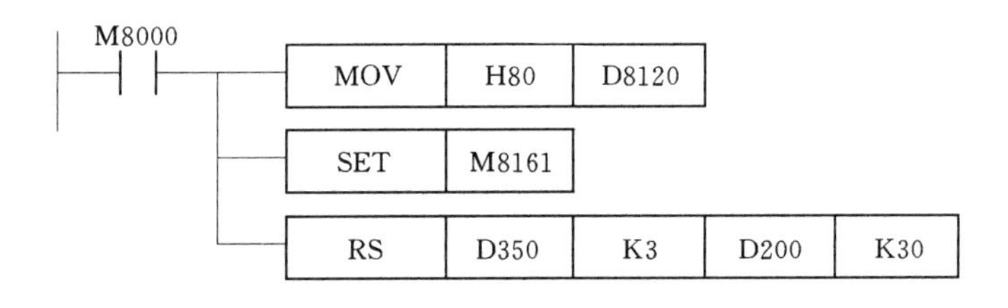

图 6-86　RS 指令设置

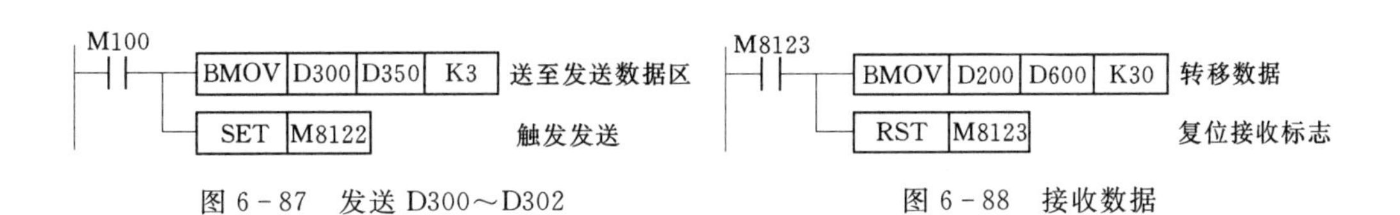

图 6-87　发送 D300～D302　　图 6-88　接收数据

第十一节　其余功能指令简介

三菱 FX 系列 PLC 的功能指令还有浮点数运算指令、点位控制指令、实时时钟处理指令、外部设备用指令、触点比较指令等。本节简单介绍以上指令的功能号、用法，具体的应用限于篇幅，请读者自行查询三菱 PLC 的技术手册。

一、浮点数运算指令

浮点数运算指令用于实现浮点数的比较、转换、四则运算、开平方、求整数及三角函数等功能，浮点数运算指令包括的指令见表 6-78。

表 6-78　　浮点数运算指令表

FNC代号	助记符	指令名称及功能	FNC代号	助记符	指令名称及功能
110	ECMP	二进制浮点数比较指令	123	EDIV	二进制浮点数除法指令
111	EZCP	二进制浮点数区间比较指令	127	ESQR	二进制浮点数开方指令
118	EBCD	二进制浮点数—十进制浮点数转换指令	129	INT	二进制浮点数—BIN 整数转换指令
119	EBIN	十进制浮点数—二进制浮点数转换指令	130	SIN	二进制浮点数 SIN 运算指令，求正弦
120	EADD	二进制浮点数加法指令	131	COS	二进制浮点数 COS 运算指令，求余弦
121	ESUB	二进制浮点数减法指令	132	TAN	二进制浮点数 TAN 运算指令，求正切
122	EMUL	二进制浮点数乘法指令			

二、点位控制指令

点位控制指令只适用于 FX_{1S}及 FX_{1N}系列的 PLC，目的是使这两个低成本系列的 PLC 不借助于其他扩展设备就可以实现简单的点位控制。

点位控制指令包括的指令见表 6-79。

表 6-79　　点位控制指令表

FNC 代号	指令助记符	指令名称及功能	FNC 代号	指令助记符	指令名称及功能
155	(D) ABS	ABS 当前值读取指令	158	DRVI	相对位置控制指令
156	ZRN	原点回归指令	159	DRVA	绝对位置控制指令
157	PLSV	变速脉冲输出指令			

三、实时时钟处理指令

实时时钟处理指令是对 PLC 内置的实时时钟进行时间校准和时钟数据格式化处理指令。实时时钟处理指令包括的指令见表 6-80。

表 6-80　　实时时钟处理指令表

FNC 代号	指令助记符	指令名称及功能	FNC 代号	指令助记符	指令名称及功能
160	TCMP	时钟数据比较指令	166	TRD	时钟数据读出指令
161	TZCP	时钟数据区间比较指令	167	TWR	时钟数据写入指令
162	TADD	时钟数据加法指令	169	HOUR	计时表指令
163	TSUB	时钟数据减法指令			

四、外部设备用指令

外部设备用指令用于 PLC 与外部特殊模块进行数据交换。外部设备用指令包括的指令见表 6-81。

表 6-81　　外部设备用指令表

FNC 代号	指令助记符	指令名称及功能	FNC 代号	指令助记符	指令名称及功能
170	GRY	格雷码转换指令	176	RD3A	模拟量模块数据读出指令
171	GBIN	格雷码逆转换指令	177	WR3A	模拟量模块数据写入指令

五、触点比较指令

触点比较指令使用触点符号进行触点比较，使用触点比较指令可以简化程序结构。触点比较指令包括的指令见表 6－82。

表 6－82　　　　触点比较指令表

FNC 代号	指令助记符	指令名称及功能
224	LD=	触点比较指令运算开始，(S1) = (S2) 导通
225	LD>	触点比较指令运算开始，(S1) > (S2) 导通
226	LD<	触点比较指令运算开始，(S1) < (S2) 导通
228	LD<>	触点比较指令运算开始，(S1) <> (S2) 导通
229	LD≤	触点比较指令运算开始，(S1) ≤ (S2) 导通
230	LD≥	触点比较指令运算开始，(S1) ≥ (S2) 导通
232	AND=	触点比较指令串联连接，(S1) = (S2) 导通
233	AND>	触点比较指令串联连接，(S1) > (S2) 导通
234	AND<	触点比较指令串联连接，(S1) < (S2) 导通
236	AND<>	触点比较指令串联连接，(S1) <> (S2) 导通
237	AND≤	触点比较指令串联连接，(S1) ≤ (S2) 导通
238	AND≥	触点比较指令串联连接，(S1) ≥ (S2) 导通
240	OR=	触点比较指令并联连接，(S1) = (S2) 导通
241	OR>	触点比较指令并联连接，(S1) > (S2) 导通
242	OR<	触点比较指令并联连接，(S1) < (S2) 导通
244	OR<>	触点比较指令并联连接，(S1) <> (S2) 导通
245	OR≤	触点比较指令并联连接，(S1) ≤ (S2) 导通
246	OR≥	触点比较指令并联连接，(S1) ≥ (S2) 导通

第十二节　应　用　举　例

一、位传送指令的应用

如图 6－89 所示，将 D1 的第 1 位（BCD）传送到 D2 的第 3 位（BCD）并自动转换成 BIN 码，这样的 3 位 BCD 码数字开关的数据被合成后，以二进制形式存入 D2 中。

二、4 路 7 段显示控制程序

图 6－90（a）所示为一 4 位显示，Y0～Y3 为 BCD 码，Y4～Y7 为片选信号，显示的数据分别存放在数据寄存器 D0～D3 中。其中 D0 为千位，D1 为百位，D2 为十位，D3 为个位。X5 为启、停开关。

三、多谐振荡电路

如图 6－91 所示，用程序构成一个闪光信号灯，改变输入口所接置数开关可改变闪光频率（即信号灯亮 ts，熄 ts）。设定 4 个开关，分别接于 X0～X3，X10 为启、停开关，

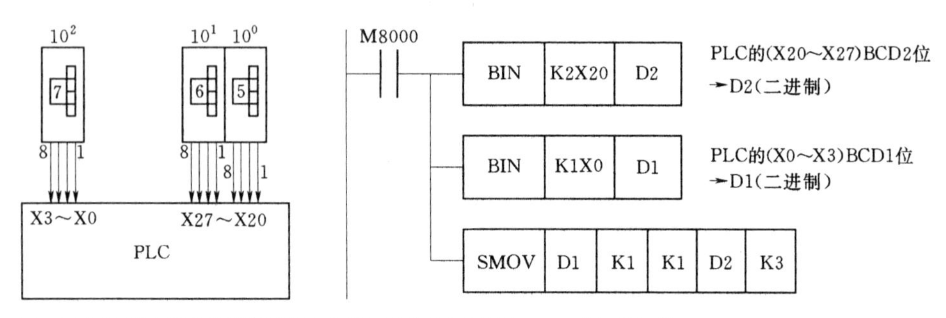

(a) 将与不连续的输入端子相连的3个数字开关的数据组合　　(b) 梯形图

图6-89　位传送指令应用

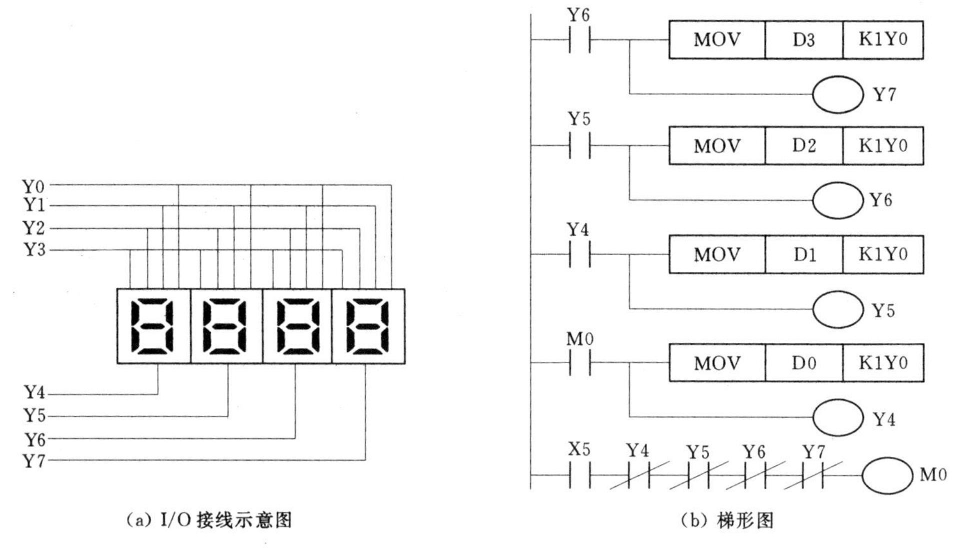

(a) I/O接线示意图　　(b) 梯形图

图6-90　7段数码显示控制程序

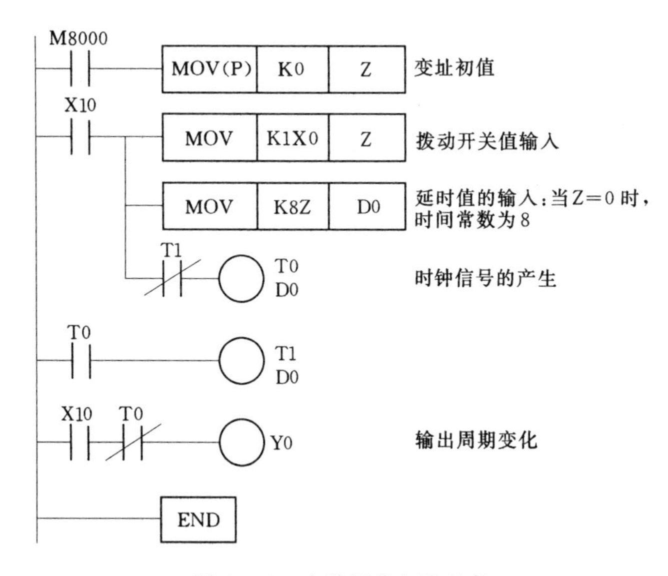

图6-91　多谐振荡电路程序

信号灯接于 Y0。

四、定时报时器控制程序

应用计数器与比较指令构成 24h 可设定定时时间的控制器，每 15min 为一设定单位，共 96 个时间单位。对此控制器有以下控制要求：6:30 电铃响（Y0）每秒响 1 次，6 次后自动停止；9:00—17:00 启动住宅报警系统（Y1）；18:00 开园内照明（Y2）；22:00关园内照明（Y2）。现设 X0 为系统启、停开关；X1 为 15min 快速调整与试验开关；X2 为格数设定的快速调整与试验开关；时间设定值为钟点数×4。使用时，在 0:00 时启动定时器。定时报时器控制梯形图如图 6-92 所示。

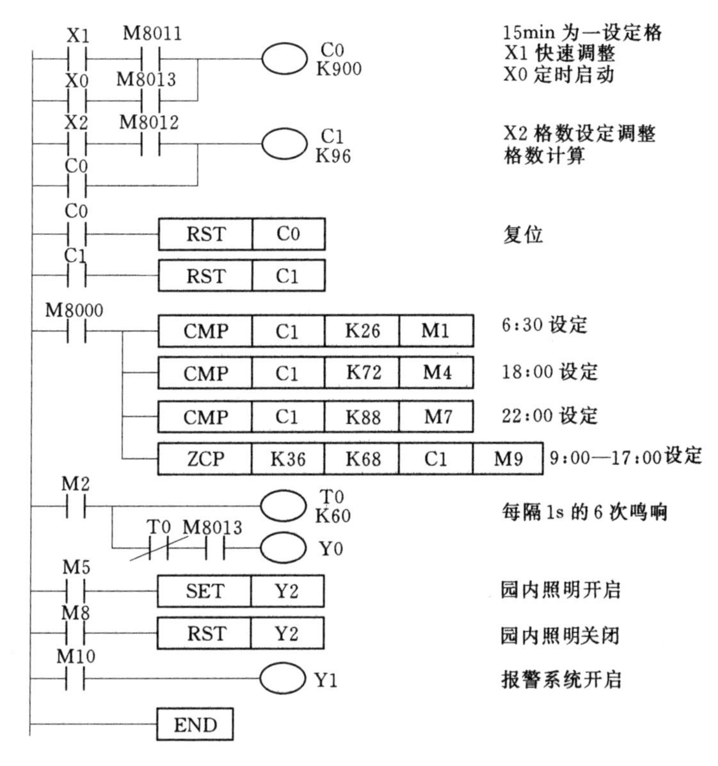

图 6-92　定时报时器控制梯形图

五、密码锁控制程序设计

用比较器构成密码锁系统。密码锁有 12 个按钮（K3X0），分别接入 X0～X7 和 X10～X13，其中 X0～X3 代表第 1 个十六进制数；X4～X7 代表第 2 个十六进制数；X10～X13 代表第 3 个十六进制数。根据设计要求，每次同时按 4 个键，分别代表 3 个十六进制数，共按 4 次，如果与密码锁设定值都相符合，3s 后可开启锁，10s 后重新锁定。假定密码设定值依次为 H2A4、H1E、H151、H18A，控制梯形图如图 6-93 所示。

六、彩灯亮、灭循环控制

(1) 采用加 1、减 1 指令完成。共有 12 盏灯，彩灯状态变化的时间间隔为 1s，用 M8013 实现，要求控制程序使彩灯正序点亮至全亮，反序熄至全熄的循环变化。控制梯形图如图 6-94 所示。

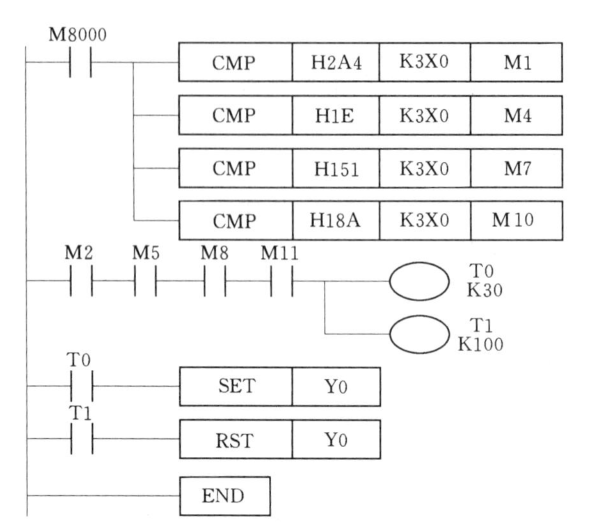

H2A4代表十六进制数2A4，其中“4”应按X2键，“A”应按X5、X7键，“2”应按X11键

其他数值表示含义同上述

4次按键成功后，3s后开锁

10s后重新锁定

启动门锁

门锁复位

图 6-93　密码锁控制梯形图

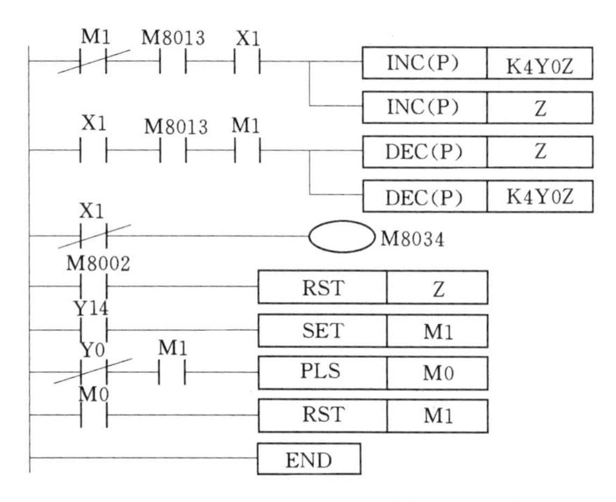

图 6-94　彩灯亮、灭循环控制梯形图

(2) 采用循环移位指令来完成。共有8盏彩灯L1～L8，分别接于K2Y0，当X0为ON时，L1～L8以正序每隔1s轮流点亮，当Y7亮后，停5s；然后反向逆序每隔1s轮流点亮，当Y0再亮后，停5s，重复上述过程。控制梯形图如图6-95所示。

七、步进电机的控制

以位移指令实现步进电机正、反转和调速控制。假设以三相三拍步进电机为例，脉冲序列由Y10～Y12送出，作为步进电机驱动电源功放电路的输入。程序中采用积算定时器T246为脉冲发生器，设定值为K2～K500，定时为2～500ms，则步进电机可获得2～500步/s的变速范围。X0为正、反转切换开关（X0为OFF时正转；X0为ON时反转），X2为启动开关，X3为减速按钮，X4为增速按钮。控制梯形图如图6-96所示。以正转为例，程序开始运行前，设M0为0。M0提供移入Y10、Y11、Y12的“1”或“0”，在T246的作用下最终形成011、110、101的三拍循环。T246为移位脉冲产生环节，INC指令及DEC指令用于调整T246产生的脉冲频率。T0为频率调整时间限制。调速时，按住X3（减速）或X4（增速）按钮完成。

八、产品入库、出库控制

下列程序主要是将产品按入库顺序将产品取出的控制梯形图，如图6-97所示。产品按十六进制编号（不大于4位），允许最大的库存量是99件。

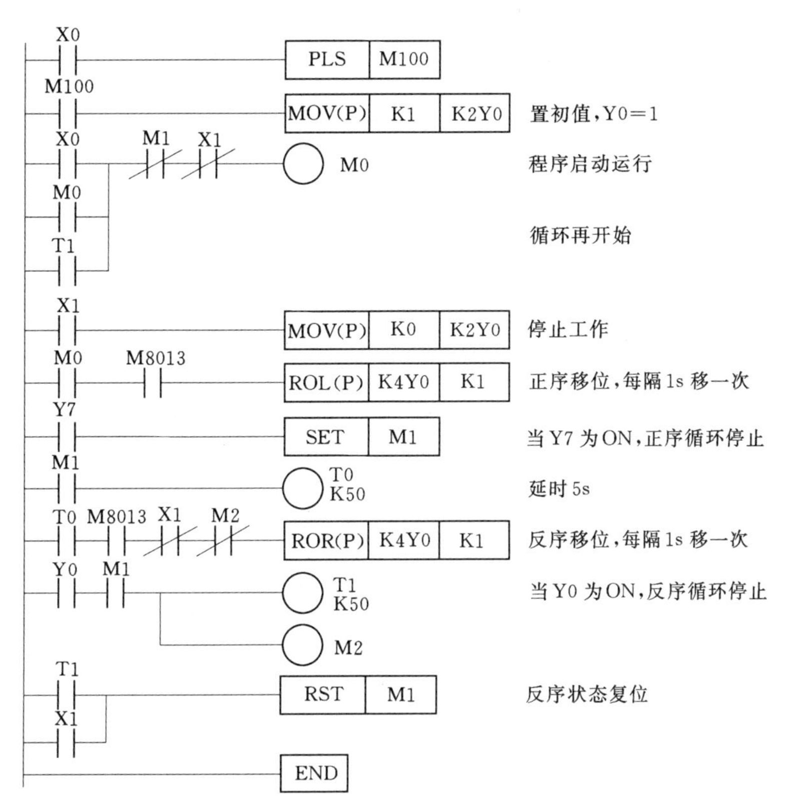

图6-95 循环移位指令实现彩灯亮、灭循环控制梯形图

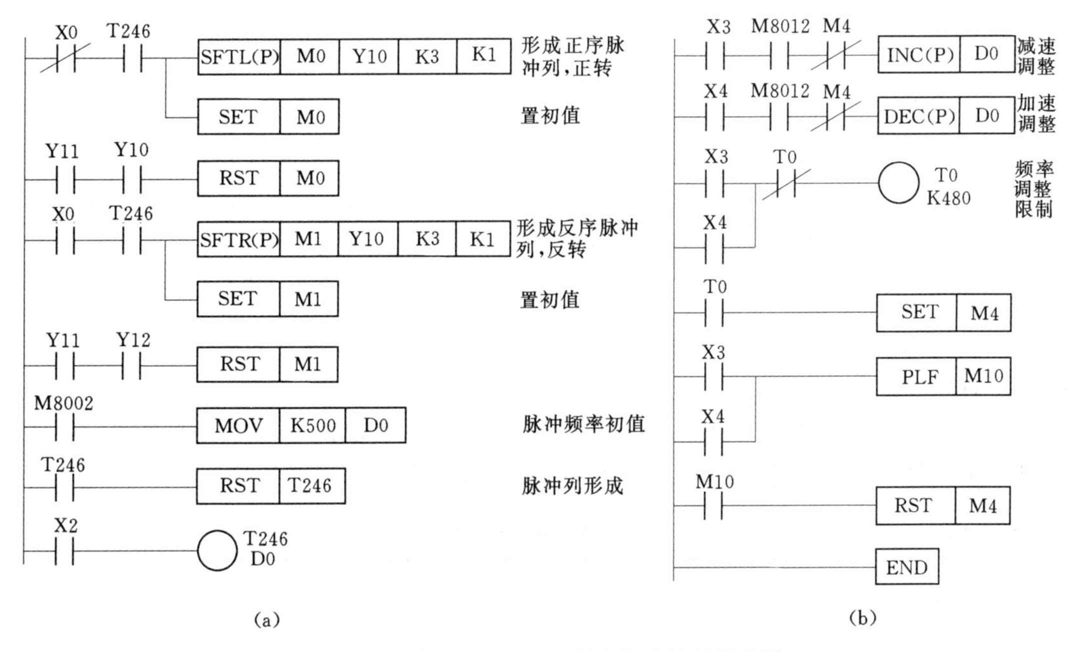

图6-96 步进电机正、反转和调速控制梯形图

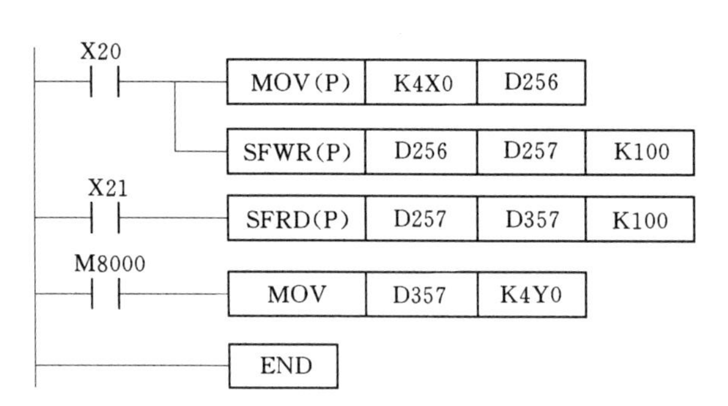

图6-97 产品入库、出库控制梯形图

习题及思考题

6-1 什么是功能指令？有何作用？

6-2 什么是“位”软元件？什么是“字”软元件？两者有什么区别？

6-3 数据寄存器有哪些类型？它们具有什么特点？试简要说明。

6-4 什么是变址寄存器？有什么作用？试举例说明。

6-5 试问以下软元件是何种类型软元件？由几位组成？

X1、D20、S20、K4X0、V2、K2Y0、M19

6-6 试根据图6-98所示梯形图，说出（D)、(P)、D0和D1的含义，该指令的功能是什么？

6-7 在图6-99中，(D0)=00010101，(D2)=01001100，当X0由OFF变为ON时，(D4)、(D6)和(D8)结果为多少？

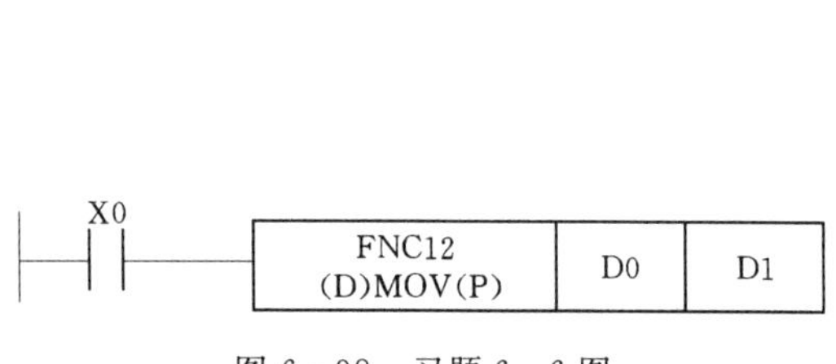

图6-98 习题6-6图

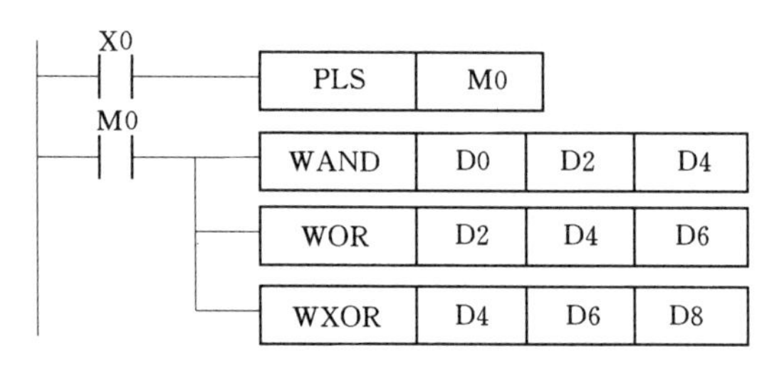

图6-99 习题6-7图

6-8 试用比较指令设计一密码锁控制电路。密码锁为4键，若按H65，2s后开照明；按H87，3s后开空调。

6-9 使用位左移指令SFTL构成移位寄存器，实现广告牌字的闪耀控制。用HL1～HL4灯分别照亮“欢迎光临”4个字。其控制流程要求见表6-83，每步间隔1s。

表6-83　　习题6-9表

指示灯	步序							
	1	2	3	4	5	6	7	8
HL1	☆				☆		☆	

续表

指示灯	步序							
	1	2	3	4	5	6	7	8
HL2		☆			☆		☆	
HL3			☆		☆		☆	
HL4				☆	☆		☆	

6-10　设计一段程序，当输入条件满足时，依次将计数器的 C0～C9 的当前值转换成 BCD 码送到输出元件 K4Y0 中，试设计梯形图。[提示：用一个变址寄存器 Z，首先 0→(Z)，每次 (C0Z)→K4Y0，(Z)+1→(Z)；当 (Z) =9 时，Z 复位，再从头开始]

第七章　可编程控制器特殊功能模块的编程及应用技术

第一节　模拟量输入/输出模块

PLC 的基本单元只能对数字量进行处理，而不能处理模拟量。因此为了适应现代工业控制系统的需要，对一些模拟量（如温度、压力、流量、速度、位移等）进行控制时，需要采用模拟量输入模块将模拟量转换成 PLC 内部可接收的数字量，传送给 PLC 的基本单元进行处理；基本单元的处理结果仍然是数字量，而大多数控制设备只能接收模拟量，因此需要模拟量输出模块将 PLC 内部的数字量转换成模拟量实现对设备的控制。

三菱 FX_{0N}、FX_2、FX_{2N}、FX_{1N}等系列 PLC 均有相应的模拟量输入/输出特殊功能模块，其功能指令的设置使得模拟量控制非常容易。

一、FX_{2N}—4AD 模拟量输入模块

1. FX_{2N}—4AD 的特点及技术指标

FX_{2N}—4AD 模拟量输入模块有 4 个输入通道，通道号分别为 CH1、CH2、CH3、CH4；最大分辨率为 12 位；用户通过不同的接线可以任意选择电压或电流输入状态。电压输入时，输入信号范围为 DC −10～10V，分辨率为 5mV；电流输入时，输入信号范围为 4～20mA 或−20～20mA，分辨率为 20μA。FX_{2N}—4AD 模块与主单元之间通过缓冲寄存器交换数据，共有 32 个缓冲寄存器，每个 16 位。FX_{2N}—4AD 模块占用 PLC 扩展总线的 8 个点，这 8 个点可以分配成输入或输出。模拟量与数字量之间采用光电隔离技术，但各通道之间没有隔离。

FX_{2N}—4AD 的技术指标见表 7 - 1。

表 7 - 1　　FX_{2N}—4AD 的技术指标

项　目	电　压　输　入	电　流　输　入
	4 通道模拟量输入，通过输入端子变换可选电压或电流输入	
模拟量输入范围	DC −10～10V （输入阻抗 200kΩ） 注意：如果输入电压超过±15V，模块可能造成损坏	DC −20～20mA （输入阻抗 250Ω） 注意：如果输入电压超过±32mA，模块可能造成损坏
数字量输出范围	12 位的转换结果以 16 位二进制数补码方式存储，数值范围为−2048～2047	
分辨率	5mV（10V×1/2000）	20μA（20mA×1/1000）
综合精确度	±1%（全量程−10～10V）	±1%（全量程−20～20mA）
转换速度	每通道 15ms（高速转换方式时为每通道 6ms）	

续表

项　　目	电　压　输　入	电　流　输　入
	4 通道模拟量输入，通过输入端子变换可选电压或电流输入	
隔离方式	模拟量与数字量之间用光电隔离。从基本单元来的电源经 DC/DC 转换器隔离。各输入端之间不隔离	
模拟量用电源	DC 24(1±10%)V　50mA	
I/O 占有点数	程序上为 8 点（计输入或输出点均可），由 PLC 供电的消耗功率为 5V、30mA	

2. FX_{2N}—4AD 的接线

FX_{2N}—4AD 的接线如图 7-1 所示，说明如下。

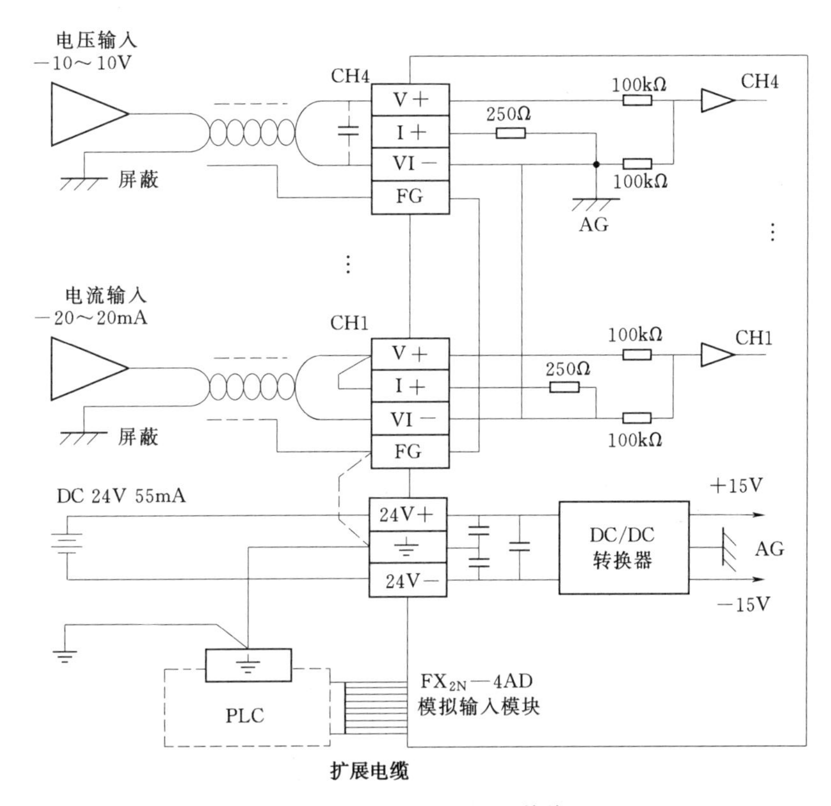

图 7-1　FX_{2N}—4AD 的接线

（1）模拟输入信号采用双绞线屏蔽电缆与 FX_{2N}—4AD 连接，电缆应远离电源线或其他可能产生电气干扰的导线。

（2）如果输入有电压波动，或在外部接线中有电气干扰，可以接一个 0.1～0.47μF（25V）平滑电容器。

（3）如果是电流输入，应将端子 V+和 I+端短接。

（4）FX_{2N}—4AD 接地端与 PLC 主单元接地端连接，如果存在过多的电气干扰，再将外壳地端 FG 和 FX_{2N}—4AD 接地端连接。

3. FX_{2N}—4AD 缓冲寄存器（BFM）

FX_{2N}—4AD 模拟量模块内部有一个数据缓冲寄存器区，它由 32 个 16 位的寄存器组成，编号为 BFM #0～#31，用来与 PLC 基本单元进行数据交换，其内容与作用见表 7-2。数据缓冲寄存器区内容可以通过 PLC 的 FROM 和 TO 指令来读、写。

表 7-2　　FX_{2N}—4AD 缓冲寄存器（BFM）的分配

<table>
<tr><th>BFM 编号</th><th colspan="9">内　　容</th></tr>
<tr><td>#0（*）</td><td colspan="9">通道初始化，默认设定值=H0000</td></tr>
<tr><td>#1（*）</td><td>通道 1</td><td colspan="8" rowspan="4">包含采样数（1～4096），用于得到平均结果。默认值设为 8 时为正常速度，高速操作可选择 1</td></tr>
<tr><td>#2（*）</td><td>通道 2</td></tr>
<tr><td>#3（*）</td><td>通道 3</td></tr>
<tr><td>#4（*）</td><td>通道 4</td></tr>
<tr><td>#5</td><td>通道 1</td><td colspan="8" rowspan="4">这些缓冲区包含采样数的平均输入值，这些采样数是分别输入在 #1～#4 缓冲区中的通道数据</td></tr>
<tr><td>#6</td><td>通道 2</td></tr>
<tr><td>#7</td><td>通道 3</td></tr>
<tr><td>#8</td><td>通道 4</td></tr>
<tr><td>#9</td><td>通道 1</td><td colspan="8" rowspan="4">这些缓冲区包含每个输入通道读入的当前值</td></tr>
<tr><td>#10</td><td>通道 2</td></tr>
<tr><td>#11</td><td>通道 3</td></tr>
<tr><td>#12</td><td>通道 4</td></tr>
<tr><td>#13～#14</td><td colspan="9">保　　留</td></tr>
<tr><td>#15（*）</td><td>A/D 转换速度设置</td><td colspan="8">设为 0 时：正常速度，15ms/通道（默认值）
设为 1 时：高速，6ms/通道</td></tr>
<tr><td>#16～#19</td><td colspan="9">保　　留</td></tr>
<tr><td>#20（*）</td><td colspan="9">重置为默认设定值　默认设定值=H0000</td></tr>
<tr><td>#21（*）</td><td colspan="9">禁止调整零点值、增益值。默认设定值=（0，1），允许</td></tr>
<tr><td rowspan="2">#22（*）</td><td rowspan="2">零点、增益调整通道设置</td><td>b7</td><td>b6</td><td>b5</td><td>b4</td><td>b3</td><td>b2</td><td>b1</td><td>b0</td></tr>
<tr><td>G4</td><td>O4</td><td>G3</td><td>O3</td><td>G2</td><td>O2</td><td>G1</td><td>O1</td></tr>
<tr><td>#23（*）</td><td colspan="9">零点值　默认设定值=0</td></tr>
<tr><td>#24（*）</td><td colspan="9">增益值　默认设定值=5000</td></tr>
<tr><td>#25～#28</td><td colspan="9">空　　置</td></tr>
<tr><td>#29</td><td colspan="9">出错信息</td></tr>
<tr><td>#30</td><td colspan="9">识别码 2010D</td></tr>
<tr><td>#31</td><td colspan="9">禁　　用</td></tr>
</table>

注　带（*）的缓冲寄存器可用 TO 写入，其他可用 FROM 读出。改写带（*）的缓冲寄存器 BFM 的设定值即可改变 FX_{2N}—4AD 的运行参数，调整其输入方式、输入增益和零点等。

（1）通道的初始化由缓冲寄存器 BFM #0 中的 4 位十六进制数字 HXXXX 控制，最低位数字控制通道 1，最高位数字控制通道 4，设置每一个字符的方式如下：

$x=0$：设定输入范围（－10～10V）

$x=1$：设定输入范围（4～20mA）

$x=2$：设定输入范围（－20～20mA）

$x=3$：关闭该通道

例：BFM＃0＝H3310

CH1：预设范围（－10～10V）

CH2：预设范围（4～20mA）

CH3、CH4：关闭该通道

（2）各通道的平均值取样次数分别由 BFM ＃1～＃4 来指定，取样次数范围为1～4096，若设定值超过该范围时，按默认设定值 8 处理。

（3）输入的当前值送到 BFM ＃9～＃12，输入的平均值送到 BFM ＃5～＃8。

（4）在 BFM＃15 中写入 0 或 1，就可以改变 A/D 的转换速度，不过要注意为保证高速转换率，尽可能少地使用 FROM/TO。当改变转换速度后，BFM ＃1～＃4 将立即设置为默认值，这一操作将不考虑它们原有的数值。

（5）当 BFM＃20 被置 1 时，整个 FX_{2N}—4AD 的设定值均恢复到默认设定值。用它可以快速擦除不希望的增益和零点值。

（6）若 BFM＃21 的（b1，b0）两位设为（1，0），则禁止调整增益和零点；若 BFM ＃21 的（b1，b0）两位设为（0，1）（此为默认值），则可以改变增益和零点。

增益是指当数字输出为＋1000 时的模拟量输入值；零点是指当数字输出为 0 时的模拟量输入值。

（7）BFM＃23 和 BFM＃24 中设定的增益和零点值单位是 mV 或 μA，由于单元的分辨率，实际的响应将以 5mV 或 20μA 为最小单位值。该设定值会被送到指定的输入通道的增益和零点寄存器中，需要调整的输入通道由 BFM＃22 的 G、O（增益、零点）位的状态来指定。例如，若 BFM＃22 的 G1、O1 位置 1，则 BFM＃23 和 BFM＃24 的设定值即可送入通道 1 的增益零点寄存器。各通道的增益和零点既可以统一调整，也可以独立调整。

（8）BFM＃29 中各位的状态是 FX_{2N}—4AD 是否正常运行的信息。例如，b2 为 OFF 时，表示 DC 24V 电源正常，b2 为 ON 时，则电源有故障。用 FROM 将其读入，即可作相应处理。

（9）BFM＃30 中存储的是特殊功能模块的识别码，PLC 可用 FROM 读入。FX_{2N}—4AD 的识别码为 2010D。用户在程序中可以方便地利用这一识别码在传送数据前先确认该特殊功能模块。

二、FX_{2N}—2DA 模拟量输出模块

1. FX_{2N}—2DA 的特点及技术指标

FX_{2N}—2DA 模拟量输出模块用于将 12 位的数字量转换成 2 点模拟量输出，根据接线方法，模拟量输出可在电压或电流输出中选择，两个模拟量输出通道可接受的输出为 DC －10～10V 或 4～20mA（电压输出/电流输出的混合使用也是可以的）；数字量到模拟量的转换特性可以进行调整；此模块占用 8 个 I/O 点，使用 FROM/TO 与 PLC 进行数据交换；适用于 FX_{0N}、FX_{2N}、FX_{2N}子系列。

FX_{2N}—2DA 的技术指标见表 7-3。

表 7-3　FX_{2N}—2DA 技术指标

项　目	电压输出	电流输出
	2 通道模拟量输出，根据电流输出还是电压输出，使用不同端子	
模拟量输出范围	DC −10～10V （外部负载电阻 1～1MΩ）	DC 4～20mA （外部负载电阻 500Ω 以下）
数字输入	电压＝−2048～2047	电流＝0～1024
分辨率	5mV（10V×1/2000）	20μA（20mA×1/1000）
综合精确度	满量程 10V 的±1%	满量程 20mA 的±1%
转换速度	每通道 9ms（高速转换方式时为每通道 3.5ms）	
隔离方式	模拟电路与数字电路间有光电隔离。与基本单元间是 DC/DC 转换器隔离。通道间没有隔离	
模拟量用电源	DC 24V(1±10%)，130mA	
I/O 占有点数	程序上为 8 点（计输入或输出均可），由 PLC 供电的消耗功率为 5V、30mA	

2. FX_{2N}—2DA 的接线

FX_{2N}—2DA 的接线如图 7-2 所示，说明如下。

（1）模拟输出信号采用双绞线屏蔽电缆与外部执行机构连接，电缆应远离电源线或其他可能产生电气干扰的导线。

（2）当电压输出有波动或存在大量噪声干扰时，可以在模块的电压输出口接一个 0.1～0.47μF（25V）的电容。

（3）对于电压输出，应将 IOUT 端和 COM 端连接。

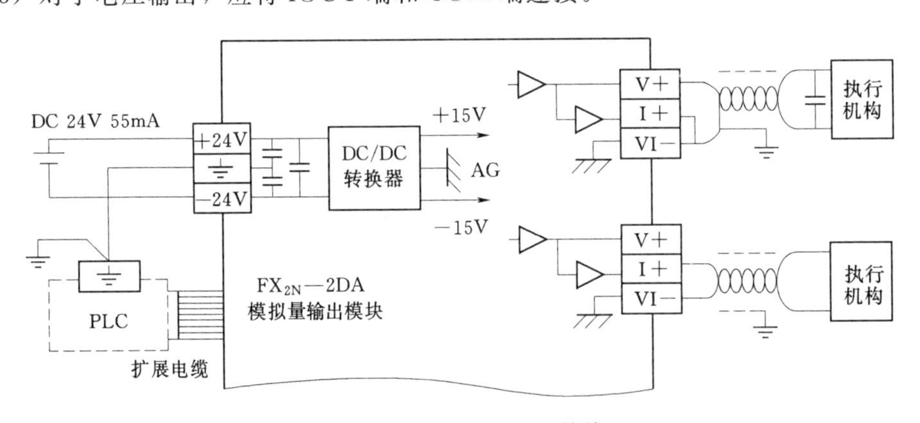

图 7-2　FX_{2N}—2DA 的接线

3. FX_{2N}—2DA 缓冲寄存器（BFM）

FX_{2N}—2DA 模拟量模块内部有一个数据缓冲寄存器区，它由 32 个 16 位的寄存器组成，编号为 BFM #0～#31，用来与 PLC 基本单元进行数据交换，其内容与作用见表 7-4。数据缓冲寄存器区内容可以通过 PLC 的 FROM 和 TO 指令来读、写。

(1) BFM#0 中的两位十六进制数 Hxx 分别用来控制两通道的输出模式，低位控制 CH1，高位控制 CH2，若 $x=0$，为电压输出（−10～10V）；$x=1$ 时，为电流输出（4～20mA）。例如，H10 表示 CH1 为电压输出，CH2 为电流输出。

表 7-4　　FX_{2N}—2DA 缓冲寄存器（BFM）的分配

<table>
<tr><th>BFM 编号</th><th colspan="5">内　容</th></tr>
<tr><td>#0（*）</td><td colspan="5">模拟量输出模块（电流/电压）默认值=H00</td></tr>
<tr><td>#1（*）</td><td>通道 1</td><td colspan="4" rowspan="2">存放输出数据</td></tr>
<tr><td>#2（*）</td><td>通道 2</td></tr>
<tr><td>#3～#4</td><td colspan="5">保留</td></tr>
<tr><td>#5（*）</td><td colspan="5">输出保持与复位　默认值=H00</td></tr>
<tr><td>#6～#15</td><td colspan="5">保留</td></tr>
<tr><td>#16</td><td colspan="5">输出数据的当前值（低 8 位数据）　存于 b7～b0</td></tr>
<tr><td>#17</td><td colspan="5">转换通道设置</td></tr>
<tr><td>#18～#19</td><td colspan="5">保留</td></tr>
<tr><td>#20（*）</td><td colspan="5">重置为默认设定值　默认设定值为=H0000</td></tr>
<tr><td>#21（*）</td><td colspan="5">禁止零点和增益调整　默认设定值=（0，1）（允许）</td></tr>
<tr><td rowspan="2">#22（*）</td><td rowspan="2">零点、增益调整</td><td>b3</td><td>b2</td><td>b1</td><td>b0</td></tr>
<tr><td>G2</td><td>O2</td><td>G1</td><td>O1</td></tr>
<tr><td>#23（*）</td><td colspan="5">设置零点值，单位为 mV 或 μA　默认设定值=0</td></tr>
<tr><td>#24（*）</td><td colspan="5">设置增益值，单位为 mV 或 μA　默认设定值=H5000</td></tr>
<tr><td>#25～#28</td><td colspan="5">保留</td></tr>
<tr><td>#29</td><td colspan="5">错误信息</td></tr>
<tr><td>#30</td><td colspan="5">识别码 3010D，可用 FROM 读出识别码来确认此模块</td></tr>
<tr><td>#31</td><td colspan="5">禁用</td></tr>
</table>

注　带（*）的缓冲寄存器可用 TO 写入，且通常是在 PLC 由 STOP 转为 RUN 状态时将数据写入这些 BFM 中。

(2) 输出数据写在 BFM#1 和 BFM#2 中。

(3) PLC 由 RUN 转为 STOP 状态后，FX_{2N}—2DA 的输出是保持最后的输出还是回零点，取决于 BFM#5 中的十六进制数值。若 BFM#5=H00，则 CH2 保持，CH1 保持；BFM#5=H01，则 CH2 保持，CH1 回零；BFM#5=H10，则 CH2 回零，CH1 保持；BFM#5=H11，则 CH2 回零，CH1 回零。

(4) BFM#16 的 b7～b0 用于输出数据的当前值（低 8 位数据）。

(5) BFM#17 用来进行通道转换设置。当 BFM#17 的 b0 位由 1 变成 0 时，CH2 的 D/A 转换开始；当 BFM#17 的 b1 位由 1 变成 0 时，CH1 的 D/A 转换开始；当 BFM#17的 b2 位由 1 变成 0 时，D/A 转换的低 8 位数据被保持。其余各位没有定义。

(6) BFM#20 被置 1 时，整个 FX_{2N}—2DA 的设定值均恢复到默认设定值。用它可以快速擦除不希望的增益和零点值。

(7) 若 BFM#21 的 (b1, b0) 两位设为 (1, 0), 则禁止调整增益和零点; 若 BFM#21 的 (b1, b0) 两位设为 (0, 1) (此为默认值), 则可以改变增益和零点。

(8) 在 BFM#23 和#24 中设定的增益和零点值单位是 mV 或 μA, 由于单元的分辨率, 实际的响应将以 5mV 或 20μA 为最小单位值。该设定值会被送到指定的输入通道的增益和零点寄存器中, 需要调整的输入通道由 BFM#22 的 G、O (增益、零点) 位的状态来指定。例如, 若 BFM#22 的 G1、O1 位置 1, 则 BFM#23 和#24 的设定值即可送入通道 1 的增益和零点寄存器。各通道的增益和零点寄存器既可以统一调整, 也可以独立调整。

(9) BFM#29 中各位的状态是 FX_{2N}—2DA 是否正常运行的信息。

(10) BFM#30 中存的是特殊功能模块的识别码, PLC 可用 FROM 指令读入。FX_{2N}—2DA 的识别码为 3010D。用户在程序中可以方便地利用这一识别码在传送数据前先确认该特殊功能模块。

4. FX_{2N}—2DA 零点与增益的调整

FX_{2N}—2DA 出厂时零点值和增益值已经设置为: 数字值为 0～4000, 电压输出为 0～10V。当 FX_{2N}—2DA 用作电流输出时, 必须重新调整零点值和增益值。零点值和增益值的调节是对数字值设置实际的输出模拟值, 可通过 FX_{2N}—2DA 的容量调节器, 并使用电压表和电流表来完成。

增益值可设置为 0～4000 的任意数字值。但是, 为了得到 12 位的最大分辨率, 电压输出时, 对于 10V 的模拟输出值, 数字值调整到 4000; 电流输出时, 对于 20mA 的模拟输出值, 数字值调整到 4000。

零点值也可根据需要任意进行调整。但一般情况下, 电压输入时, 零点值设为 0V; 电流输入时, 零点值设为 4mA。

调整零点与增益时应该注意以下几个问题:

(1) 对通道 1 和通道 2 分别进行零点调整和增益调整。

(2) 反复交替调整零点值和增益值, 直到获得稳定的数值。

(3) 当调整零点、增益时, 按照增益调整和零点调整的顺序进行。

三、模拟量输入/输出模块的应用

(一) 特殊功能模块的编号

模拟量输入、模拟量输出等特殊功能模块都可与 PLC 基本单元的扩展总线直接连接。

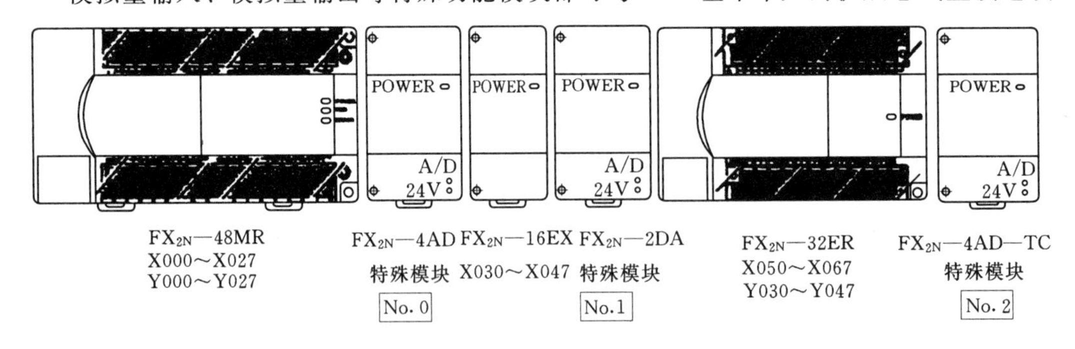

图 7-3　特殊功能模块的连接与编号

各模块与基本单元连接时统一编号，从最靠近基本单元的模块开始，按连接顺序从0～7对各特殊功能模块进行编号，最多可连接8个特殊功能模块。图7-3所示的连接方式中，FX_{2N}—4AD、FX_{2N}—2DA、FX_{2N}—4AD—TC的编号分别为0、1、2。

（二）特殊功能模块的读、写指令

1. 读特殊功能模块指令FROM（FNC78）

该指令的助记符、指令代码、操作数、程序步见表7-5。

表7-5　读特殊功能模块指令表

指令名称	助记符/功能代号	操作数				程序步
		m_1	m_2	D	n	
读特殊功能模块指令	FNC78 FROM	K、H（m_1=0～7）	K、H（m_2=0～31）	KnY、KnM、KnS、T、C、D、V、Z	K、H（n=1～32）	16位：9步 32位：17步

注　m_1为特殊功能模块的编号，m_1=0～7；m_2为该特殊功能模块中缓冲寄存器（BFM）首元件的编号，m_2=0～31；D为指定存放数据的首元件号；n为指定特殊功能模块与PLC基本单元之间待传送数据的字数，n=1～32（16位操作）或1～16（32位操作）。

如图7-4所示，当X0为ON时，将编号为0的特殊功能模块中编号从29开始的2个缓冲寄存器（BFM29、BFM30）的数据读入PLC，并存入D4开始的2个数据寄存器中（即D4、D5）。

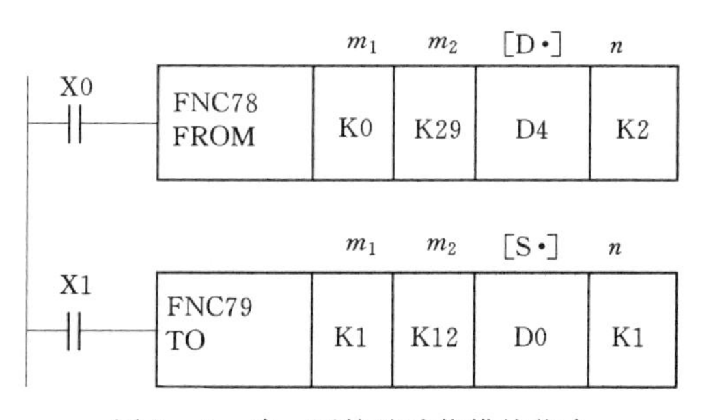

图7-4　读、写特殊功能模块指令

2. 写特殊功能模块指令TO（FNC79）

该指令的助记符、指令代码、操作数、程序步见表7-6。

表7-6　写特殊功能模块指令表

指令名称	助记符/功能代号	操作数				程序步
		m_1	m_2	S	n	
写特殊功能模块指令	FNC79 TO	K（m_1=0～7）	K、H（m_2=0～31）	K、H、KnX、KnY、KnM、KnS、T、C、D、V、Z	K、H（n=1～32）	16位：9步 32位：17步

注　m_1为特殊功能模块的编号，m_1=0～7；m_2为该特殊功能模块中缓冲寄存器（BFM）首元件的编号，m_2=0～31；S为指定基本单元读取数据的首元件号；n为指定特殊功能模块与PLC基本单元之间待传送数据的字数，n=1～32（16位操作）或1～16（32位操作）。

如图7-4所示，当X1为ON时，将PLC基本单元中从D0指定的元件开始的1个字的数据写到编号为1的特殊功能模块中编号12开始的1个缓冲寄存器中。

在执行读、写特殊功能模块指令时，若特殊辅助继电器M8028为ON，指令执行过程中允许中断，在此期间发生的中断在指令执行完后再执行；若M8028为OFF，指令执行过程中禁止中断。

(三) FX_{2N}—4AD的应用程序

1. 基本程序

假设通道FX_{2N}—4AD模块连接在特殊功能模块的0号位置，通道CH1和CH2用4～20mA的电流输入，CH3、CH4关闭，采样平均次数为6，数据存储器D10和D11用于接收采样平均值。则对应的基本程序如图7-5所示。

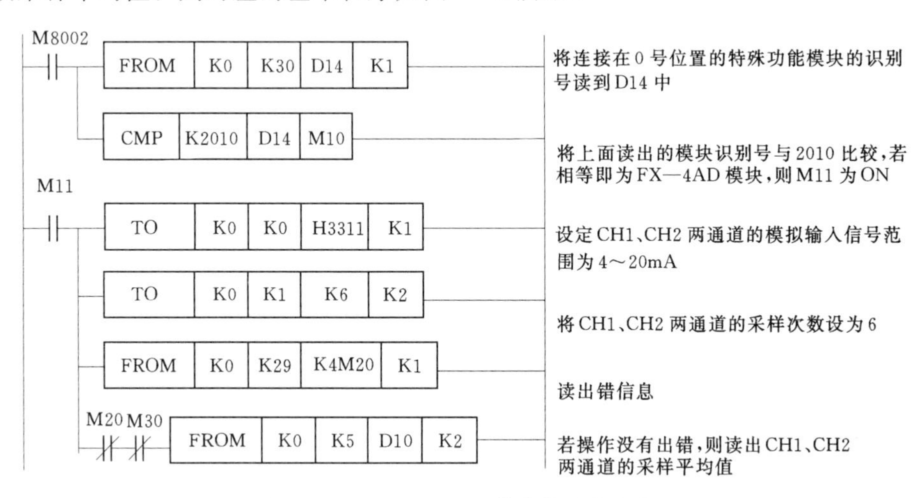

图7-5 FX_{2N}—4AD模块的基本程序

2. 通过软件调整零点和增益

假设FX_{2N}—4AD模块连接在0号功能模块位置，通道CH1、CH2均接收－10～10V的电压输入。则将输入通道CH1的零点和增益分别调整为0V和2.5V的梯形图如图7-6所示。

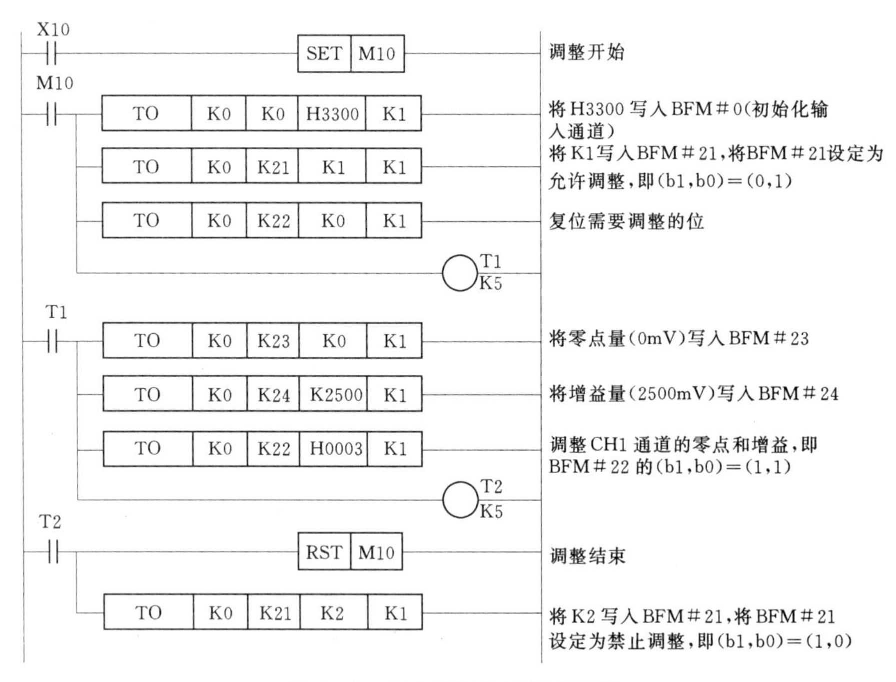

图7-6 零点和增益的调整举例

（四）FX_{2N}—2DA 的应用程序

假设 FX_{2N}—2DA 的模块被连接在 FX_{2N}系列 PLC 的 1 号特殊模块位置，通道 CH1 和通道 CH2 的数字数据分别被存放在数据寄存器 D10 和 D11 中。当输入 X0 接通时，通道 CH1 进行 D/A 转换；当输入 X1 接通时，通道 CH2 进行 D/A 转换。通道 CH1 进行 D/A 转换的梯形图如图 7－7 所示。请读者自己编出通道 CH2 进行 D/A 转换的梯形图。

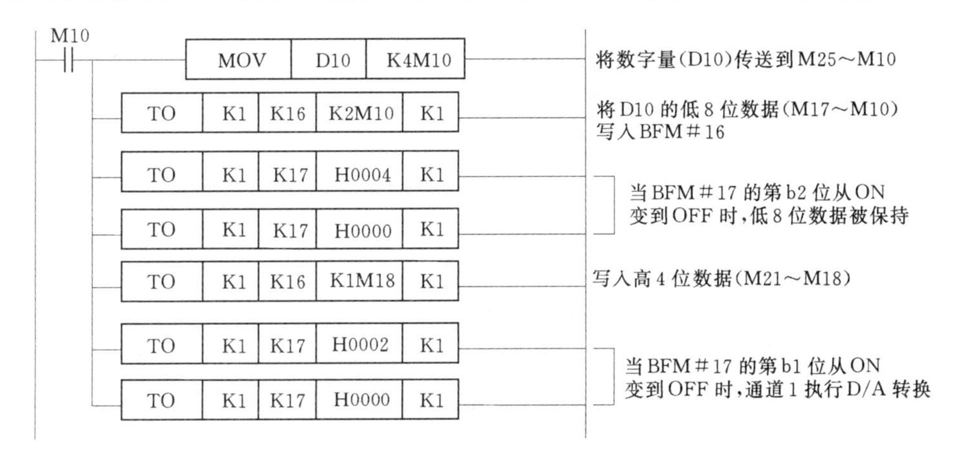

图 7－7　FX_{2N}—2DA 模块的编程

四、其他模拟量输入/输出模块介绍

1. 模拟量输入/输出功能模块 FX_{0N}—3A

FX_{0N}—3A 模拟量输入/输出功能模块有 2 个输入通道和 1 个输出通道。最大分辨率为 8 位。在输入/输出基础上选择的电压/电流由用户接线方式决定。FX_{0N}—3A 模块可连接到 FX_{2N}、FX_{2NC}、FX_{1N}和 FX_{0N}系列的 PLC 上。使用 FROM/TO 与 PLC 进行数据传输和参数设置，通过 FX_{0N}—3A 模块的软件控制调节。占用 PLC 扩展母线上的 8 个 I/O 点。最多 4 个 FX_{0N}—3A 模块可以连接到 FX_{0N}系列 PLC；最多 5 个可以连接到 FX_{1N}系列 PLC；最多 8 个可连接到 FX_{2N}系列 PLC；最多 4 个可以连接到 FX_{2NC}系列 PLC。其内部缓存器见表 7－7。

表 7－7　FX_{0N}—3A 模块的缓冲寄存器

BFM	b15～b8	b7	b6	b5	b3	b2	b1	b0
＃0	保留	存放由 BFM＃17 中 b0 位指定的 A/D 通道的当前输入数据值（8 位）						
＃16		存放 D/A 通道的当前输出数据值（8 位）						
＃17	保留					D/A 启动	A/D 启动	A/D 通道
＃1～＃15 ＃18～＃31	保留							

其中 BFM＃17：b0＝0，选择模拟输入通道 1；b0＝1，选择模拟输入通道 2；b1＝0→1，启动 A/D 转换；b2＝1→0，启动 D/A 转换。

FX_{0N}—3A 的使用如图 7－8 所示。

在图 7－8（a）中当 M0 为 ON 时，第一条 TO 指令将 H00 写入 BFM＃17，b0＝0 选

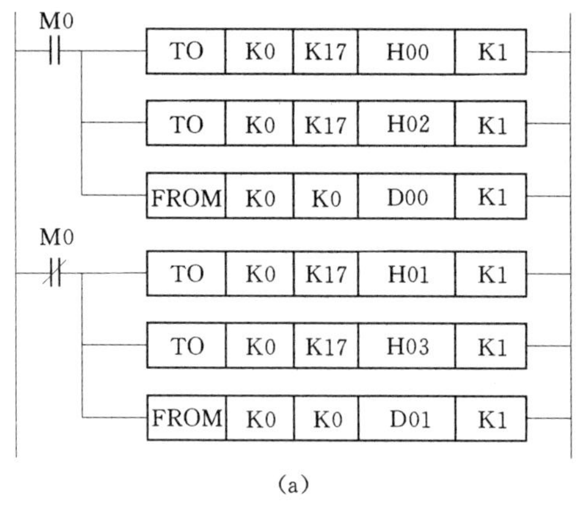

(a)

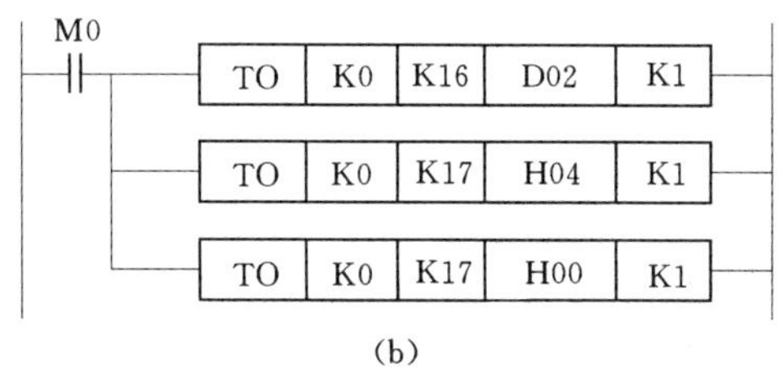

(b)

图 7－8　FX_{0N}—3A 模块的使用

择通道 1，第二条 TO 指令将 H02 写入 BFM ＃17，b1b0＝10 启动通道 1，开始 A/D 转换，FROM 指令读取 FX_{0N}—3A 通道 1 的模拟量并存入 D0。当 M0 为 OFF 时，读取通道 2 的模拟量输入并存入 D1。

在图 7－8（b）中，当 M0 为 ON 时，第一条 TO 指令将 D2 中的数字量写入 BFM＃16，该数字量将被 FX_{0N}—3A 转换为模拟量。后两条 TO 指令分别将 H04 和 H00 写入 BFM ＃17，使 b2＝1→0 启动 D/A 转换。

2. 模拟量输入模块 FX_{2N}—2AD

该模块为 2 路电压输入（DC 0～10V，DC 0～5V）或电流输入（DC 4～20mA），转换成 12 位的数字值，转换的速度为 2.5ms/通道。模拟量到数字量的转换特性可以调节。这个模块占用 8 个 I/O 点，它们可以分配为输入或输出，使用 FROM/TO 指令与 PLC 进行数据传输，适用于 FX_{0N}、FX_{2N}、FX_{2NC} 系列的 PLC。

3. 模拟量输入模块 FX_{2N}—8AD

该模块将 8 点模拟输入数值（电压输入、电流输入和温度输入）转换成数字值，并且把它们传输到 PLC 主单元。可以根据和 PLC 主单元连接的方法，用 TO 来设置输入模式，从而可以从电压输入、电流输入和热电偶输入（温度输入）中选择模拟信号。电压输入可以选择的范围为－10～10V，电流输入可选范围为－20～20mA 及 4～20mA，每个通道的输入特性可以调整。使用电压输入时的分辨率为 0.63mV（20V×1/32000）或者 2.50mV（20V×1/8000），使用电流输入时的分辨率是 2.50μA（40mA×1/16000）或 5.00μA（40mA×1/8000），而使用热电偶输入的分辨率是 0.1℃。最多可以将 2 个 FX_{2N}—8AD 单元连接到 FX_{0N} 主单元、FX_{0N} 扩展单元、FX_{1N} 主单元，最多 8 个 FX_{2N}—8AD 单元连接到一个 FX_{2N} 系列 PLC，最多 4 个 FX_{2N}—8AD 单元连接到一个 FX_{2NC} 系列 PLC。通过 FROM/TO 指令可以完成该模块的缓冲寄存器和 PLC 之间的数据传输。

4. 模拟量输入模块 FX_{2N}—4AD—PT

该模块与 PT100 型温度传感器匹配，将来自 4 个箔温度传感器（PT100，3 线，100Ω）的输入信号放大，并将数据转换成 12 位可读数据，存储在主处理单元（CPU）中。摄氏度和华氏度数据都可读取，读分辨率为 0.2～0.3℃或 0.36～0.54℉。它的内部有温度变送器和模拟量输入电路，可以校正传感器的非线性。转换速度为 15ms/通道。所有的数据传送和参数设置都可以通过 FX_{2N}—4AD—PT 的软件控制来调整，由 FX_{2N} 的 TO/FROM 指令来实现。FX_{2N}—4AD—PT 占用 FX_{2N} 系列 PLC 扩展总线的 8 个点，这 8

个点可分配成输入或输出。FX_{2N}—4AD—PT 模块消耗 FX_{2N} 系列 PLC 主单元或有源扩展单元 5V 电源槽 30mA 的电流。

5. 模拟量输入模块 FX_{2N}—4AD—TC

该模块与热电偶型温度传感器匹配，将来自 4 个热电偶传感器（类型为 K 或 J）的输入信号放大，并将数据转换成 12 位的可读数据，存储在主单元中，摄氏度和华氏度数据均可读取，读分辨率在类型为 K 时为 0.4℃或 0.72℉；类型为 J 时为 0.3℃或 0.54℉。4 个通道分别使用 K 型或 J 型，转换速度为 240ms/通道。所有的数据传输和参数设置都可以通过 FX_{2N}—4AD—TC 的软件组态完成，占用 FX_{2N} 系列 PLC 扩展总线 8 个 I/O 点，这 8 个点可分配为输入或输出。FX_{2N}—4AD—TC 模块消耗 FX_{2N} 系列 PLC 主单元或有源扩展单元 5V 电源槽 30mA 的电流。

6. 模拟量输出模块 FX_{2N}—4DA

该模块有 4 个输出通道，输出通道接收数字信号并转换成等价的模拟信号，其最大分辨率是 12 位。基于电压或电流的输入/输出的选择通过接线方式来完成，可选用的模拟值范围是 DC －10～10V（分辨率为 5mV），或者 0～20mA（分辨率为 20μA），可被每个通道分别选择。该模块和 FX_{2N} 系列 PLC 主单元之间通过缓冲存储器交换数据，该模块共有 32 个缓冲存储器（每个 16 位）。该模块占用 FX_{2N} 扩展总线的 8 个点，这 8 个点可以分配成输入或输出，其消耗 FX_{2N} 主单元或有源扩展单元 5V 电源槽的 30mA 电流。

第二节　定位控制单元模块

FX 系列 PLC 可通过脉冲输出形式的定位单元或模块进行一点的简单定位到多点的定位，对常见的步进电机或伺服电机可以进行简单的定位控制。定位控制单元模块主要有高速计数、脉冲输出、定位控制、旋转角度检测等控制模块。

一、高速计数模块 FX_{2N}—1HC

（一）FX_{2N}—1HC 的特点及技术指标

FX_{2N}—1HC 硬件高速计数模块可进行 2 相 50kHz 脉冲的计数。其计数速度比 PLC 内置的高速计数器（2 相 30kHz，1 相 60kHz）的计数速度高，可以直接进行比较和输出。

各种计数器模式可用 PLC 指令进行选择，如 1 相或 2 相，16 位或 32 位模式，只有这些模式参数设定后，FX_{2N}—1HC 高速计数单元才能运行。

输入信号必须是 1 相或 2 相编码器，可使用 5V、12V 或 24V 电源，也可使用初始设置命令输入（PRESET）和计数禁止命令输入（DISABLE）。

FX_{2N}—1HC 有两个输出，当计数器值与预置值一致时，输出设置为 ON，输出晶体管被单独隔离，以允许漏型或源型连接方法。

FX_{2N}—1HC 和 FX_{2N} 系列 PLC 之间的数据传输是通过缓冲存储器交换进行的，FX_{2N}—1HC 有 32 个缓冲存储器（每个为 16 位）。可用 FROM/TO 指令将设定值和瞬时值等读出或写入缓冲存储器。

FX_{2N}—1HC 占用 FX_{2N}、FX_{2NC} 系列 PLC 扩展总线的 8 个 I/O 点，这 8 个点可由输入

或输出进行分配。

FX_{2N}—1HC 的技术指标见表 7-8。

表 7-8　　FX_{2N}—1HC 的技术指标

项目		规格
输入	信号电平	根据接线端子可选取 5V、12V 或 24V
	频率	1 相 1 输入：50kHz 以下； 1 相 2 输入：各 50kHz 以下； 2 相输入：50kHz 以下/1 倍增；25kHz 以下/2 倍增；12.5kHz 以下/4 倍增
计数范围		32 位带符号二进制（－2147483648～2147483647）或 16 位无符号二进制（0～65535）
计数方式		自动加/减（1 相 2 输入或 2 相输入时）或选择加/减（1 相 1 输入时）
一致输出		YH：用硬件比较器实现设计值与计数值一致时产生输出； YS：用软件比较器实现一致输出（最大延时 300μs）
输出形式		NPN 集电极开路输出 2 点或 PNP 集电极开路输出 2 点，各为 DC 12～24V、0.5A
附加功能		由 PLC 采用参数方式设定及比较数据设定瞬时值，比较结果、出错状态可用 PLC 加以监视
输入/输出占有点数		程序上为 8 点（输入或输出任何 8 点均可），由 PLC 供电的消耗功率为 5V、70mA

（二）FX_{2N}—1HC 的接线

使用 PNP 型编码器时 FX_{2N}—1HC 单元的接线如图 7-9 所示。如果使用 NPN 输出编

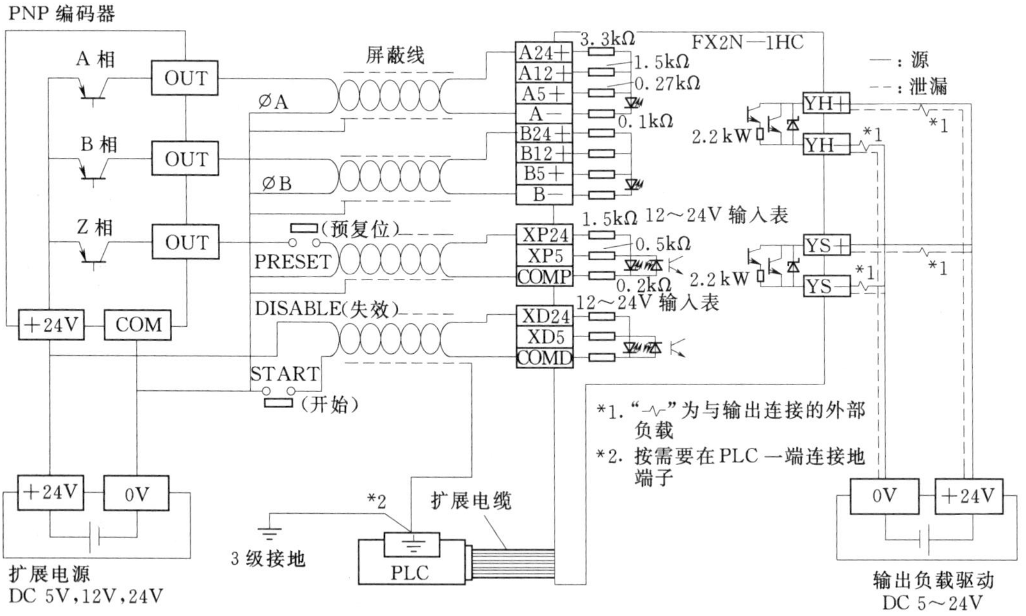

图 7-9　使用 PNP 输出编码器时 FX_{2N}—1HC 单元的接线

码器，要注意编码器端子极性与 FX_{2N}—1HC 单元端子极性的匹配。

（三）FX_{2N}—1HC 的缓冲寄存器（BFM）

FX_{2N}—1HC 模块共有 32 个缓冲寄存器（BFM），其分配见表 7－9。

表 7－9　　FX_{2N}—1HC 的缓冲寄存器分配

BFM 编号		内　容
写	#0	计数模式 K0～K11　默认值为：K0
	#1	增/减命令（1 相 1 输入模式）　默认值为：K0
	#3，#2	上、下限的数据值　默认值为：K65536
	#4	命令　默认值为：K0
	#11，#10	预设置数据高/低　默认值为：K0
	#13，#12	YH 比较值高/低　默认值为：K32767
	#15，#14	YS 比较值高/低　默认值为：K32767
读/写	#21，#20	计数器当前值高/低　默认值为：K0
	#23，#22	最大计数器高/低　默认值为：K0
	#25，#24	最小计数器高/低　默认值为：K0
读	#26	比较结果
	#27	端子状态
	#29	错误状态
	#30	代码号 4010D

各 BFM 的作用如下：

（1）BFM#0 用来设置 K0～K11 计数模式，见表 7－10。

表 7－10　　计 数 模 式

计数模式		32 位	16 位
2 相输入（相位差脉冲）	1 边沿计数	K0	K1
	2 边沿计数	K2	K3
	4 边沿计数	K4	K5
1 相 2 输入（加/减脉冲）		K6	K7
1 相 1 输入	硬件增/减计数	K8	K9
	软件增/减计数	K10	K11

1）2 相计数器（K0～K5）。

a. 1 边沿计数（K0，K1），如图 7－10（a）所示。当 A 相为 ON 时，若 B 相由 OFF 变成 ON，则计数器加 1；当 A 相为 ON 时，若 B 相由 ON 变成 OFF，则计数器减 1。

b. 2 边沿计数（K2，K3），如图 7－10（b）所示。当 A 相为 ON 时，若 B 相由 OFF 变成 ON，或者当 A 相为 OFF 时，若 B 相由 ON 变成 OFF，则计数器均加 1；反之，当 A 相为 ON 时，若 B 相由 ON 变成 OFF，或者当 A 相为 OFF 时，若 B 相由 OFF 变成 ON，则计数器均减 1。

c. 4 边沿计数（K4，K5），如图 7－10（c）所示。在 A、B 两相的每个上升沿或下降沿（4 个边沿），计数器均计一次数。

2）1 相 2 输入计数器（K6、K7）。当 A 相为 OFF 时，若 B 相从 OFF 变成 ON，则计数器加 1；当 B 相为 OFF 时，若 A 相从 OFF 变成 ON，则计数器减 1。

3）1 相 1 输入计数器（K8～K11）。硬件增/减计数方式由 A 相状态决定，当 A 相为

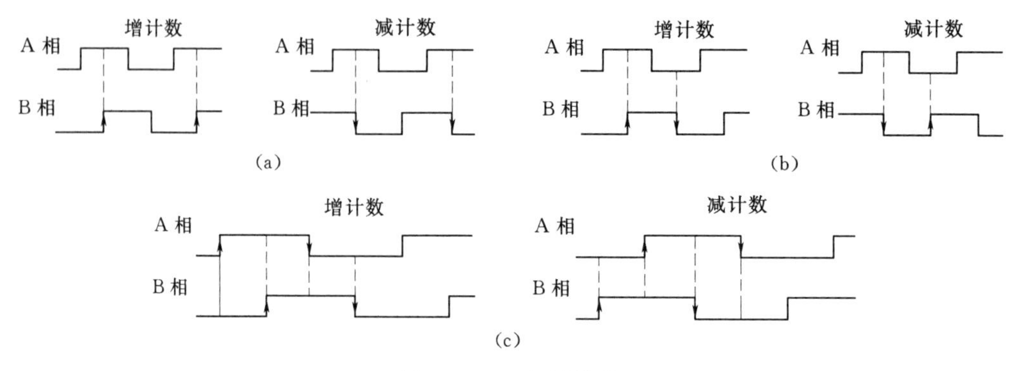

图 7-10　2 相计数器

OFF 时，B 相进行增计数；当 A 相为 ON 时，B 相进行减计数。软件增/减计数方式由 BFM#1 中的内容决定，当 BFM#1 中的内容为 K0 时，进行增计数，当 BFM#1 中内容为 K1 时，进行减计数。

(2) BFM#3、BFM#2 这两个 BFM 用来存储 16 位计数模式的计数范围，其允许值为 K2～K65536。在 FX_{2N}—1HC 模块中，由于计数数据总是以两个 16 位形式处理的，因此，即使对 16 位环形计数器的计数范围值，也要 32 位指令（DTO）来写入，如图 7-11 所示。

(3) BFM#4 存储以下命令：

1) 当 BFM#4 的第 b0 位为 ON，同时 DISABLE 输入端子为 OFF 时，计数器允许对输入脉冲进行计数；当 b0 位为 OFF 时，计数被禁止。

2) 当 BFM#4 的第 b1 位为 ON/OFF 时，允许/禁止 YH 输出。

3) 当 BFM#4 的第 b2 位为 ON/OFF 时，允许/禁止 YS 输出。

4) 当 BFM#4 的第 b3 位为 ON 时，YH 和 YS 输出互锁（即当 YH 为 1 时，YS 为 0；当 YS 为 1 时，YH 为 0）；当 b3 位为 OFF 时，YH 和 YS 输出互相独立（不互锁）。

5) 当 BFM#4 的第 b4 位为 ON/OFF 时，允许/禁止预先设置（PRESET）数据。

6) 当 BFM#4 的第 b8 位为 ON 时，所有的错误标志被复位。

7) 当 BFM#4 的第 b9 位为 ON 时，YH 输出被复位。

8) 当 BFM#4 的第 b10 位为 ON 时，YS 输出被复位。

9) 当 BFM#4 的第 b11 位为 ON 时，YH 输出被置位。

10) 当 BFM#4 的第 b12 位为 ON 时，YS 输出被置位。

当 b8～b12 位为 OFF 时，无动作。

(4) BFM#11、BFM#10 存放计数器的预先设定值。此设定值只有在 BFM#4 的第 b4 位为 ON，同时，当 PRESET 输入端由 OFF 变成 ON 时才有效，其默认值为 K0。

(5) BFM#13、BFM#12 用来存放 YH 输出比较值，其默认值为 K32767。当计数当前值等于此比较值时，若 BFM#4 的第 b1 位为 ON，则 YH 输出并保持为 ON，直到 BFM#4 的第 b9 位为 ON 时，YH 才复位。

(6) BFM#15、BFM#14 用来存放 YS 输出比较值，其默认值为 K32767。当计数当前值等于此比较值时，若 BFM#4 的第 b2 位为 ON，则 YS 输出并保持为 ON，直到 BFM#4 的第 b10 位为 ON 时，YS 才复位。

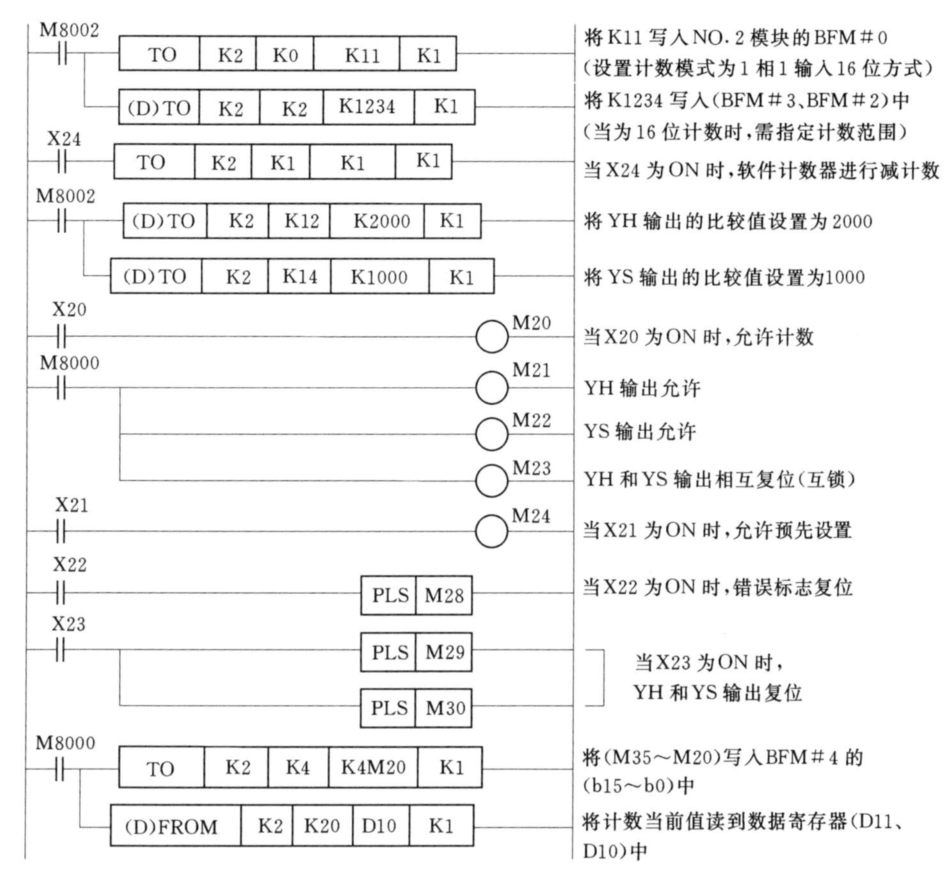

图7-11　FX_{2N}—1HC模块编程实例

（7）BFM#21、BFM#20用来存放计数器的当前值，其默认值为K0。

（8）BFM#23、BFM#22用来存放最大计数值，其默认值为K0。

（9）BFM#25、BFM#24用来存放最小计数值，其默认值为K0。

（10）BFM#26用来存放比较结果，见表7-11。

表7-11　BFM#26各位取值的含义

BFM#26		"0"（OFF）	"1"（ON）	BFM#26		"0"（OFF）	"1"（ON）
YH	b0	设定值≤当前值	设定值>当前值	YS	b3	设定值≤当前值	设定值>当前值
	b1	设定值≠当前值	设定值=当前值		b4	设定值≠当前值	设定值=当前值
	b2	设定值≥当前值	设定值<当前值		b5	设定值≥当前值	设定值<当前值

（11）BFM#27当预先置位输入（PRESET）为ON/OFF时，BFM#27的第b0位为ON/OFF；当失效输入（DISABLE）为ON/OFF时，BFM#27的第b1位为ON/OFF；当YH输出为ON/OFF时，BFM#27的第b2位为ON/OFF；当YS输出为ON/OFF时，BFM#27的第b3位为ON/OFF；BFM#27的第b4～b15位没有定义。

（12）BFM#29存放各种错误信息。错误标志可通过BFM#4的b8位复位。

（13）BFM#30存放FX—1HC模块的标志码4010D。

在上述 BFM 中，BFM＃0～BFM＃15 只可用 TO 指令写入数据；BFM＃20～BFM＃25既可读出，也可写入数据；BFM＃26～BFM＃30 只可用 FROM 指令读出数据。

（四）FX_{2N}—1HC 的应用程序

假设 FX_{2N}—1HC 模块为 FX_{2N}系列 PLC 的第 2 号特殊功能模块，其计数模式为 1 相 1 输入 16 位软件计数方式，则 FX_{2N}—1HC 模块的编程实例如图 7－11 所示。

二、脉冲输出模块 FX_{2N}—1PG

FX_{2N}—1PG 脉冲输出模块可以完成一个独立轴（不显示多轴之间的插补控制）的简单定位，这是通过向伺服或步进电动机的驱动放大器提供指定数量的脉冲（最大 100kHz）来实现的。每一个 FX_{2N}—1PG 都作为一个特殊的时钟起作用，并占用 8 点输出或输入与 PLC 进行数据传输，一个 PLC 可以连接多达 8 个 FX_{2N}—1PG，从而实现 8 个独立的操作。

FX_{2N}—1PG 脉冲输出模块主要计数指标如下：可输出最高频率为 100kHz 的脉冲；定位目标的追踪、运转速度及各种参数通过 PLC 用 TO/FROM 指令设定；除脉冲序列输出外，还备有各种高速响应的输出端子，其他的输入/输出通常需要通过 PLC 进行控制；编制定位用程序不需专用程序设计工具，用 PLC 的程序就可控制。定位数据的设定和瞬时位置的显示均可通过 PLC 实现。

FX_{2N}—1PG 主要性能规格见表 7－12。

表 7－12　　FX_{2N}—1PG 主要性能规格

项　目		规　格
驱动轴数		独立 1 轴
最大频率		100kHz
编程语言		顺控程序（FROM/TO 指令）
定位指令	点动运行	√
	原点回归	（有 DOG 搜索功能）
	单速定位	√
	段速定位	√
	中断单速定位	√
	中断双速定位	√
	可变速运行	√（没有缓冲启动、停止）
	中断	×
	多段速运行	×
	位置对速度运行	×
脉冲输出形式		正转脉冲/反转脉冲或脉冲串＋方向
连接手动脉冲发生器		√
单独使用		（作为特殊模块连接 PLC）
ABS（绝对位置）当前值读取		顺控程序可以
连接台数	FX	√最多 8 台
	FX_C	√最多 4 台（要 FX_C—CNV—IF）

FX_{2N}—1PG 脉冲输出模块与 FX 型 PLC 组成的定位控制系统如图 7-12 所示。

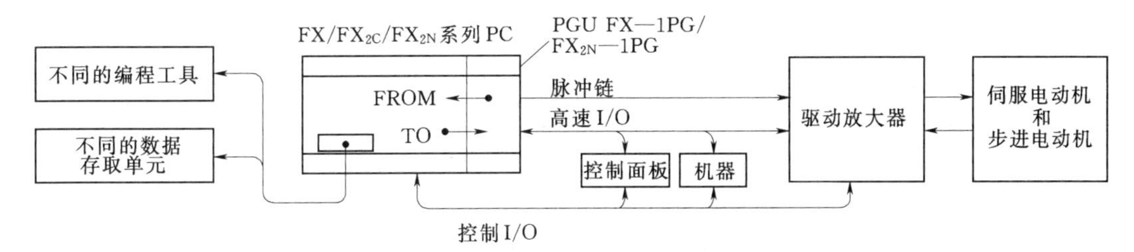

图 7-12　FX_{2N}—1PG 与 FX 型 PLC 组成定位控制系统示意图

三、定位专用单元 FX_{2N}—10GM 和 FX_{2N}—20GM

FX_{2N}—10GM 和 FX_{2N}—20GM 定位控制器均为输出脉冲序列的专用单元，定位控制器允许用户使用步进电动机或伺服电动机，并通过驱动单元进行控制定位。

FX_{2N}—10GM 能够独立进行 1 轴定位控制，也可以连接带绝对位置检测功能的伺服放大器或连接手动脉冲发生器等，连接两台以上时可以进行多轴的单独操作，可以脱离 PLC 自己单独运行。

FX_{2N}—20GM 具有直线插补的 2 轴定位专用单元。配备了各种定位模式，也可以连接带绝对位置检测功能的伺服放大器或连接手动脉冲发生器等。连接 2 台以上时可以进行多轴的单独操作，可以脱离 PLC 自己单独运行。

FX_{2N}—10GM 和 FX_{2N}—20GM 的主要性能规格见表 7-13。

表 7-13　FX_{2N}—10GM 和 FX_{2N}—20GM 性能规格

项　目		FX_{2N}—10GM	FX_{2N}—20GM
驱动轴数		独立 1 轴	2 轴（独立/同时）
最大频率		200kHz	200kHz（插补时为 100kHz）
编程语言		Cod 编号方式，表格方式	Cod 编号方式
定位指令	点动运行	√	√
	机械/电气原点回归	有 DOG 搜索功能	有 DOG 搜索功能
	单速定位	√	√
	多段速运行	√	√（使用直线插补指令只可以运行单轴）
	中断停止	√	√
	中断单速定位	√	√
	中断双速定位	√	√
	线性/圆弧插补	×	√
脉冲输出形式		正转脉冲/反转脉冲或脉冲串＋方向	正转脉冲/反转脉冲或脉冲串＋方向
连接手动脉冲发生器		√	√
ABS 当前值读取		√	√
单独使用		√	√
单独使用时的扩展		×	√

续表

项目		FX_{2N}—10GM	FX_{2N}—20GM
连接台数	FX_{2N}	√最多8台	√最多8台
	FX_{2NC}	√最多4台（要FX_C—CNV—IF）	√最多4台（要FX_C—CNV—IF）

与PLC连接时，使用FX_{2N}—GM—5EC电缆或FX_{2N}—GM—65EC电缆，将FX_{2N}—10GM或FX_{2N}—20GM单元连接到PLC主单元。FX_{2N}系列PLC最多连接8个定位单元，FX_{2NC}系列PLC最多连接4个定位单元。在一个系统中仅能使用一条FX_{2N}—GM—65EC扩展电缆（650mm）。图7-13所示为FX_{2N}—10GM单元与PLC的连接，图7-14所示为FX_{2N}—20GM单元与PLC的连接。

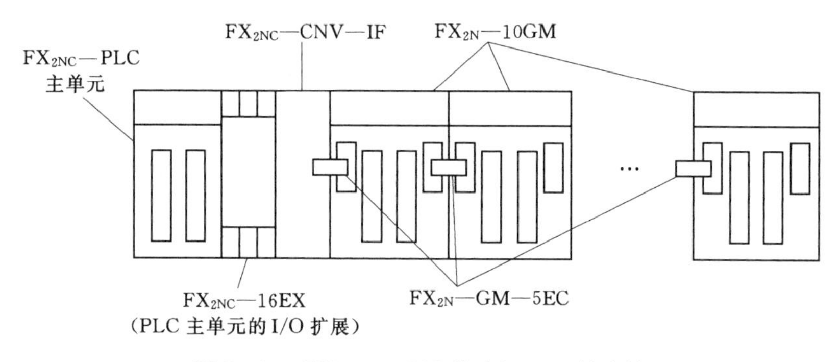

图7-13 FX_{2N}—10GM单元与PLC的连接

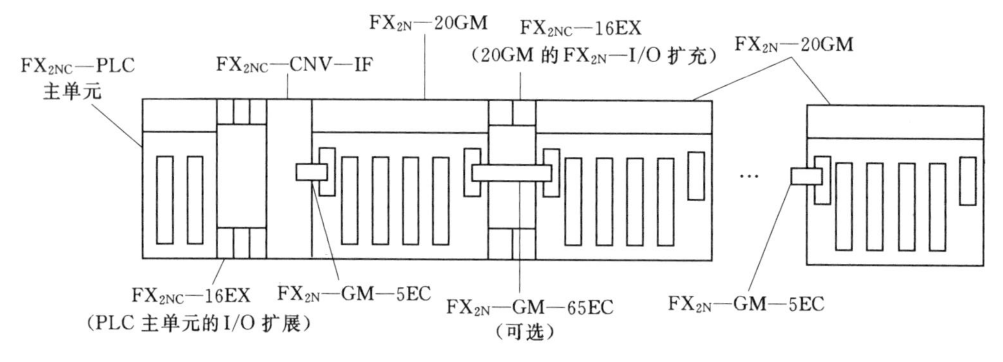

图7-14 FX_{2N}—20GM单元与PLC的连接

四、可编程凸轮开关FX_{2N}—1RM—SET

在机械传动控制中经常要对角位置进行检测。在不同的角度位置时发出不同的导通、关断信号。过去采用机械凸轮开关。机械式开关虽精度高但易磨损。FX_{2N}—1RM—SET可编程凸轮开关可用来取代机械凸轮开关实现高精度角度位置检测。配套的转角传感器电缆长度最长可达100m。应用时与其他可编程凸轮开关主体、无刷分解器等一起可进行高精度的动作角度设定和监控，其内部有EEPROM，无需电池，可储存8种不同的程序。FX_{2N}—1RM—SET可接在FX_{2N}上，也可单独使用。FX_{2N}最多可接3块。它在程序中占用PLC 8个I/O点。

FX_{2N}—1RM—SET 可编程凸轮开关规格见表 7－14。

表 7－14　　FX_{2N}—1RM—SET 可编程凸轮开关规格

项　　目	内　　容
电　源　规　格	
额定电压	DC 24V＋（10％～15％）
功率消耗	3W（单体），5W（输出 32 点 ON 点时）
突入电流	300mA（单体），400mA（输出 32 点 ON 点时）
分　解　器　规　格	
励磁方式	2 相励磁、1 相输出（5000Hz）
允许机械转速	3000r/min
电缆长度	最大 100m
保护结构	IP52（JEM1030）
环境温度	－10～85℃
主　体　性　能　规　格	
运行状态	作为特殊单元扩展到 PLC，或单独使用（增加接口连接到 CC－LINK）
程序内存	内置 EEPROM 存储器（无电池）
凸轮输出点数	输出最大 48 点（需要输出扩展。输出同时，为 ON 点数在 32 点以下）
检测器	F2—720RSV 型无电刷分解器
控制分辨率	720 分度/r（0.5°）或 360 分度/r（1°）
响应速度	415r/min（0.5°），或 830r/min（1°）
程序存储单元数	8 个存储单元（PLC 指定）或 4 个存储单元（外部输入指定）
设定器	专用数据设定单元
ON/OFF 次数	8 次/1 凸轮输出
输入信号	DC 24V＋10％ 7mA/DC 24V 接点输入或 NPN/PNP 集电极输入
输入/输出占用点数	占用 PLC8 点输入或输出
与 PLC 的通信	用 FROM/TO 指令通过缓存执行
驱动电源	DC 24V＋(10％～15％) 5W
连接台数	FX_{2N}最多 3 台

第三节　其他特殊功能模块

一、PID 过程控制模块 FX_{2N}—2LC

在工业控制中，PID 控制（比例-积分-微分控制）得到了广泛的应用。三菱公司推出的 FX_{2N}—2LC 特殊功能模块，能完成 PID 运算的控制。其控制系统结构如图 7－15 所示。

FX_{2N}—2LC 模块主要用在温度控制系统中。该模块配有 2 通道的温度输入（热电偶输入或铂温度传感器输入）和 2 通道晶体管输出，通道之间相互隔离，即一块能组成两个

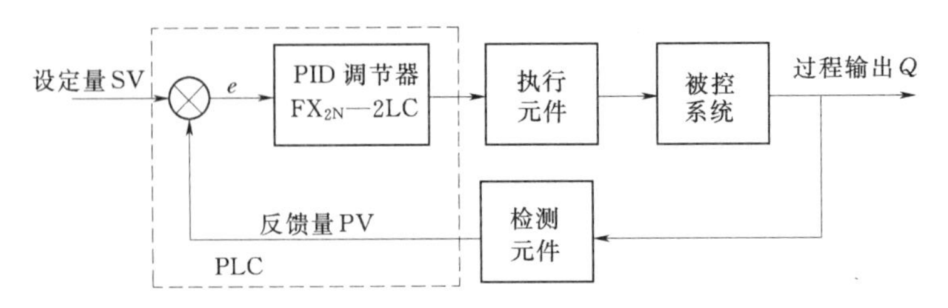

图7-15　PID控制系统结构框图

温度调节系统。FX_{2N}—2LC可完成二级简易的PID运算控制，设置响应的状态可选择快、中、慢。通过内部的缓冲器可完成PID运算常数的设置和选择。使用时可参考FX_{2N}有关操作手册。

二、通信模块

PLC的通信模块是用来完成与其他PLC、智能控制设备或计算机之间的通信。以下简单介绍FX系列通信用功能扩展板、适配器及通信模块。

（1）通信扩展板FX_{2N}—232—BD。FX_{2N}—232—BD是以RS—232C传输标准连接PLC与其他设备的接口板，如个人计算机、条码阅读器或打印机等，可安装在FX_{2N}内部。其最大传输距离为15m，最高波特率为19200bit/s，利用专用软件可实现对PLC运行状态监控，也可方便地由个人计算机向PLC传送程序。

（2）通信接口模块FX_{2N}—232IF。FX_{2N}—232IF连接到FX_{2N}系列PLC上，可实现与其他配有RS—232C接口的设备进行全双工串行通信，如个人计算机、打印机、条形码读出器等。在FX_{2N}系列上最多可连接8块FX_{2N}—232IF模块。用FROM/TO指令收、发数据。最大传输距离为15m，最高波特率为19200bit/s，占用8个I/O点。数据长度、串行通信波特率等都可由特殊数据寄存器设置。

（3）通信适配器FX—232ADP。FX—232ADP是一种以无约规方式与各种RS—232C装置通信的适配器，与FX_{2N}、FX_{2NC}系列PLC连接使用，安置在PLC左侧的串行口。一台PLC可连接一台FX—232ADP。

（4）通信扩展板FX_{2N}—422—BD。FX_{2N}—422—BD应用于RS—422通信。可连接FX_{2N}系列的PLC上，并作为编程或控制工具的一个端口。可用此接口在PLC上连接PLC的外部设备、数据存储单元和人机界面。利用FX_{2N}—422—BD可连接两个数据存储单元（DU）或一个DU系列单元和一个编程工具，但一次只能连接一个编程工具。每一个基本单元只能连接一个FX_{2N}—422—BD，且不能与FX_{2N}—485—BD或FX_{2N}—232—BD一起使用。

（5）通信扩展板FX_{2N}—485—BD。FX_{2N}—485—BD用于RS—485通信方式。它可以应用于无协议的数据传送。FX_{2N}—485—BD在原协议通信方式时，利用RS在个人计算机、条码阅读器、打印机之间进行数据传送。传送的最大传输距离为50m，最高波特率也为19200bit/s。每一台FX_{2N}系列PLC可安装一块FX_{2N}—485—BD通信板。除利用此通信板实现与计算机的通信外，还可以用它实现两台FX_{2N}系列PLC之间的并联。

（6）通信适配器FX_{0N}—485ADP。FX_{0N}—485ADP是光隔离型通信适配器，传输距离为 500m，最大传输速率为 19200bit/s。如果与 FX_{2N}—CNV—BD 一起使用也可用于 FX_{2N} 系列。

（7）接口单元 FX—485PC—IF—SET。FX—485PC—IF—SET 用于将 RS—232C 信号转换为 RS—485 信号，以便有 RS—232C 通信接口的计算机与 FX 系列或 A 系列 PLC 通信。

（8）接口单元 FX—232AW。FX—232AW 可将 RS—232C 信号和 RS—422 信号进行转换，使通用计算机与 PLC 之间实现数据的传送。

（9）并行通信适配器 FX—40AP、FX—40AW。FX—40AP、FX—40AW 安装在 FX_{2N}、FX_{2NC} 系列 PLC 的左侧，其使用方法参见技术手册。

三、网络通信特殊功能模块

FX 系列 PLC 除了可以与常见的外围设备通信外，还可以实现远程的 I/O 控制及通信。

1. FX_{2N}—16CCL—M，CC—Link 系统主站模块

CC—Link（control communication link）为三菱公司的一种现场总线网络。CC—Link 系统通过使用专用的电缆将分散在不同地点的 I/O 模块、特殊功能模块等控制设备连接起来，并通过 PLC 的 CPU 来控制这些相应的模块，以实现高速的网络通信、远距离控制、节省配线等作用。

CC—Link 系统 FX_{2N}—16CCL—M 主站模块是特殊扩展模块，它将 FX 系列 PLC 分配作为 CC—Link 系统中的主站。

多达 7 个远程 I/O 站以及 8 个远程设备站可以连接到主站上。通过使用 CC—Link 接口模块 FX_{2N}—32CCL，两个或两个以上的 FX 系列 PLC 可以作为远程设备站进行连接，形成一个简单的分散系统。

2. FX_{2N}—32CCL，CC—Link 接口模块

CC—Link 系统 FX_{2N}—32CCL 接口模块是一个用来将 $FX_{1N/2N/2NC}$ 系列 PLC 连接到 CC—Link 系统的接口特殊模块。

使用 FROM/TO 指令对 FX_{2N}—32CCL 模块的缓冲寄存器进行读、写。FX_{2N}—32CCL 模块作为 CC—link 的一个远程设备站进行连接。连线采用双绞屏蔽电缆。FX_{2N}—32CCL 模块占用 FX 系列 PLC 中 8 个 I/O 点数（包括输入和输出）。

3. FX_{2N}—16LNK—M，远程 I/O 连接系统主站模块

FX_{2N}—16LNK—M 主站模块是一个用来将各个远程 I/O 站连接到 CC—link 系统的接口特殊模块。

最大规模为 128 点，传送距离最长为 200m。主站模块以及远程 I/O 单元可以用双绞线或者绝缘电缆进行连接。不需要终端电阻，网络为自有拓扑结构。其中的一个远程 I/O 单元出现故障，也不影响整个系统。分配到每一个远程 I/O 单元上的输入（X）和输出（Y）元件与通常的 I/O 设备上的 I/O 元件相同，可以同样的方式驱动，而不需要特殊的通信程序。该远程 I/O 单元可用于三菱 A 系列 PLC。

4. FX_{2N}—32DP—IF，PROFIBUS 总线接口

FX_{2N}—32DP—IF 接口模块是用于将一个 FX_{2N} 数字 I/O 专用功能模块直接连接到

PROFIBUS—DP 网络上的特殊模块。

可以提供高达 12Mbit/s 的速度。一个 PROFIBUS—DP 总线主站上的数字量或者模拟量可以由任一提供的 I/O 模块和专用功能模块进行接收或发送。该模块上最多可以连接高达 256 个 I/O 点或者 8 个专用功能模块，但会受到主站数据运送能力和供电能力的限制。

网络通信特殊功能模块的使用参见有关通信手册。

习题及思考题

7-1　FX 系列 PLC 特殊功能模块有哪些？举例写出 5 种特殊功能模块。

7-2　要求 3 点模拟输入采样，并求其平均，并将该值作为模拟量输出值予以输出。此外，将 0 号通道输入值与平均值之差，用绝对值表示。然后再将差值加倍，作为另一模拟量输出。试选用 PLC 特殊功能模块，并编写程序。

7-3　假设 FX_{2N}—2DA 模块被连接到 FX_{2N} 系列 PLC 的 3 号特殊功能模块位置，通道 1 和通道 2 的数字数据分别被存放在数据寄存器 D100 和 D101 中。当输入 X1 接通时，通道 2 进行 D/A 转换。试编写通道 2 进行 D/A 转换的梯形图程序。

7-4　假设 FX_{2N}—1HC 模块为 FX_{2N} 系列 PLC 的第 4 号特殊功能模块，其计数模式为 1 相 2 输入 32 位方式，并设 YH 和 YS 输出相互独立。试编写该模块的梯形图程序。

7-5　在什么情况下要使用高速计数模块？

7-6　在特殊功能模块中经常要用到 PLC 的功能指令 FROM 和 TO，解释这两条指令的含义。

7-7　FX_{2N}—4AD 和 FX_{2N}—2DA 各自的识别码是多少？

第八章　可编程控制器外围接口电路技术

第一节　可编程控制器的输入接口电路技术

PLC 的控制系统中有输入/输出设备，常见的输入组件有按钮、行程开关、转换开关、接近开关、霍尔开关、拨码开关、各种传感器等。正确地连接输入/输出电路，是保证 PLC 安全、可靠工作的前提。

一、可编程控制器与开关等输入组件的连接

三菱 FX 系列 PLC 基本单元的输入端子与按钮开关、限位开关等的接口如图 8－1 所示。按钮（或开关）的两头，一头接到 PLC 的输入端（如 X0、X1…），另一头接在一起接到公共端上（COM 端）。

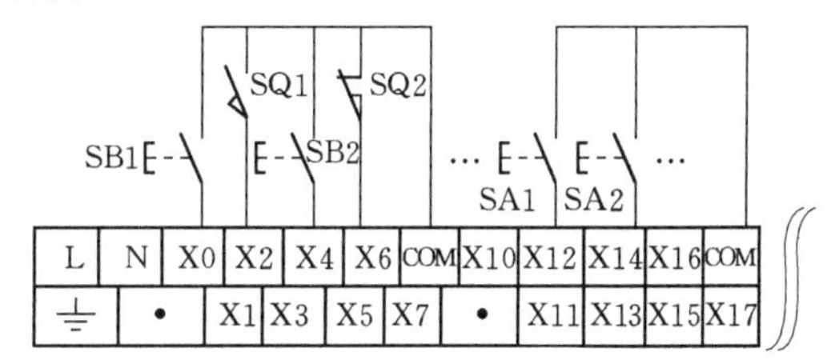

图 8－1　PLC 与按钮开关接线

二、可编程控制器与拨码开关的接口电路

拨码开关在 PLC 控制系统中常常用到，图 8－2 所示为一位拨码开关的示意图。拨码开关有两种：一种是 BCD 码拨码开关，即拨码数值从 0～9，输出为 8421 BCD 码；另一种是十六进制码，即从 0～F，输出为二进制码。拨码开关可以方便地进行数据变更，直观明了。如控制系统中需要经常修改数据，可使用拨码开关组成一组拨码器与 PLC 相接，图 8－3 所示是 4 位拨码开关与 PLC 的连接示意。

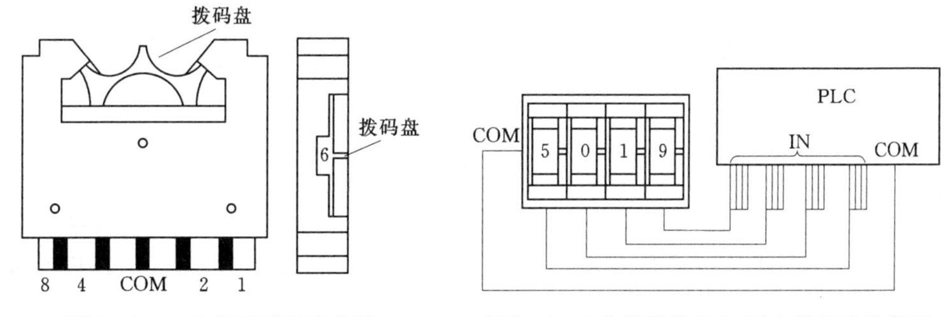

图 8－2　一位拨码开关示意图

图 8－3　4 位拨码开关与 PLC 的连接示意图

在图 8－3 中，4 位拨码器的 COM 端连在一起与 PLC 的 COM 端相接。每位拨码开关的 4 条数据线按一定顺序接到 PLC 的 4 个输入点上。这种方法占用 PLC 的输入点较多，因此若不是十分必要的场合，一般不要采用这种方法。

三、可编程控制器与旋转编码器的输入接口

旋转编码器可以提供高速脉冲信号，在数控机床及工业控制中经常用到。不同型号的旋转编码器，其输出的频率不同，相数也不一样。有的编码器输出A、B、Z三相脉冲，有的只有两相脉冲，有的只有一相脉冲（如A相），频率有100Hz、200Hz、1kHz、2kHz等。频率相对低时，PLC可以响应，频率高时，PLC就不能响应。此时，编码器的输出信号要接到特殊功能模块上，如用FX_{2N}—1HC高速计数模块。

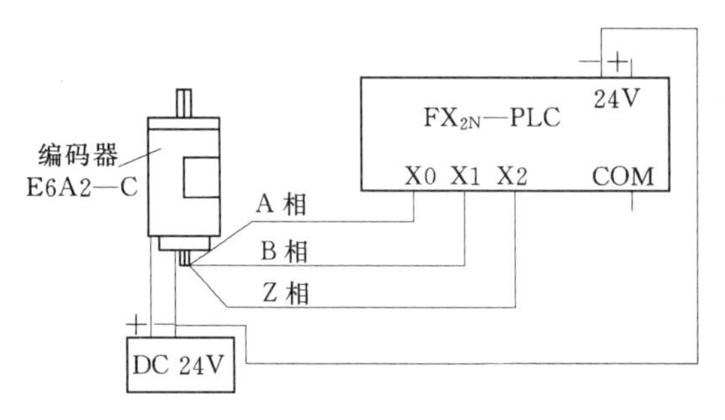

图8－4　旋转编码器与PLC的接口示意图

图8－4所示为FX_{2N}—PLC与E6A2—C系列旋转编码器的接口示意图。

四、可编程控制器与传感器组件的接口电路

传感器的种类很多，其输出方式也各不相同。接近开关、光电开关、磁性开关等为两线式传感器。霍尔开关为三线式传感器。它们与PLC的接口电路分别如图8－5所示。

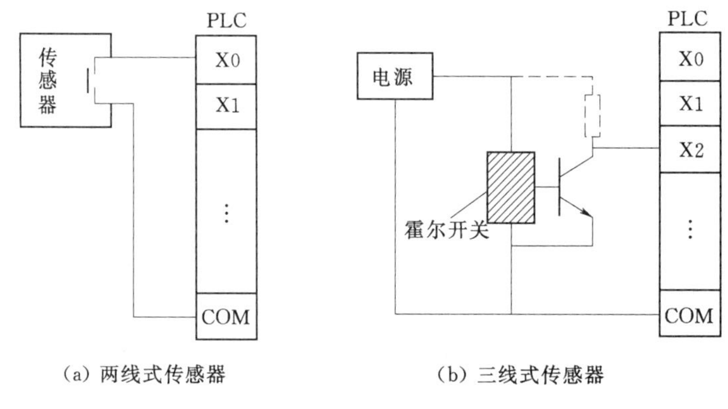

(a) 两线式传感器　　(b) 三线式传感器

图8－5　PLC与传感器组件的接口电路

第二节　可编程控制器的输出接口电路技术

一、输出接口电路

PLC的输出方式有3种：一是继电器方式；二是晶体管方式；三是晶闸管方式。这3种PLC输出模块所接的外部负载也各不相同，继电器方式输出可以接交流负载或直流负载；晶体管方式输出仅能接直流负载；晶闸管方式输出仅能接交流负载。其接口电路分别如图8－6所示。

二、输出负载的抗干扰措施

PLC与外接感性负载连接时，为了防止其误动作或瞬间干扰，对感性负载要采取抗干扰措施。若是直流接口电路，要在直流感性负载两端并联二极管，如图8－7（a）所示。并联的二极管可选1A的管子，其耐压值大于负载电源电压的5～10倍。接线时要注

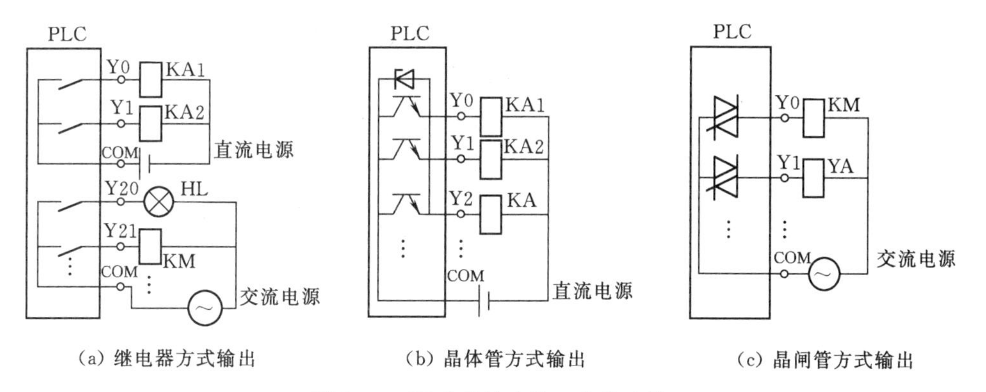

(a) 继电器方式输出　(b) 晶体管方式输出　(c) 晶闸管方式输出

图 8－6　PLC 的输出接口电路连接

意二极管的极性。若是交流感性负载，要与负载并联阻容吸收电路，如图 8－7（b）所示。阻容吸收电路的电阻可选 51～200Ω，功率为 2W 以上，电容可取 0.1～0.47μF，耐压值应大于电源的峰值电压。

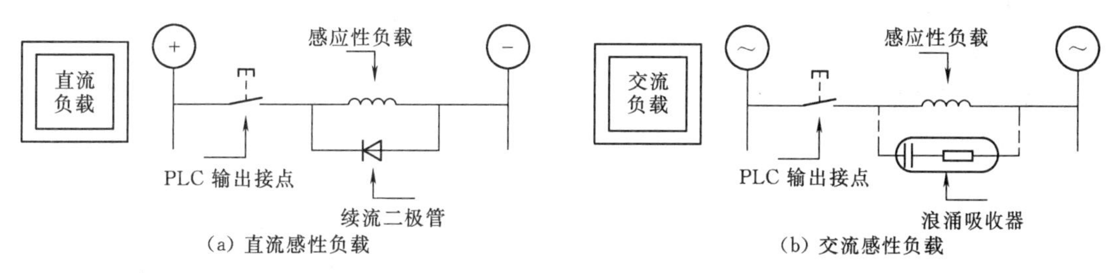

(a) 直流感性负载　(b) 交流感性负载

图 8－7　输出负载的抗干扰措施

第三节　可编程控制器电源及输入/输出接口的性能参数

一、可编程控制器电源电路

PLC 控制系统的电源除交流电源外，还包括 PLC 的直流电源。一般情况下，交流电源可直接与电网相连，而输入设备（开关）的直流电源和输出负载的直流电源等最好分别采用独立的直流供电电源，如图 8－8 所示。如果所需输入或输出电流不是很大，也可以使用 PLC 自带电源。

二、输入/输出接口的电流定额

PLC 自带的输入接口电源一般为直流 24V。输入接口每一点的电流定额一般为 7mA，这个电流是输入口短接时产生的最大电流（端口本身存在阻抗）。当输入接口上接有一定阻抗的负载时，其流过的电流就要减少，PLC 输入口信号传递所需的最小电流一般为 2mA 左右，这样就规定了输

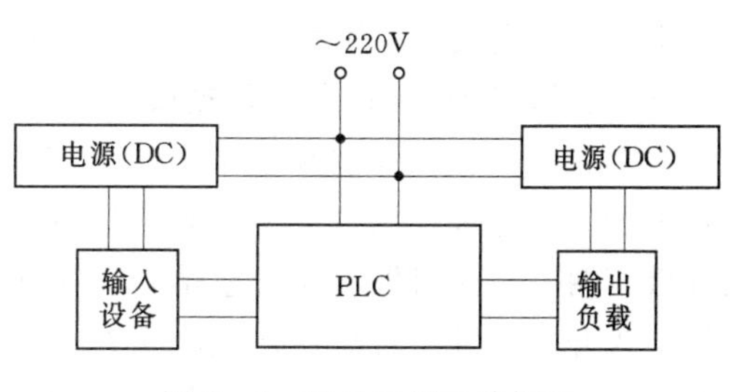

图 8－8　PLC 电源电路框图

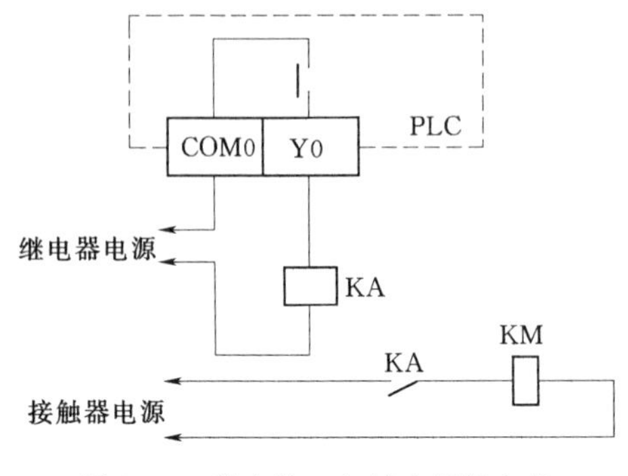

图 8-9　输出接口加接中间继电器

入接口接入的最大阻抗。为了保障最小有效电流，输入接口所接器件的总阻抗要小于 2kΩ。从另一方面说，输入接口机内电源功率一般只有几瓦，当输入接口所接的传感器所需功率较大时，需另配专用电源供电。

PLC 输出口所能通过的最大电流随机型的不同而不同，一般为 1A 或 2A。当负载电流定额大于端口电流最大值时，需增加中间继电器。图 8-9 所示为增加中间继电器时的线路连接。

三、输入/输出接口及端口设备的安全保护

PLC 输入接口电压定额一般接有直流 24V。有一些输入接口（如三菱 FX 系列 PLC）是不接电源的。输出接口的电压定额常接工频低压交流电源和直流电源。当输出接口端连接电感类设备时，为了防止电路关断时刻产生高电压，对输入、输出接口造成破坏，应在感性组件两端加接保护组件。对于直流电源，应并接续流二极管，对于交流电路应并接阻容电路。阻容电路中电阻可取 51～120Ω，电容可以取 0.1～0.47μF。电容的额定电压应大于电源的峰值电压，续流二极管可以选 1A 的管子，其额定电压应大于电源电压的 3 倍。图 8-10 所示为输出口接有保护器件的情况。

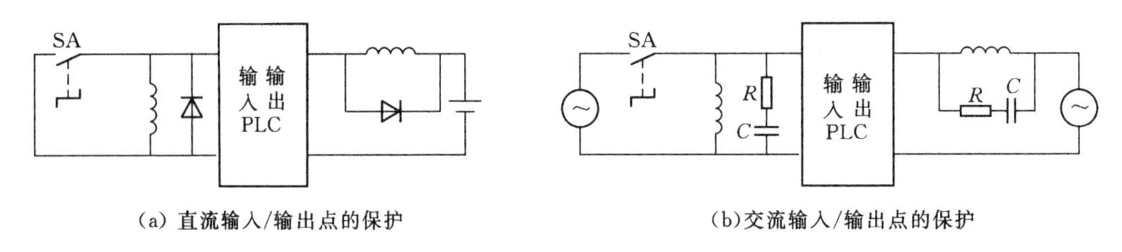

(a) 直流输入/输出点的保护　　(b)交流输入/输出点的保护

图 8-10　输入/输出接口的保护

（R=51～120Ω；C=0.1～0.47μF）

第四节　输入/输出接口的利用及扩展

在 PLC 控制工程中，输入/输出接口及机内的各类组件都是工程资源。如何充分利用有限的资源，做好的、大的、多的工作是很重要的。资源不会凭空产生，接口的扩展核心是以丰补欠，也就是说用系统中多余的资源弥补不足的资源。

一、利用 COM 端扩展输入接口

PLC 的输入接口需要和 COM 端构成回路。如果在 COM 端上加接分路开关，对输入信号进行分组选择，则可以使输入接口得到扩展。图 8-11 所示的 PLC 的每个输入接口上都接有两个输入组件，并通过开关 S 进行转换。该电路可用于“手动/自动”开关控制选择。当开关 S 处于自动状态时，开关 SB3、SB4 被接入电路；开关 S 处于手动位置时，开关 SB1、SB2 被接入电路。这种扩展方式可用于工作中两种不频繁交换的场合。开关 S

可以是手操的开关。

图 8-11 中的二极管是用来切断寄生电路的。假设图中没有二极管，系统处于自动状态，SB1、SB2、SB3 闭合，SB4 断开，这时将有电流从 X2 端子流出，经 SB2、SB1、SB3 形成的寄生回路流回 COM 端，使输入继电器 X2 错误地变为“1”状态。各开关串联二极管后，切断了寄生回路，避免了错误输入的产生。

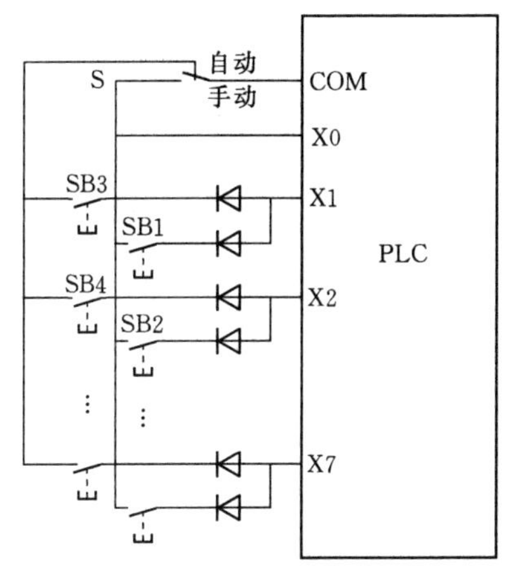

图 8-11　分组法扩展输入接口

二、利用输出端扩展输入接口

在图 8-11 所示电路的基础上，如果每个输入接口上接有多组输入信号，开关 S 就必须是一个多掷开关。这样的多掷开关如果手动操作是十分不方便的，故采用几个输出接口代替这个开关，电路如图 8-12 所示。这是一个 3 组输入的例子，当输出接口 Y0 接通时，S1、S2、S3 被接入电路，当输出接口 Y1 接通时，机器读取 S4、S5、S6 的工作状态。Y2 置“1”时，S7、S8、S9 的工作信号被读取。而 Y0、Y1、Y2 的控制则要靠软件实现。需要在程序中安排合适的时机，接通某个输出接口使机器输入所需的信号。输入信号的这种读取方式，在使用拨号开关时常见。这时 3 组输入信号是循环扫描输入的。一种常见的方法是采用移位寄存器类器件实现相关输出接口的扫描接通，以扫描读入并刷新输入数据，图 8-13 是与图 8-12 所示电路相关的梯形图。图 8-13 中时间继电器 T10 构成振荡器，用以产生一个定时脉冲。然后用这个脉冲实现移位操作，再使用顺序置“1”的辅助继电器使输出继电器置“1”，完成输入信号的分时读入工作。移位指令可见第六章功能指令的有关内容。

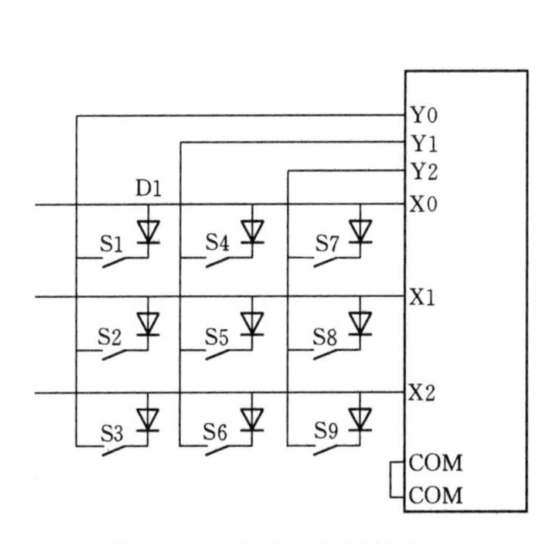

图 8-12　输出口扩展输入口

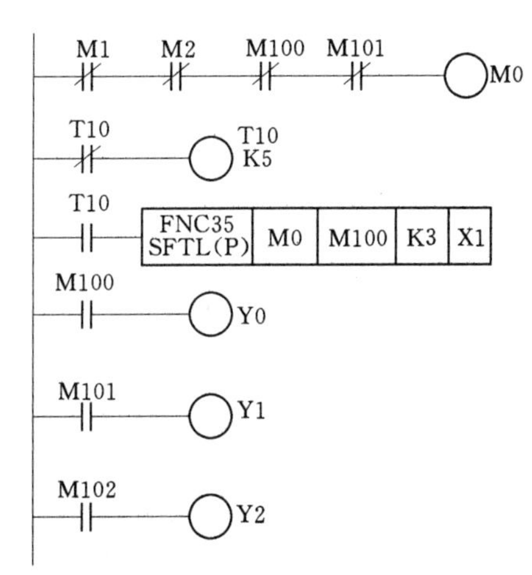

图 8-13　实现图 8-12 所示功能的矩阵输入梯形图

图 8-12 中输入接口的接线像个矩阵，因而这种端口扩展方法被称为“矩阵法”。值得提及的是，这类方法处理的输入信号都是相对稳定的，如信号的变化比扫描的时间快，

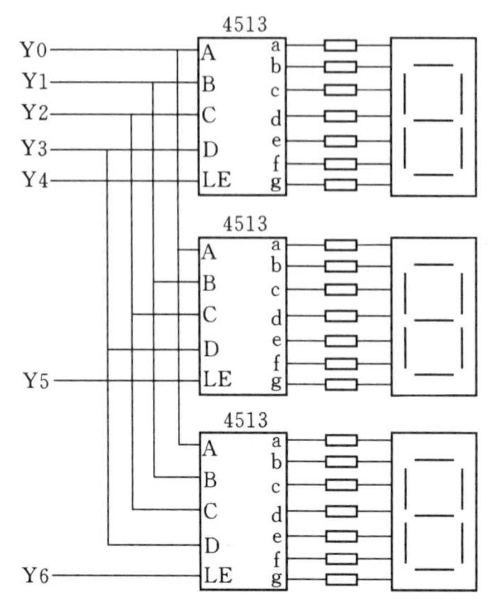

图 8－14　输出端扩展输出接口接线

信号就有丢失的危险。

三、利用输出端扩展输出接口

将以上的思想应用在输出接口的扩展上，用几个输出接口轮流接通，就可使另外一些输出接口上连接的多组输出设备分时接通，就可实现利用输出端扩展输出口的目的。这时的接线示意图如图 8－14 所示，这是一组输出接口上接有多组显示器件作动态分时显示的接线图。

四、利用机内器件扩展输入/输出接口

当机器各种口的资源都不多时，可以利用机内的计数器、辅助继电器实现输入/输出接口的扩展。图 8－15 是只用一只按钮实现启动、停止两个功能的梯形图，读者可以自行分析。图 8－16 是利用限位开关加一个计数器实现多位置限位的梯形图。如图 8－16 所示，限位开关安装在导轨的两端，两只限位开关的常开触点并连接于 PLC 的输入接口 X10 上。由梯形图可以看出，X10 作为计数器 C10 的计数脉冲工作。装在小车上的撞块每撞击一次限位开关，C10 则计数一次。系统工作之初，在小车位于轨道左端时，通过启动配置程序使计数器计数值为 1。电动机反转，小车向右运行到达终端时，计数器计 2，电动机恢复为正转。这以后，通

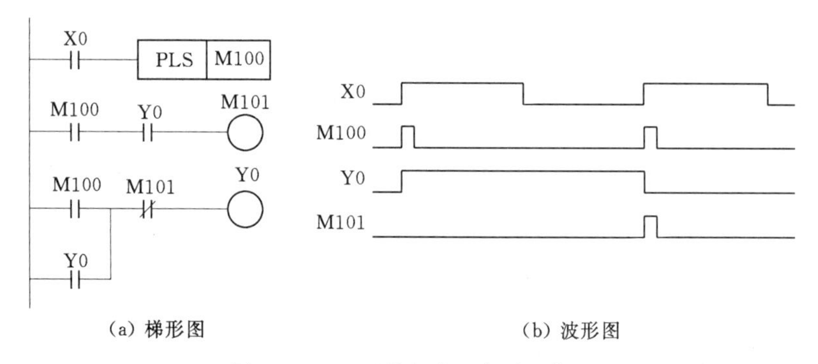

(a) 梯形图　　(b) 波形图

图 8－15　一只按钮实现启动、停止

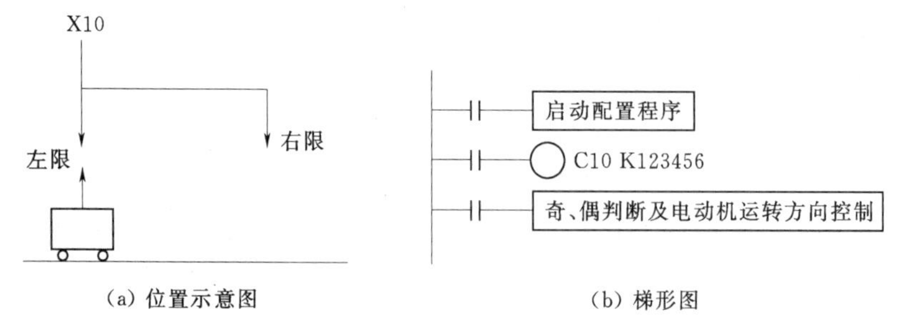

(a) 位置示意图　　(b) 梯形图

图 8－16　利用计数器实现电动机运动方向控制

过程序中的奇偶判断及电动机运转方向控制程序使计数器每计奇数电动机就反转，每计偶数就正转。这些是输入口扩展的例子。此外，还可以利用程序实现同一个显示器件的不同工作方式以传递不同的信息。如一个指示灯，长亮表示正常，闪亮表示事故，这相当于扩展了输出口。

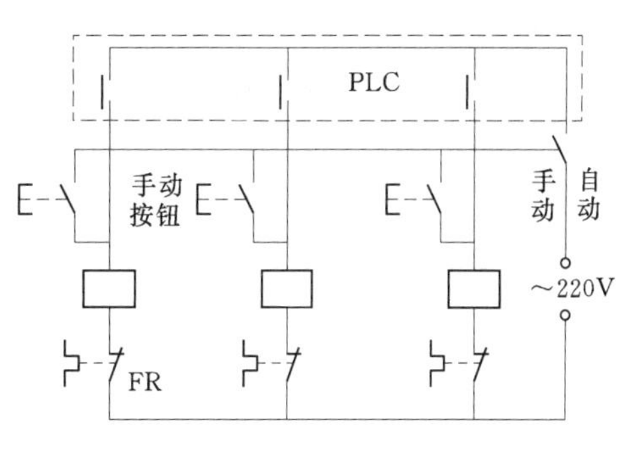

图 8-17　手动按钮接于输出接口

五、利用线路连接扩展输出接口

利用输入/输出接口的连线也可以达到扩展输入/输出接口的目的。如何将两个相互作用的信号直接接在一个输入接口上？可以将两个同步动作的输出信号并联起来，或如图 8-17 所示将手动按钮直接并接在输出接口上。

第五节　可编程控制器输入/输出接口连接示例

一、输入接口连接

实际应用中，输入接口一般包括连接按钮、开关（含继电器的触点）及各类传感设备。这些器件功率消耗都很小，PLC 内部一般设置有专用电源为输入接口连接的这些设备供电。图 8-18 所示为输入接口连接示意图。图中有一只按钮接于 X1 及 COM 端，一只传感器接于 X0 及 COM 端，按钮及 COM 口间的电源是机内 24V 电源提供的，图中的传感器实际上也使用 PLC 提供的电源。当输入接口接入的器件不是无源触点而是传感器时，要注意传感器的极性，选择正确的电流方向接入电路。在 PLC 中一般 COM 端为机内电源的负极。

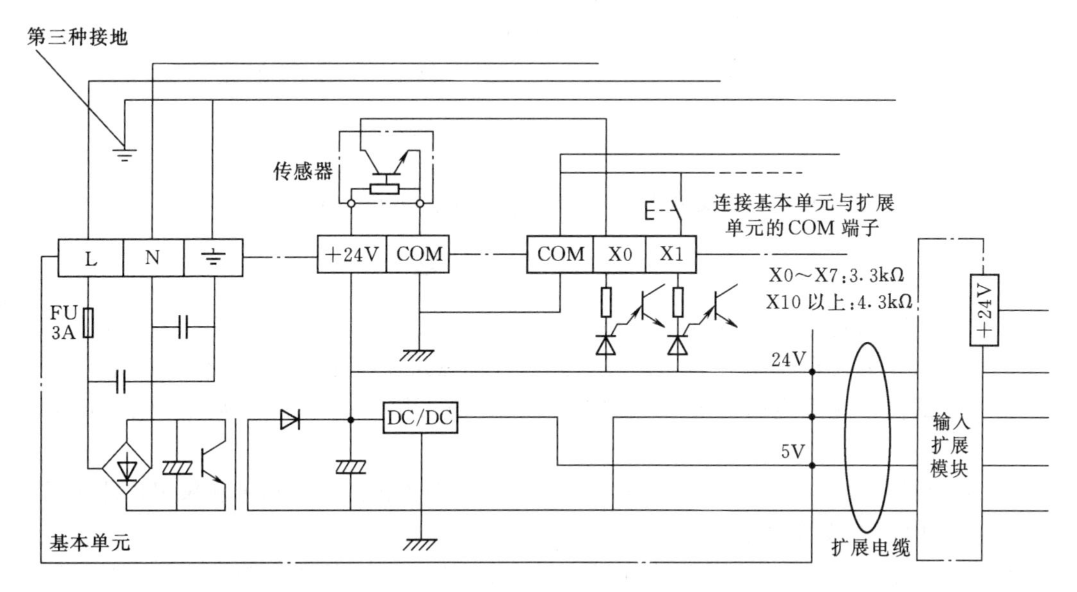

图 8-18　输入接口连接示意图

另外，输入接口侧设有标记为 L 及 N 的端子，是接入工频电源的，一般 85～260V 均可使用，PLC 的原始工作电源。

二、输出接口连接

输出接口在接入电路时均和执行器件，主要是各种继电器、电磁阀、指示灯等相连接。这类设备本身所需的推动电源功率较大，且电源种类各异。PLC 一般不提供执行器件的工作电源，需由控制系统另外解决。为适应输出设备需多种电源的情况，PLC 的输出接口一般是分组设置的。图 8-19 所示为某机型继电器型输出接口采用多种电源时的接线情况，图 8-19 中 PLC 的 COM0 和 Y0 口一组，COM1 和 Y1 口一组，COM2 则和 Y2 口、Y3 口对应，COM3 和 Y4 口、Y5 口对应。在 PLC 的用户手册上，可查到该机型输出接口和各个 COM 端的对应情况。不对应的输出接口和 COM 端是不能构成通路的。从图 8-19 中还可以看出，COM2 及 COM3 通过外接线连接在一起了，这是因为 Y2～Y5 口上的设备使用电源的类型及电压等级是一样的。同理，Y0 口及 Y1 口都使用直流电源，COM0 及 COM1 也是连接在一起的。这里需要注意的是，输出接口适合连接哪种电源的驱动设备，还与输出接口的类型有关，如输出接口需要连接交流接触器的线圈，输出接口需配接交流电源，这时 PLC 输出接口类型可以是继电器型或晶体管型的。采用晶体管型输出接口时还需要考虑电流的方向。

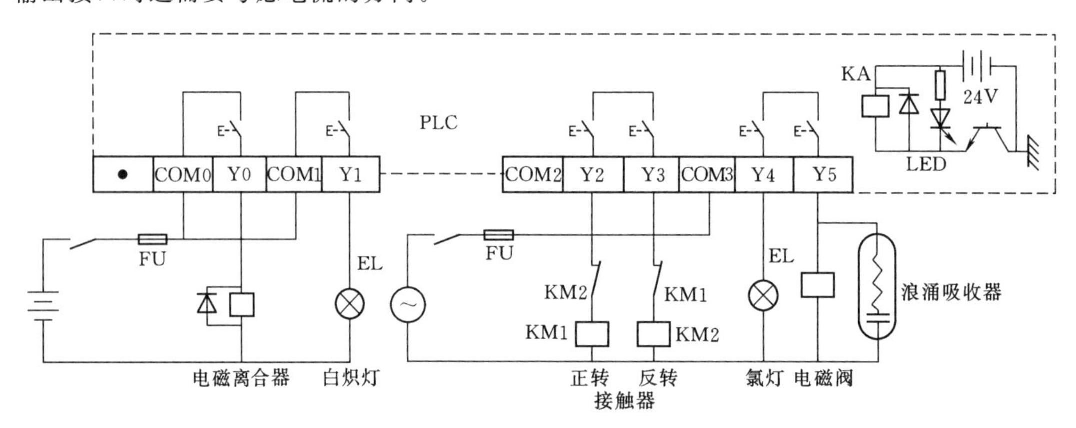

图 8-19　输出接口连接示意图

有一点要说明，输入接口及输出接口的 COM 端是相互隔离的。

习题及思考题

8-1　使用 PLC 时会遇到哪些有关输入/输出接口的工程问题？这些问题各有什么意义？

8-2　为什么说输入/输出接口扩展的问题是资源综合利用的问题？举例说明。

8-3　试设计使用定时器或计数器节省 PLC 输入接口的工业实例，并编写梯形图说明。

8-4　现用 3 位 7 段数码管静态显示 3 位数字，使用机内译码指令和采用机外译码电路各需占用 PLC 多少输出接口？

8-5　现用 3 位 7 段数码管动态显示 3 位数字，使用机外译码电路方式，试编写 PLC 相关梯形图。

第九章　可编程控制器通信及网络技术

第一节　概　　述

随着现代工业的发展，在中、大型的逻辑控制、过程控制及运动控制现场，常常被控量和控制量分散在不同区域，越来越需要采用网络式的控制系统；PLC作为“三电”控制一体的控制设备，采用网络控制，可提高PLC控制能力，扩大PLC控制地域，便于对控制系统的监视与控制，简化系统的安装与维修，对提高生产效率、保证产品质量、实现优化控制都很有意义。

PLC实现通信需解决通信方式和通信协议的问题。几乎所有的PLC厂家都开发了与上位PC通信的接口或专用通信模块。对于PLC通信，一般来讲，只需为PC或单元机配备该系列PLC专用的通信卡及通信软件，按要求对通信卡进行初始化，编制相应的用户程序就可以了。不同的PLC厂商在研制自身的PLC网络产品时，采用的通信协议、编程方法、网络拓扑结构不同，目前各系列PLC网络模块不具有通用性，所以，有必要在了解PLC网络一般通信知识的基础上，针对一种品牌PLC的通信结构、通信模块进行了解。

一、可编程控制器通信的目的

PLC通信的根本目的是实现数据交换，增强控制系统功能，实现控制的远程化、信息化、智能化。具体体现在以下几个方面。

(1) 扩大控制地域，增大控制规模。PLC一般是安装在工业现场，用于当地控制，如果与PLC进行联网，就可实现远程控制，距离可达几十米、几百米，甚至几千米，大大扩展了PLC的控制地域。而且通过联网，PLC的控制I/O点数增加，控制规模增大，两台或若干中、小型机联网，可提高控制能力，达到大型机的控制点数，费用却比用大型机低很多。

(2) 实现系统综合控制、协调控制。多台PLC间联网后，每台设备用各自的PLC控制，设备间的工作协调则由PLC间数据交换来完成。

(3) 简化系统布线，维修方便，提高工作可靠性。PLC联网后，通信线仅为同轴电缆或双绞线，布线简单，便于维修。联网后各台PLC相对独立工作，只要协调好了，个别站出现故障，不影响其他站工作，联网后提高系统工作可靠性，降低系统故障风险。

(4) 实现上位PC可视化人机界面的监控、管理与数据采集SCADA (supervisory control and data acquisition)。使用PC与PLC联网，由于PC具有强大的信息处理及信息显示功能，PC实现对系统监控与数据采集。人机界面（HMI）具有较强大的信息采集、信息显示功能，与 PLC 通信，可从 PLC 读取数据并显示，也可把数据传送给 PLC，改变 PLC 状态或输出。由于 HMI 体积小，工作可靠，适合于工业环境，也起到 SCADA 的作用。

（5）实现现场智能装置管理。智能装置包括智能设备、智能仪表、智能传感器、条形码扫描器、运动秤等，自身有 CPU、内存、通信接口，自身可采集或使用数据，与 PLC 通过通信接口与 PLC 联网。PLC 可用通信交换数据的方法，实行对智能装置的管理，提高控制实时性、精度、抗干扰能力，推进远程化、信息化的控制。

二、可编程控制器网络系统的结构

PLC 厂家常用生产金字塔 PP（productivity pyramid）结构来描述其产品所能提供的功能，虽然各厂家的生产金字塔结构层数不同，各层功能存在差异，但有共同的特点：上层负责生产管理，底层负责现场控制与检测，中间层负责生产过程的监控及优化。在工厂自动化系统中，由上至下，各层都在发挥着作用。

国际标准化组织（ISO）对企业自动化系统的建模进行了一系列的研究，提出了一个 6 级的模型，如图 9－1（a）所示。美国国家标准局曾为工厂计算机控制系统提出一个 NBS 模型，如图 9－1（b）所示，NBS 模型分为 6 级，并且规定每一级应实现的功能。

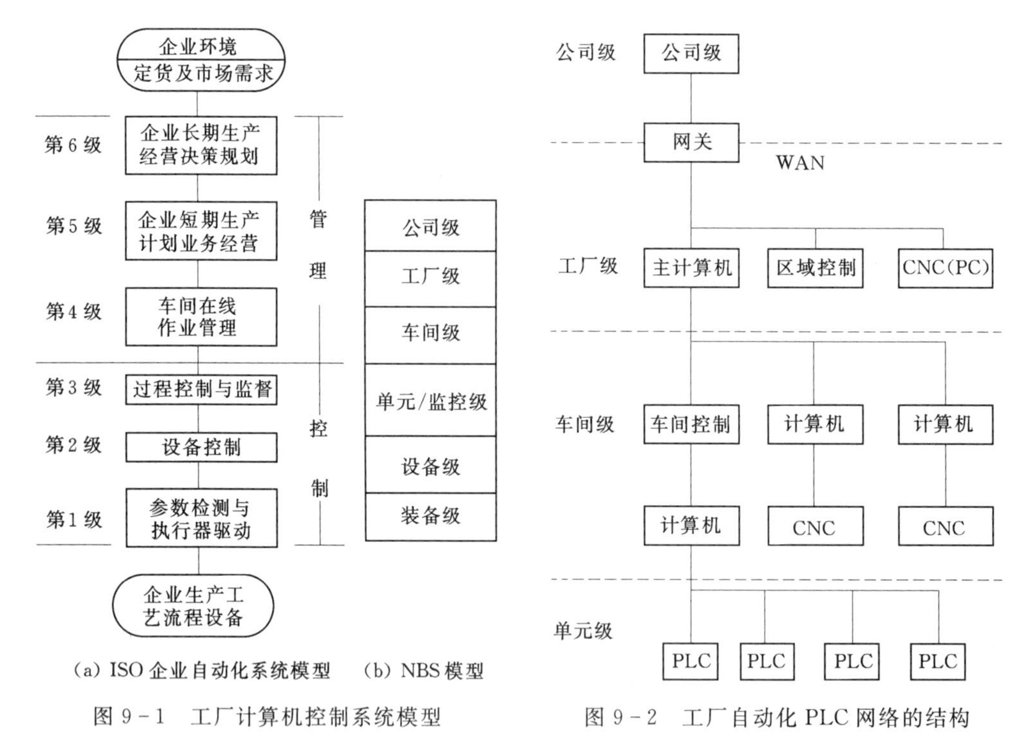

（a）ISO 企业自动化系统模型　（b）NBS 模型

图 9－1　工厂计算机控制系统模型

图 9－2　工厂自动化 PLC 网络的结构

两种模型本质上是一样的，在一个自动化工厂中，PLC 的网络结构可以简单地分为 3 级结构（图 9－2）：工厂级、车间级、单元级。工厂级是 PLC 网络的最高级，采用 PC 负责企业内部协调管理、处理有关生产数据、负责工程及产品设计、源材料计划等；车间级是中间级，主要负责数据采集、编程调试、工艺优化、参数设定等工作；单元级是网络的最低级，使用 PLC 及相关控制设备对生产过程实现控制。3 级结构不是孤立的，而是一个互联的整体。车间级以下信息传输距离短（几十米至几千米间），属局域网（LAN）；车间级以上多为公司级对网络的管理，属广域网（WAN）。

第二节　计算机通信基础知识

一、标准的拓扑结构

计算机通信是指连接在网络上的计算机将数据提交给一台或多台计算机，以电子信号的形式在线缆上传输数据。计算机网络设计拓扑结构有总线拓扑结构、星形拓扑结构、环形拓扑结构，如图 9－3 所示。

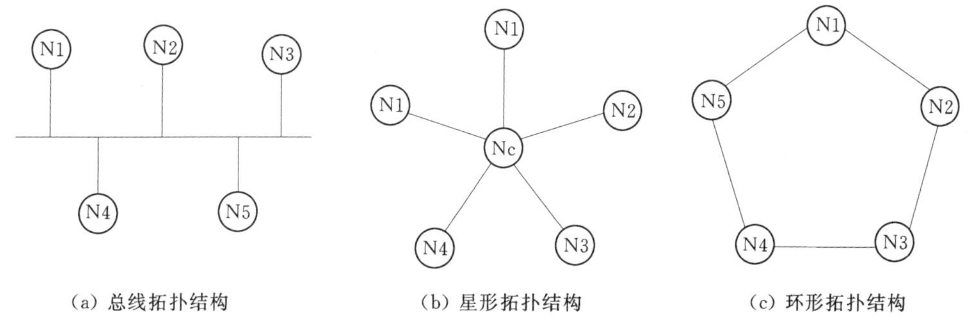

(a) 总线拓扑结构　(b) 星形拓扑结构　(c) 环形拓扑结构

图 9－3　计算机网络拓扑结构

总线拓扑结构［图 9－3（a）］最简单，也是连接计算机的常用方法。当计算机发送数据时，寻址该数据，将其分组，并以电子信号的形式在网络上发送，信号通过线缆传输，只有那些信号指定的目的地址计算机才能接收数据。总线环境中，一次只有一台计算机可发送信息，所有网络用户必须共享可用的传输时间量当信号在网络介质上传输时，它从发送点移动到任一条总线的两端，如果信号继续不被接收，它将连续不断地来回在网络上传输，阻止其他计算机发送数据，同一时间准备发送数据的计算机越多，计算机就必须等待越长时间才能发送数据，这使网络性能变差。另外，单根线缆故障可能导致整个总线网络瘫痪，所以总线拓扑结构已被星形拓扑结构替代。

星形拓扑结构［图 9－3（b）］由线缆将网络上计算机连接到中心集线器计算机。当计算机发送信号时，集线器接收信号并沿着每段线缆将它转发给其他所有的计算机或连接到集线器的其他设备，所有网络上计算机侦听信号，并检验目的地址，只有由数据指定的目的地址计算机才能接收信息。星形拓扑结构使资源固有集中化，所有计算机连接到一个位置，所以需要一个复杂的线缆，一旦集线器发生故障，连接到集线器的其他计算机和设备会失去网络接入，可靠性差，一般控制网络不用星形结构。

环形拓扑结构［图 9－3（c）］的信号只沿着环形结构的方向传播，令牌传递是围绕环形发送数据的一种方法，如果计算机有信息发送，它会修改令牌、添加地址信息和数据，并围绕环形传播，当预期的计算机接收到信息时，它向发送方返回一条消息以确认数据的安全到达。环形拓扑结构是主动拓扑结构，传输速率非常快，网络上各台计算机能公平地共享网络资源，每台计算机都有平等的机会发送数据，没有一台计算机可以独占网络。

计算机控制网络中，总线拓扑结构和环形拓扑结构用得较多。

二、计算机通信方式

1. 并行通信与串行通信

并行通信是以字节或字为单位的数据传输方式，传送速度快，但传输线的根数多，需要 8 根或 16 根数据线、1 根公共线，还需通信双方联络用的控制线，抗干扰能力较差，只用于近距离的数据传送。在 PLC 系统的基本单元的 I/O 点数或类型不够时，系统若连接扩展单元或扩展模块、特殊模块，采用的数据传送是并行通信。

串行通信是以二进制的位（bit）为单位的数据传输方式，每次只传送一位，需要的信号线少，最少只需要两根线（双绞线）就可以连接多台设备，适用于距离较远的传输场合。一般在 PLC 间的远距离的通信时，可采用专用的通信模块（RS—232C 或 RS—485 标准），实现 PLC 间的通信。本章讨论的 PLC 间通信及 PC 与 PLC 的通信都是基于 FX 系列 PLC 的专用通信模块的通信。

2. 异步通信与同步通信

串行通信中，接收方和发送方应使用相同的传输速率，但标称速率相同的两方总是存在一些差异，为保证数据传输的正确，需要采取措施使发送过程和接收过程同步。按同步方式不同，串行通信分为异步通信和同步通信。

异步通信的字符信息格式如图 9-4 所示。发送的字符由一个起始位、7～8 个数据位、1 个奇偶校验位（可以没有）、1～2 位停止位组成。异步通信双方需要对采用的信息格式和数据传输速率作相同的约定。由于异步通信传送附加的非有效信息较多，传输效率较低，PLC 一般使用异步通信。

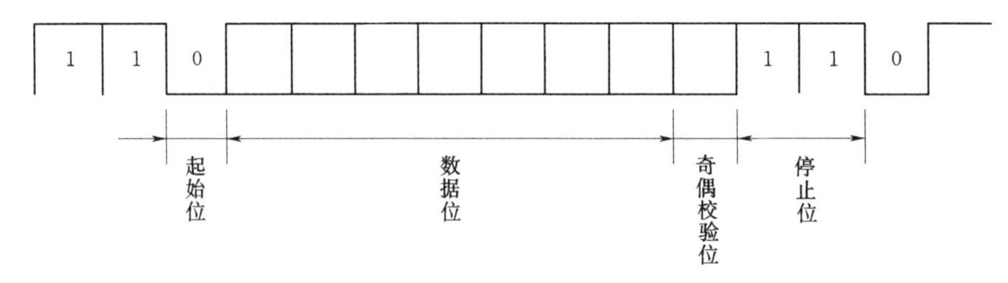

图 9-4　异步通信的字符信息格式

同步通信以字节为单位（1Byte＝8bit），每次传送 1～2 个同步字符、若干个数据字节和校验字符。同步字符起联络作用，通知接收方开始接收数据。同步通信中，发送方和接收方要保持完全的同步，双方应使用同一时钟脉冲，可通过调制解调方式在数据流中提取同步信号，使接收方得到与发送方同步的时钟信号。由于同步通信方式不需要在每个数据字符中增加起始位、停止位、奇偶校验位，只需在发送数据串前加 1～2 个同步字符，所以传输效率高，但硬件成本也提高了。

3. 串行接口标准

串行接口标准有 RS—232C、RS—422A、RS—485。

RS—232C 是使用得最早、最多的一种异步通信总线，由美国电子工业协会（EIA）

于1962年公布，1969年最后一次修订而成的，RS是Recommended Standard的缩写，232是该标准的标识，C表示最后一次修订。RS—232C主要用来定义计算机系统的一些数据终端设备（DTE）和数据通信设备（DCE）间接口的电气特性。电气性能上，RS—232C采用负逻辑，逻辑电平“1”在－15～－5V范围内，逻辑电平“0”在5～15V范围内。通信距离近时，通信双方可以直接连接，只需3根线（发送线、接收线和信号地线）就可以实现全双工异步串行通信；最高通信距离为15m，最高波特率为20kbit/s，只能进行一对一的通信。

RS—422A也是一种单端、双极性电源线路的电路标准，规定了差分平衡的电气接口，能在较长距离传输时明显提高数据传送速率，速率在1000bit/s时传输距离为1200m，速率为100kbit/s时传输距离可达到90m。采用负逻辑控制且参考电平为地，电平范围为－6～6V。另外，RS—422A允许传送线上连接多个接收器，同一时刻，可允许10个以上接收器工作。

RS—485是在满足工业过程控制中，要求用最少的信号线来完成通信任务的需要而产生的。它是RS—422的变型，两者的差别在于：RS—422为全双工，RS—485为半双工；RS—422采用两对平衡差分信号线，RS—485只需其中的一对。RS—485更适合多站互联，一个发送驱动器最多可连接32个负载设备。

一般小型PLC上都设有RS—422A通信接口或RS—232C通信接口，中、大型PLC上设有专用的通信模块，FX系列设有FX—232AW接口、FX—232ADP通信适配器、RS—485ADP通信适配器等。

4．传输速率

串行通信中，每秒传送的二进制数的位数为传输速率（或波特率），单位是bit/s。标准的传输速率为300～38400bit/s。在数据通信时需要设定波特率，且两通信设备间的波特率应一致。

5．通信传输介质

通信传输介质是信息传输的物理基础和通道。PLC要求通信介质必须具有传输速率高、能量损耗小、抗干扰能力强、性价比高等特点。传输介质有同轴电缆、双绞线、光纤等。同轴电缆、双绞线成本低，安装简单，工程中获得广泛应用。

三、企业计算机网络的层次结构

企业计算机通信协议一般采用分层设计，各层相互独立通过接口发生联系。国际标准化组织（ISO）1979年提出了开放系统互联参考模型OSI（open system interconnection/reference model），规定了7个功能层，每层都使用自己的协议。从层次结构上看，企业计算机网络在通信中应用层次可分为设备层、控制层和信号层。

设备层为低速的现场总线，用来连接现场的传感器、变送器和执行器等智能化设备。由于设备层中设备的多样性，要求设备具有开放性，支持符合标准的智能化设备的接入和互联。控制层属于高速的现场总线，用来实现控制系统的网络化，主要特征有：①遵循开放的体系结构与协议；②对设备层的开放性——允许符合开放标准的设备方便地接入；③对信息化层的开放性——允许与信息化层互联、互通、互操作。控制网络的出现与发展为实现控制层开放性策略打下了良好的基础。信息层是符合ISO体系结构的信息网络，主要特征为：①遵循 IEEE802 标准和 TCP/IP 协议；②可以实现控制网络与信息网络的集成。

第三节　FX 系列可编程控制器网络通信

三菱公司推出的 FX 系列 PLC 体积小巧、性能卓越、使用和安装方便，在我国的工业控制器领域中占有较大的市场份额，许多的中、小型企业的控制设备及大型企业的单台控制设备都采用 FX 系列的 PLC。本节主要介绍 FX 系列 PLC 的通信结构的设计及数据通信的实现方法。

PLC 的通信一般可分为 PLC 之间的通信和 PLC 与 PC 间的通信。本节讨论的 PLC 之间的通信、PC 与 PLC 的通信都是基于 FX 系列 PLC 的专用通信模块的通信。FX 系列 PLC 的通信协议有计算机链接通信协议、N : N 链接与并行链接通信协议、无协议通信方式与 RS 通信指令。

一、可编程控制器之间的通信

1. N : N 链接与并行链接通信

FX 系列 PLC 间的通信结构分为并行链接和 N : N 网络。

并行链接是指两台同系列或同组的 PLC 间的数据自动传送，而且根据两台 PLC 的系列和组不同，需选用不同的专用通信模块。FX 的 PLC 的系列序号有 FX_0、FX_{0S}、FX_{0N}、FX_1、FX_{2C}、FX_{1S}、FX_{2N}、FX_{2NC}，如果两台 PLC 是同系列的则可以采用并行链接。不同系列的 PLC 共有五组：FX_{2N}，FX_{2NC}；FX_{1N}；FX_{1S}；FX_{0N}；FX，FX_{2C}。同组的 PLC 也可以采用并行链接。

N : N 网络链接是指若干台（最多 8 台）PLC 间的数据自动交换，其中一台是主机，其余的为从机，采用的是 RS—485 标准，通信模块可以是 $FX_{2N/1N}$—CNV—BD+FX_{0N}—485ADP、FX_{0N}—485ADP、$FX_{2N/1N}$—485—BD。图 9－5 所示为 N : N 网络示意图。

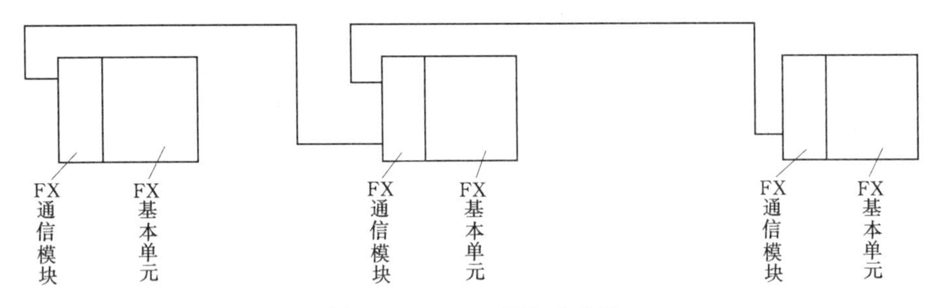

图 9－5　N : N 网络示意图

N : N 网络系统中，FX_{2N}—485—BD 或 FX_{1N}—485—BD 不使用时，最大延伸距离为 500m，使用时，最大延伸距离为 50m，N : N 网络中最大为 8 个站点数。

2. 与通信有关的辅助继电器和数据寄存器（附表 2－1）

根据设计的 PLC 通信的结构，编写通信程序，就可以实现数据通信。FX 系列 PLC 间的通信、数据传输可在主站和从站 PLC 各分配一定的数据寄存器和辅助继电器来完成。每个站与其他站共享的数据只要放在自己的数据寄存器的区域，其他站对其数据的读、写，就好像是自己的数据寄存器一样，数据是从其他站自动传送过来的，直接就可以读、写。对主站、从站的定义工作模式的选择是由各站对应的辅助继电器和相关标志来完成。

FX_{2N}、FX_{2NC}、FX_{1N}、FX、FX_{2C}的并行链接是通过 100 个辅助继电器和 10 个数据寄存器完成的，FX_{1S}、FX_{0N} 的并行链接是通过 50 个辅助继电器和 10 个数据寄存器完成（表 9-1）。站点的定义、工作模式是由相关的辅助继电器 M8070～M8073、M8162、D8070 的标志来实现的，其中，M8070＝1 时，定义 PLC 是主站；M8071＝1 时，定义 PLC 是从站；M8072＝1 时，PLC 运行；M8073＝1 时，M8070/M8071 被不正确地设置；M8162＝1 时，并行链接为高速模式（否则为普通模式）；D8070 为并行链接监视时间，默认值＝500ms。并行链接的运行模式有普通模式和高速模式。高速模式的运行速度比普通模式快，但是可共用的辅助继电器和数据寄存器少些。

表 9-1　并行链接普通模式和高速模式下的链接元件

分　类		信号流向	FX_{2N}/FX_{2NC}/FX_{1N}/FX/FX_{2C}	FX_{1S}/FX_{0N}
普通模式	通信元件	主站→从站	M800～M899（100 点） D490～D499（10 点）	M400～M449（50 点） D230～D239（10 点）
		从站→主站	M900～M999（100 点） D500～D509（10 点）	M450～M499（50 点） D240～D249（10 点）
	通信时间		70（ms）＋主扫描时间（ms）＋从扫描时间（ms）	
高速模式	通信元件	主站→从站	D490、D491（2 点）	D230、D231（2 点）
		从站→主站	D500、D501（2 点）	D240、D241（2 点）
	通信时间		20（ms）＋主扫描时间（ms）＋从扫描时间（ms）	

由于 $N:N$ 网络最多可达到 8 台 PLC（站号为 0～7）的网络，所以其数据寄存器提供了站点的定义及通信相关设置：$N:N$ 网络站号为 0～7，由各站点 PLC 的 D8176 设定，其中主站号为 0，从站号由各自的 D8173 设定（数值为 1～7）。从站点数是由 D8177 设置（数值为 1～7），D8174 用于存储从站点的总数，D8175 存储刷新范围，D8176 设置自己的站点号，D8177 设置从站点的总数，D8178 设置刷新范围（决定工作模式为 0～2），D8179 设置重试次数，D8180 设置通信超时。$N:N$ 网络的工作模式是由 D8178 设定，D8178＝0、1、2，分别对应模式 0、模式 1、模式 2，主要是在主站设置，从站不需要设置工作模式，每种模式下用于刷新的位软元件和字软元件的范围是不同的（表9-2），每种模式下所使用的位/字软元件由 $N:N$ 网络的各个站点所共用。

M8038 用于设置 $N:N$ 网络参数，各站凡是涉及通信参数的设置及通信动作的程序都要与 M8038 的常开触点串联，以表示从 M8038 常开触点开始，后面的程序为 $N:N$ 网络通信程序。另外，在 $N:N$ 网络的通信中，设置了一些辅助继电器和数据寄存器来指示通信出错、出错的数目及出错码，见表 9-3。

表 9-2　　N：N 网络的不同模式下的刷新范围

站点号	软元件号					
	模式 0 ($FX_{0N}/FX_{1S}/FX_{1N}/FX_{2N}/FX_{2NC}$)		模式 1 ($FX_{1N}/FX_{2N}/FX_{2NC}$)		模式 2 ($FX_{1N}/FX_{2N}/FX_{2NC}$)	
	位元件（M）	字元件（D）	位元件（M）	字元件（D）	位元件（M）	字元件（D）
	0 点	4 点	32 点	4 点	64 点	8 点
0	—	D0～D3	M1000～M1031	D0～D3	M1000～M1063	D0～D7
1	—	D10～D13	M1064～M1095	D10～D13	M1064～M1127	D10～D17
2	—	D20～D23	M1128～M1159	D20～D23	M1128～M1191	D20～D27
3	—	D30～D33	M1192～M1223	D30～D33	M1192～M1255	D30～D37
4	—	D40～D43	M1256～M1287	D40～D43	M1256～M1319	D40～D47
5	—	D50～D53	M1320～M1351	D50～D53	M1320～M1383	D50～D57
6	—	D60～D63	M1384～M1415	D60～D63	M1384～M1447	D60～D67
7	—	D70～D73	M1448～M1479	D70～D73	M1448～M1511	D70～D77

表 9-3　　N：N 网络的通信出错和辅助继电器和数据寄存器

辅助继电器		名　　称	描　　述
FX_{1S}/FX_{0N}	$FX_{2N}/FX_{2NC}/FX_{1N}$		
M504	M8183	主站的通信错误	主站产生通信错误时，为 ON
M504～M511	M8184～M8191	从站的通信错误	从站产生通信错误时，为 ON
M503	M8191	数据通信	当与其他站点通信时，为 ON
D201	D8201	当前网络扫描时间	存储当前网络扫描时间
D202	D8202	最大网络扫描时间	存储最大网络扫描时间
D203	D8203	主站的通信错误数目	主站的通信错误数目
D204～D210	D8204～D8210	从站的通信错误数目	从站的通信错误数目
D211	D8211	主站的通信错误代码	主站的通信错误代码
D212～D218	D8212～D8218	从站的通信错误代码	从站的通信错误代码
D219	—	未　　用	用于内部处理

3. PLC 间数据通信的例程序

PLC 间通信时，除了 PLC 各站的控制程序外，还需在各站编写通信程序，需要通信传输的数据要放在共享区域中，供其他站点使用。

【例 9-1】　两台 FX_{0N}—40MR 通过 FX_{0N}—485ADP 并行链接，要求：

（1）主站输入 X000～X007 的 ON/OFF 状态，输出到从站的 Y000～Y007。

（2）当主站的计算结果（D0+D2）是 100 或更小，从站的 Y010 接通。

（3）从站 M0～M7 的 ON/OFF 状态输出到主站的 Y000～Y007。

（4）从站中 D10 的值被用来设置主站的计时器 T0。

解　(1) 通信模块硬件连线，采用一对双绞线或两芯电缆线的接线，如图 9-6 所示。

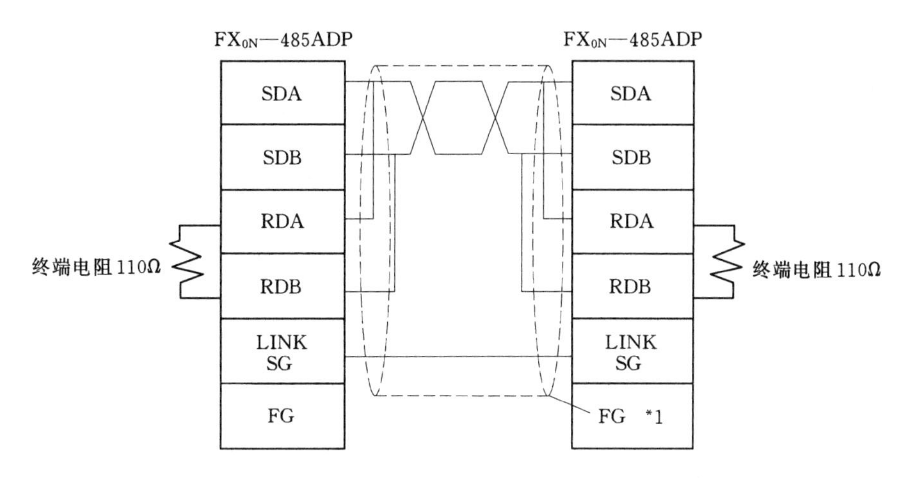

图 9-6 ［例 9-1］两个 FX_{0N}—485ADP 通信模块接线

(2) PLC 通信程序编写。采用普通模式通信，由表 9-1 可得其共享区域为：主站→从站，M400～M449，D230～D239；从站→主站，M450～M499，D240～D249。

1) 主站 PLC 通信程序（图 9-7）。

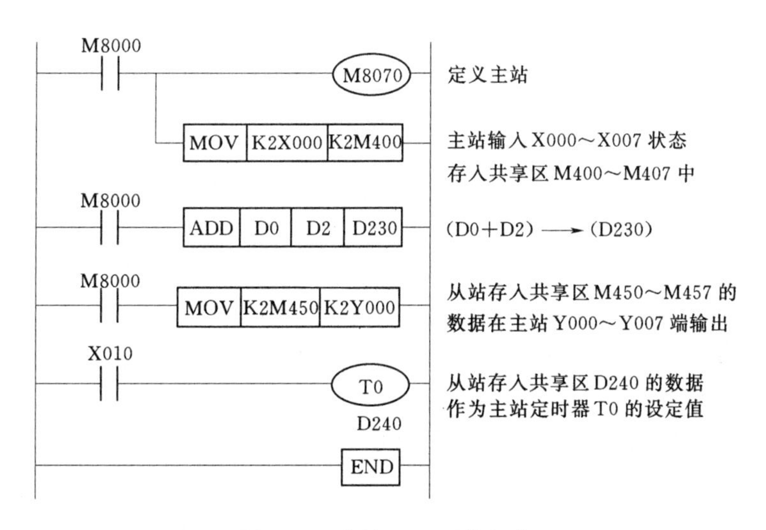

图 9-7　主站 PLC 通信程序

2) 从站 PLC 通信程序（图 9-8）。

【例 9-2】　*N*∶*N* 网络系统配置如图 9-9 所示，系统通信参数要求：刷新范围为模式 1，重试次数为 3 次，通信超时为 50ms。编写程序完成以下操作：

(1) 主站的 X000～X003（M1000～M1003），输出到 1 号站和 2 号站的 Y010～Y013。

(2) 1 号站的 X000～X003（M1064～M1067），输出到主站和 2 号站的 Y014～Y017。

(3) 2 号站的 X000～X003（M1128～M1131），输出到主站和 1 号站的 Y020～Y023。

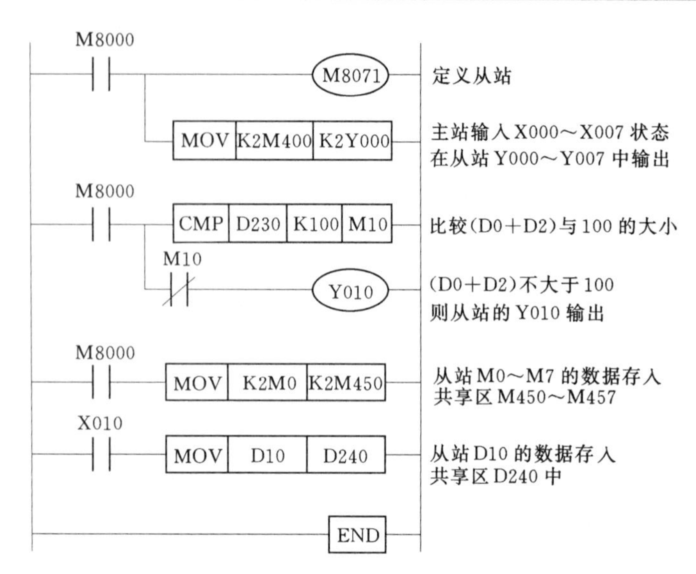

图9-8　从站PLC通信程序

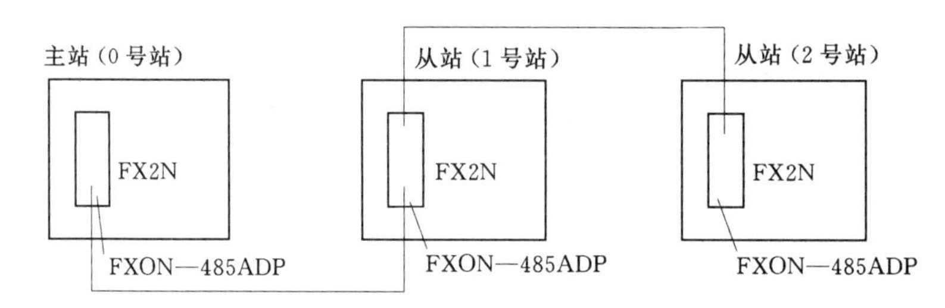

图9-9　PLC间通信［例9-2］系统网络配置

（4）主站的数据寄存器D1指定为1号站计数器C1的设定值，C1的触点状态（M1070）反映在主站的输出Y005上。

（5）主站的数据寄存器D2指定为2号站的计数器C2的设定值，C2的触点状态（M1140）反映在主站的输出Y006上。

（6）1号站中数据寄存器D10的值和2号站中数据寄存器D20的值在主站点相加，并存入数据寄存器D3中。

（7）主站数据寄存器D00的值和2号站的数据寄存器D20的值在1号站相加，并存入数据寄存器D11中。

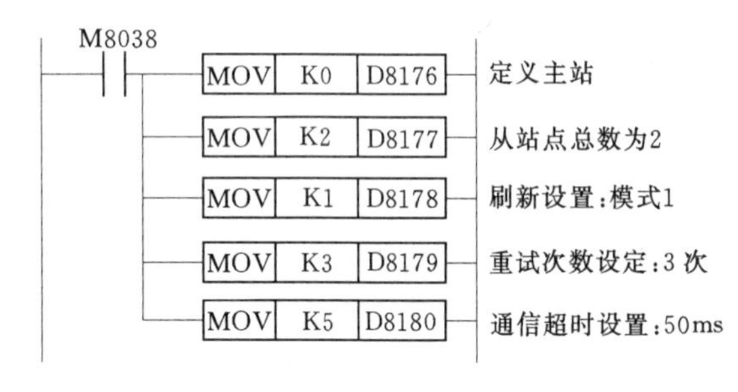

图9-10　主站通信参数设置梯形图

（8）主站数据寄存器D00的值和1号站的数据寄存器D10的值在2号站相加，并存入数据寄存器D21中。

解　（1）系统通信模块硬件连线，如［例9-1］。

（2）通信参数的设置，根据系统要求设置为：主站（D8176）=0，（D8177）=2，（D8178）=1，（D8179）=3，（D8180）=5；

从站 1（D8176）=1；从站 2（D8176）=2。主站通信参数设置梯形图如图 9－10 所示。

（3）主站 PLC 通信梯形图如图 9－11 所示。

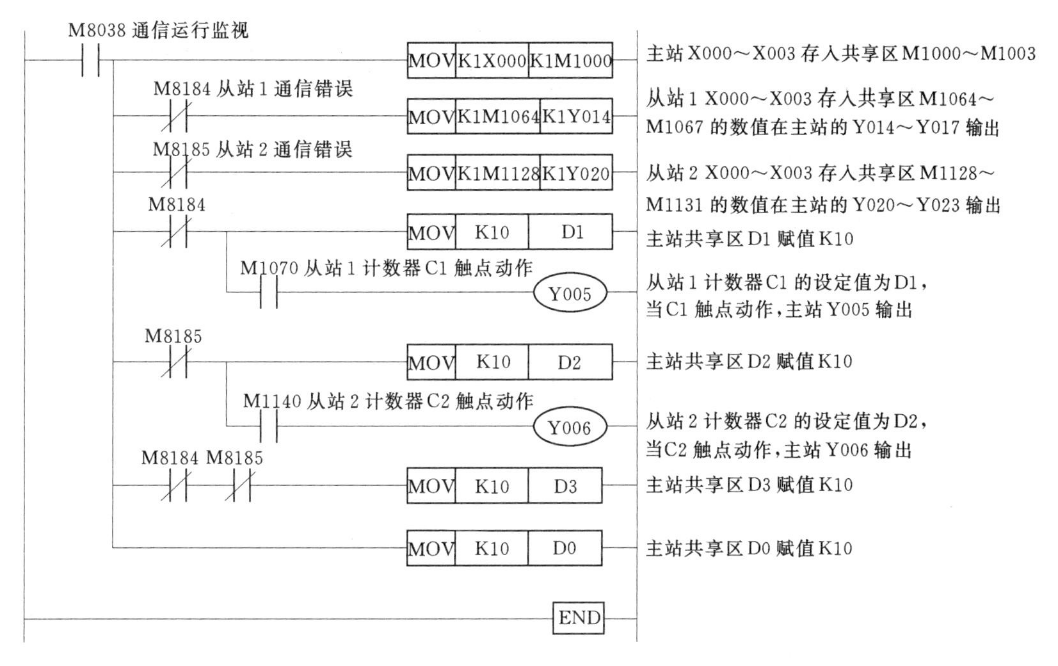

图 9－11　PLC 间通信［例 9－2］主站梯形图

（4）从站 1 通信梯形图如图 9－12 所示。

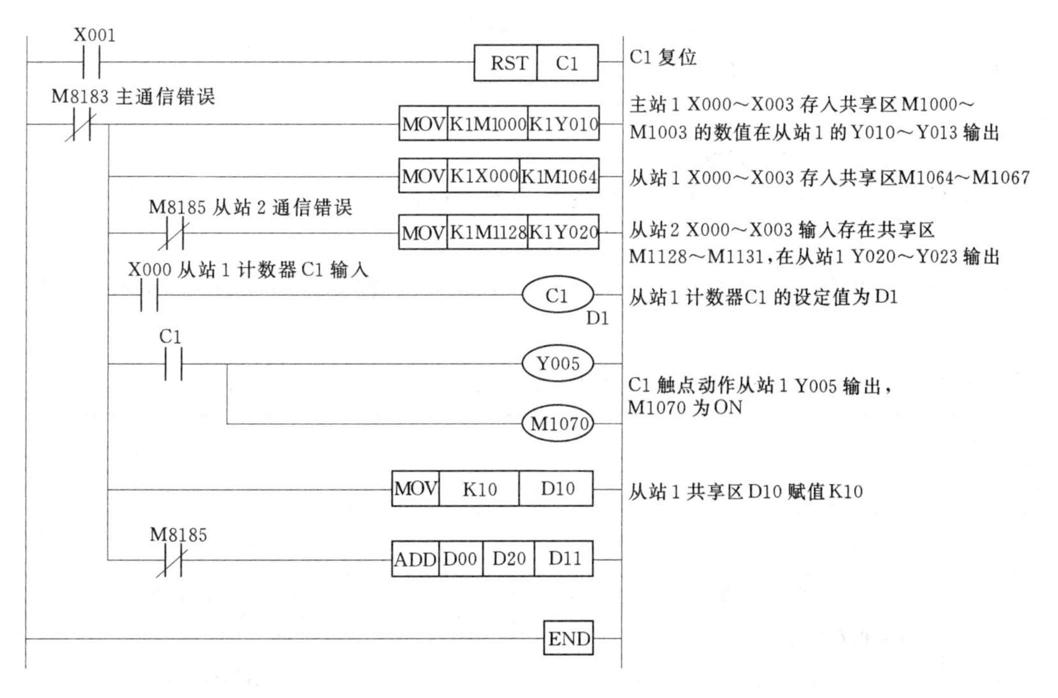

图 9－12　PLC 间通信［例 9－2］从站 1 梯形图

(5) 从站 2 通信梯形图如图 9-13 所示。

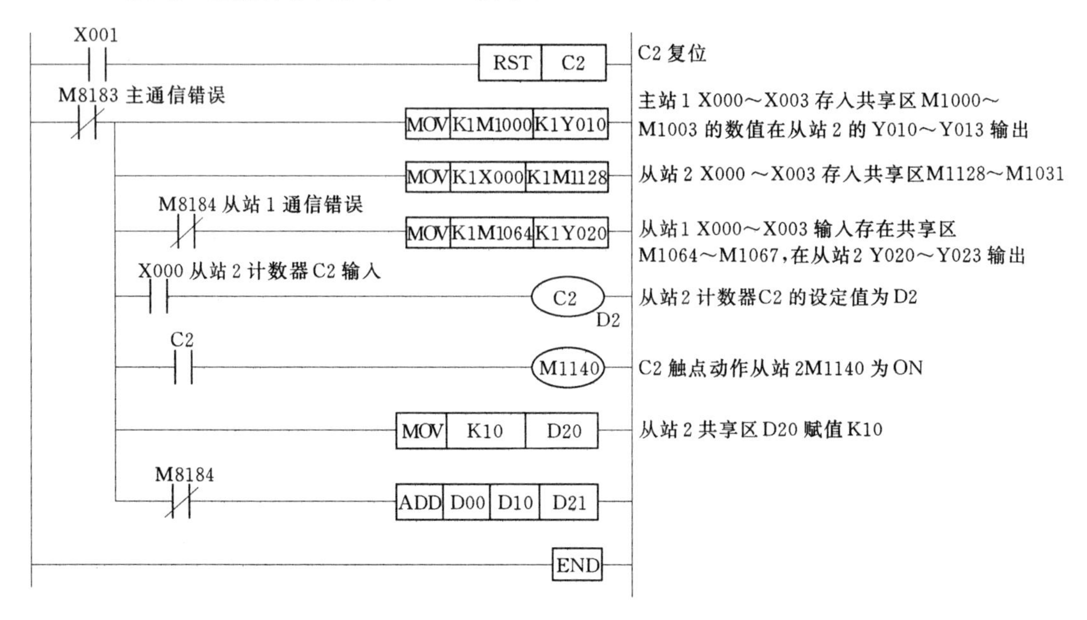

图 9-13　PLC 间通信［例 9-2］从站 2 梯形图

二、PLC 与 PC 间的通信

PC 与 PLC 的通信可以是 PC 与 PLC 的点对点的通信，也可以是 PC 与 PLC 网络的通信。PC 与 PLC 网络的通信只要解决了 PC 对 PLC 主站的通信，就可以实现对整个 PLC 网络的通信。PC 对 PLC 的通信方式有计算机链接（有协议通信）和无协议通信，无论采用哪种通信方式，在 PC 与 PLC 的通信中首先要设定通信格式，PC 和 PLC 的通信格式应该一致。

（一）计算机链接通信协议

计算机链接是采用链接 PLC 和 PC 的指定专用协议，实现通信。由 FX 系列 PLC 构成的计算机链接系统有两种规定的通信协议格式（格式 1 和格式 4），可以通过设置特殊数据寄存器 D8120 的 b15 进行选择。通信过程中常用的特殊数据寄存器和特殊辅助继电器见表 9-4。

表 9-4　　计算机链接通信中常用的特殊数据寄存器和特殊辅助继电器

特殊数据寄存器	功能描述	特殊辅助继电器	功能描述
D8120	通信格式（RS 命令、计算机链接）	M8121	数据发送延时（RS 命令）
D8121	站号设置（计算机链接）	M8122	数据发送标志（RS 命令）
D8122	未发送数据数（RS 命令）	M8123	接收结束标志（RS 命令）
D8123	接收的数据数（RS 命令）	M8124	载波检测标志（RS 命令）
D8124	起始字符（初始值为 STX，RS 命令）	M8126	全局标志（计算机链接）
D8125	结束字符（初始值为 ETX，RS 命令）	M8127	请求式握手标志（计算机链接）

续表

特殊数据寄存器	功能描述	特殊辅助继电器	功能描述
D8127	请求式起始原件号寄存器（计算机链接）	M8128	请求式出错标志（计算机链接）
D8128	请求式数据长度寄存器（计算机链接）	M8129	请求式字/字节转换（计算机链接）超时判断标志（RS 命令）
D8129	数据网络的超时定时器设定值（RS 命令和计算机链接，单位为 10ms，为 0 时表示 100ms）	M8161	8/16 位转换标志（RS 命令）

在计算机链接通信和无协议通信时，首先需要用特殊数据寄存器 D8120 来设置通信格式，见表 9-5。设置完成后需要关闭 PLC 电源，然后重新接通电源，才能使设置生效。

表 9-5　D8120 的设置方式

b15	b14	b13	b12～b10	b9	b8	b7～b4	b3	b2，b1	b0
传输控制	协议	校验和	控制线	结束符	起始符	传输速率	停止位	奇偶校验	数据长度

b0＝0 时数据长度为 7 位，b0＝1 时为 8 位。

b2，b1＝00 时无奇偶校验，不校验；b2，b1＝01 为奇校验；b2，b1＝11 为偶校验。

b3＝0 时 1 个停止位，b3＝1 时 2 个停止位。

b7～b4＝0011～1001：传输速率分别为 300bit/s、600bit/s、1200bit/s、2400bit/s、4800bit/s、9600bit/s 和 19200bit/s。

b8＝0 时无起始字符，b8＝1 时起始字符在 D8124 中，默认值为 STX（02H，H 表示十六进制数）。

b9＝0 时无结束字符，b9＝1 时结束字符在 D8125 中，默认值为 EXT（03H）。

控制线 b12～b10 的意义见表 9-6。

表 9-6　控制线 b12～b10 的意义

b12～b10	无协议通信	计算机链接
000	未用控制线，RS—232C 接口	RS—485（422）接口
001	终端方式，RS—232C 接口	—
010	互锁方式，RS—232C 接口	RS—232C 接口
011	正常方式 1，RS—232C 接口，RS—485/422 接口	—
101	正常方式 2	—

b13＝1 时自动加上校验和，b13＝0 时无校验和。

b14＝1 时为专用通信协议，b14＝0 时为无通信协议。

b15＝1 时为控制协议格式 4，b15＝0 时为控制协议格式 1。两种格式的差别仅在于报文结束时，格式 4 有回车（CR）和换行符（LF），它们的值分别为 0DH 和 0AH。

需要注意的是，在计算机链接方式下，b8、b9 这两位一定要设置为 0。在无协议通信方式下，b13～b15 这 3 位一定要设置为 0。

进行计算机链接的控制代码见表 9 - 7。

表 9 - 7　　计算机链接的控制代码

信号	代码	功能描述	信号	代码	功能描述
STX	02H	文本开始	LF	0AH	换行
ETX	03H	文本结束	CL	0CH	清除
EOT	04H	发送结束	CR	0DH	回车
ENQ	05H	请求	NAK	15H	不能确认
ACK	06H	确认			

计算机使用 RS—485 接口时，在发送命令报文后如果没有信号从 PLC 传输到计算机接口，就会在计算机上产生帧错误信号，直到接收到来自 PLC 的文本开始（STX），确认（ACK）和不能确认（NAK）信号中的任何一个为止。

用计算机链接协议从计算机向 PLC 发送的命令执行完后，必须相隔约两个 PLC 扫描周期，计算机才能再次发送命令。

1. 控制协议格式 1

计算机从 PLC 读取数据的过程分为以下 3 步。

(1) 计算机向 PLC 发送读数据命令。

(2) PLC 接收到命令后执行相应的操作，将要读取的数据发送给计算机。

(3) 计算机在接收到相应的数据后向 PLC 发送确认响应，表示数据已接收到。

PC 从 PLC 读数据的数据流格式 1 如图 9 - 14 所示。

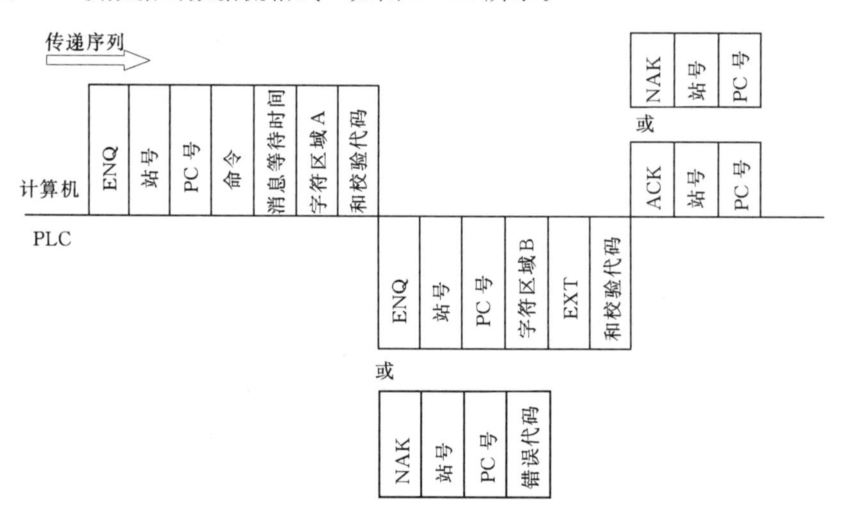

图 9 - 14　PC 从 PLC 读数据的数据流格式 1

计算机向 PLC 写数据的过程可分为以下两步。

(1) 计算机首先向 PLC 发送写数据命令。

(2) PLC 接收到写数据命令后执行相应的操作，执行完成后向计算机发送确认信号，表示写数据操作已经完成。

PC 向 PLC 写数据的数据流格式 1 如图 9 - 15 所示。

2. 控制协议格式 4

控制协议格式 4 与控制协议格式 1 之间的差别在于每一个传输数据块上都添加终结码 CR+LF。PLC 与计算机之间读、写数据的数据流格式如图 9-16 和图 9-17 所示。

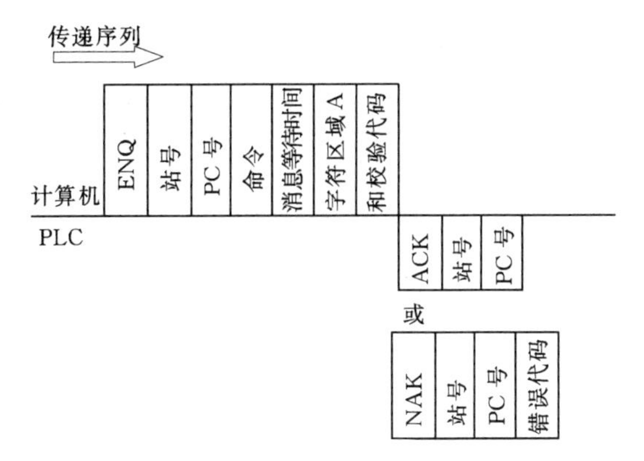

图 9-15　PC 向 PLC 写数据的数据流格式 1

3. 控制协议格式各个组成部分的说明

（1）站号，用来确定计算机在访问哪个 PLC。在 FX 系列 PLC 中，站号是通过特殊数据寄存器 D8121 来设定的，设定范围为 00H～0FH。

（2）PC 号，用来确定 PLC 类型名的数字。FX 系列 PLC 的 PC 号是 FFH，由两个 ASCII 字符来表示。

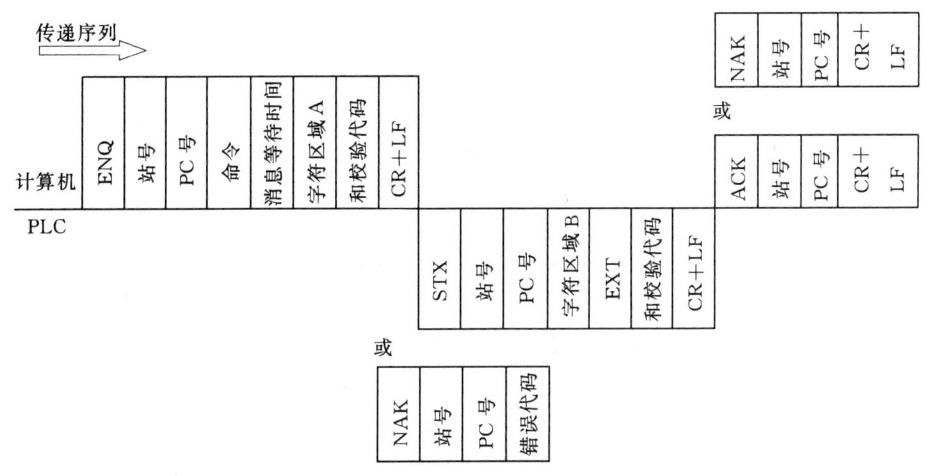

图 9-16　PC 从 PLC 读取数据的数据流格式 4

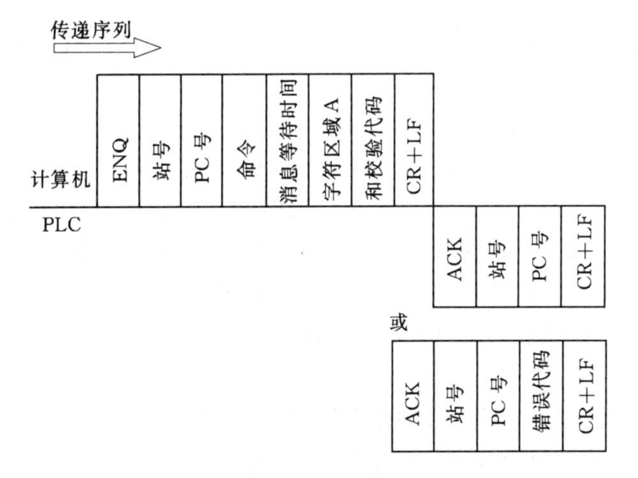

图 9-17　PC 从 PLC 写数据的数据流格式 4

（3）计算机链接的命令用来指定操作的类型，见表9－8。

表9－8　　计算机链接中的命令

命令	描　述	FX_{0N}和FX_{1S}	FX_{2N}、FX_{2NC}、FX_{1N}
BR	以点为单位读位元件（X、Y、M、S、T、C）	54点	256点
WR	以16点为单位读位元件组或读字元件组	13字、208点	32字、512点
BW	以点为单位写位元件（Y、M、S、T、C）组	46点	160点
WW	以16点为单位写位元件组	10字/160点	10字/160点
	写字元件组（D、T、C）	11点	64点
BT	对多个位单元分别置位/复位（强制ON/OFF）	10点	20点
WT	以16点为单位对位单元置位/复位（强制ON/OFF）	6字/96点	10字/160点
	以字元件为单位，向D、T、C写入数据	6字	10字
RR	远程控制PLC启动	—	—
RS	远程控制PLC停机		
PC	读PLC的型号代码		
GW	置位/复位所有连接的PLC的全局标志	1点	1点
—	PLC发送请求式报文，无命令，只能用于1对1系统	最多13字	最多64字
TT	返回式测试功能，字符从计算机发出，又直接返回到计算机	25个字符	254个字符

（4）消息等待时间。用来决定当PLC接收到从计算机发送过来的数据后，需要等待的最少时间，然后才能向计算机发送数据。消息等待时间的设置以10ms为单位，可以在0～150ms之间设置，用ASCII码表示，即消息等待时间可以在十六进制数0～F之间进行选择。

（5）字符区域。所需要发送的数据信息，该区域内容依赖于具体的单个系统，不随控制协议的格式而改变。

（6）和校验代码。用来确定消息中的数据有没有受到破坏，由特殊数据寄存器D8120中的b13设定。

4. 计算机与PLC之间的通信时间计算

（1）计算机从PLC读取数据通信时间。计算机发送读命令，经串行通信接口传送给PLC，这段时间为T0，到达PLC后，经过一段时间T1，PLC在执行END指令后，执行读操作，这段时间为T2。当报文等待时间TW到了（若未设置报文等待时间，或设置的时间少于PLC处理时间，则TW＝T1＋T2），计算机通过接口接收PLC发送的数据，这段时间为T3。经过一段延时时间T4后，计算机向PLC发送确认报文，这段时间为T5。总的通信时间为

$$T=T0+[(T1+T2)\text{或}TW\text{中较长的}]+T3+T4+T5$$

其中，T0、T3、T5的计算公式（x＝0、3、5）为

$$Tx=(1/\text{传输速率})\times\text{每个字符的位数}\times\text{字符数}$$

每个字符的位数＝1 位起始数＋7 或 8 个数据位＋0 或 1 个奇偶校验位＋1 或 2 个停止位。

PLC 运行时 T1 最长为 1 个扫描周期；停机时 T1 为 1ms。T4 至少应为两个扫描周期。

（2）计算机向 PLC 写数据通信时间。T0～T3 和 TW 的意义与读取数据命令的相似。总的通信时间为

T＝T0＋[(T1＋T2)或 TW 中较长的]＋T3

（二）无协议通信方式与串行通信指令 RS

多数 PLC 都有串行口无协议通信指令，FX 系列 PLC 为串行通信指令 RS。RS 属外围设备功能指令，用于 PLC 与上位计算机或其他 RS—232C 设备的通信。该通信方式最为灵活，PLC 与 RS—232C 设备之间可使用用户自定义的通信规约，但 PLC 的编程工作量较大，对编程人员的要求较高。如果不同厂家的设备使用的通信规约不同，即使物理接口都是 RS—485A，也不能接在同一网络内，在这种情况下，一台设备要占用 PLC 的一个通信接口。

FX_{2N}PLC 与各种 RS—232C 设备进行通信，可通过无协议通信完成，此通信使用 RS 指令或一个 FX_{2N}—232IF 特殊功能模块。

无协议通信的传输标准符合 RS—485A、RS—422A 或 RS—232C；FX_{2N} PLC RS—485A（422A）接口的传输距离最大为 500m，支持连接数目 1∶N；RS—232C 接口的最大通信距离为 15m，连接数目为 1∶1；采用全双工通信方式；数据长度为 7 位或 8 位；可采用无/奇/偶校验；停止位为 1 位/2 位；传输速率为 300bit/s、600bit/s、1200bit/s、2400bit/s、4800bit/s、9600bit/s 或 19200bit/s。

1. 串行通信指令 RS

串行通信指令 RS 是通信功能扩展板发送和接收串行数据的指令，如图 9－18 所示。

指令中的［S］和 m 用来指定发送数据的地址和字节数（不包括其实字符和结束字符），［D］和 n 用来指定接收数据的地址和可以接收的最大数据字节数。m 和 n 为常数，数据寄存器 D 取值为 1～4096（FX_{2N}）。

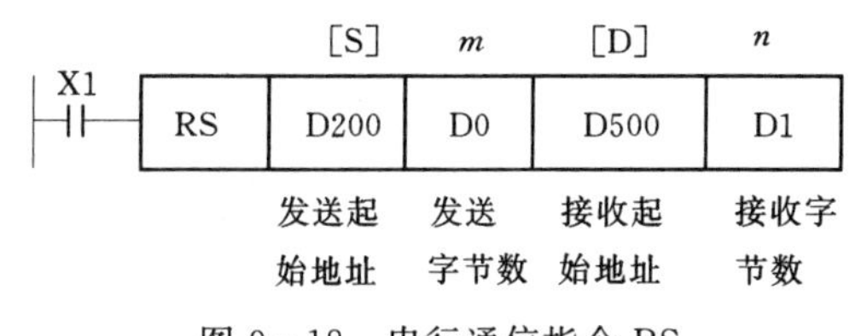

图 9－18　串行通信指令 RS

（1）指令使用说明：

1）不进行数据的发送或接收时，可以将发送或接收数据的元件数量设置为 K0。

2）对于 FX_{2N}系列 PLC，V2.00 以下的产品采用半双工方式进行通信，V2.00 以上的产品采用全双工方式进行通信。

3）数据传送格式通过特殊数据寄存器 D8120 来设定。

4）与 RS 相关的数据寄存器和特殊辅助继电器见表 9－9。

（2）用 RS 发送和接收数据的过程如下：

1）通过特殊数据寄存器 D8120 写数据来设置数据的传输格式。如果发送的数据长度是一个变量，需要设置新的数据长度。

2）驱动 RS，RS 被驱动，PLC 被置为等待接收状态。

表 9-9　与 RS 相关的数据寄存器和特殊辅助继电器

数据寄存器	功　能	特殊辅助继电器	功　能
D8120	通信格式设置	M8121	发送延迟标志
D8122	发送信息剩余字节数	M8122	发送请求标志
D8123	已接收信息字节数	M8123	接收完成标志
D8124	存放信息开始辨识符	M8124	载波检测标志
D8125	存放信息结束辨识符	M8129	停工超时标志
D8129	停工超时判定时间		

3）在发送请求脉冲驱动下，向指定的发送数据区写入指定数据；并置位发送请求标志 M8122。发送完成后，M8122 被自动复位。

4）当接收完成后，接收完成标志 M8123 被置位。用户程序利用 M8123，将接收到的数据存入指定的存储区。若还需要接收数据，需要用户程序将 M8123 复位。

在程序中可以使用多条 RS，但是同一时刻只能有 1 条 RS 被驱动。在不同 RS 之间切换时，应保证 OFF 时间间隔不小于 1 个扫描周期。

2. 无协议通信数据的处理

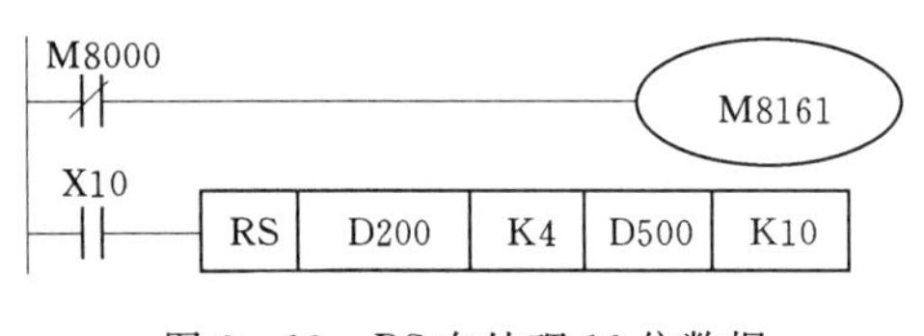

图 9-19　RS 在处理 16 位数据时的控制程序

无协议通信有两种数据处理格式：16 位数据处理模式和 8 位数据处理模式。

（1）16 位数据处理模式。当特殊辅助继电器 M8161＝OFF 时，无协议通信进行 16 位数据处理。在 16 位数据处理模式下，先发送或接收数据寄存器的低 8 位，然后是高 8 位。相应的 RS 控制程序及数据处理过程如图 9-19、图 9-20 所示。

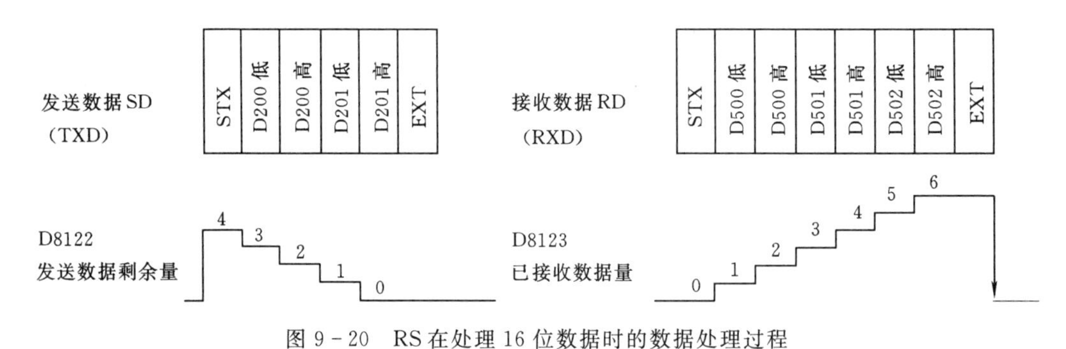

图 9-20　RS 在处理 16 位数据时的数据处理过程

（2）8 位数据处理模式。当特殊辅助继电器 M8161 为 ON 时，无协议通信进行 8 位数据处理。在 8 位数据处理模式下，只发送或接收数据寄存器的低 8 位，不使用高 8 位。相应的 RS 控制程序及数据处理过程如图 9-21 和图 9-22 所示。

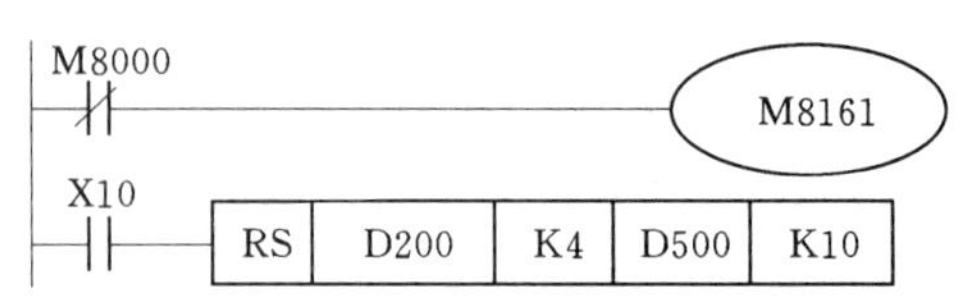

图 9-21　RS 在处理 8 位数据时的控制程序

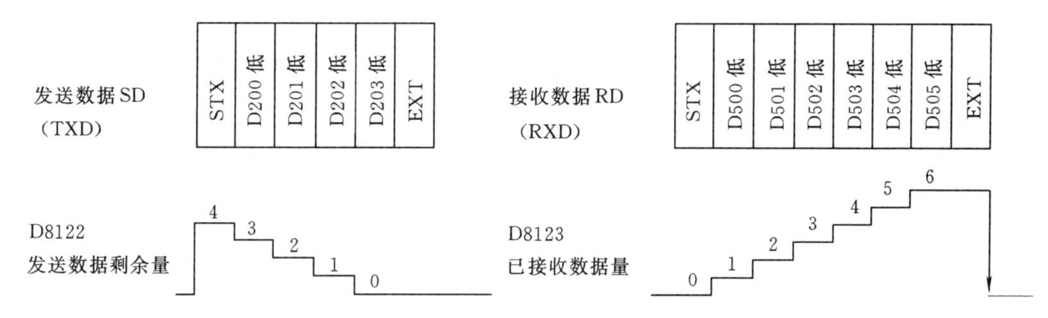

图9-22　RS在处理8位数据时的数据处理过程

（三）无协议通信的例程

【例9-3】　利用FX_{2N}—232—BD内置通信板连接FX_{2N}PLC和打印机，编写PLC的控制程序，使得打印机可以打印从PLC发送的数据。具体要求如下：

（1）打印机每打一条信息下移一行，在信息的末尾写CR（换行）（000DH）和LF（回车）（000AH）。

（2）利用X0驱动RS。

（3）每次X1打开（↑）时，将D10～D20的内容发送到打印机，并打印"测试行"。

表9-10　　通信格式（D8120=H006F）

数据长度	8位	起始符	无
奇偶校验	偶	终止符	无
停止位	2位	控制线	不用
传输速率	2400bit/s	通信协议	无

通信格式设置见表9-10，控制梯形图如图9-23所示。

解　PLC通信梯形图如图9-23所示。

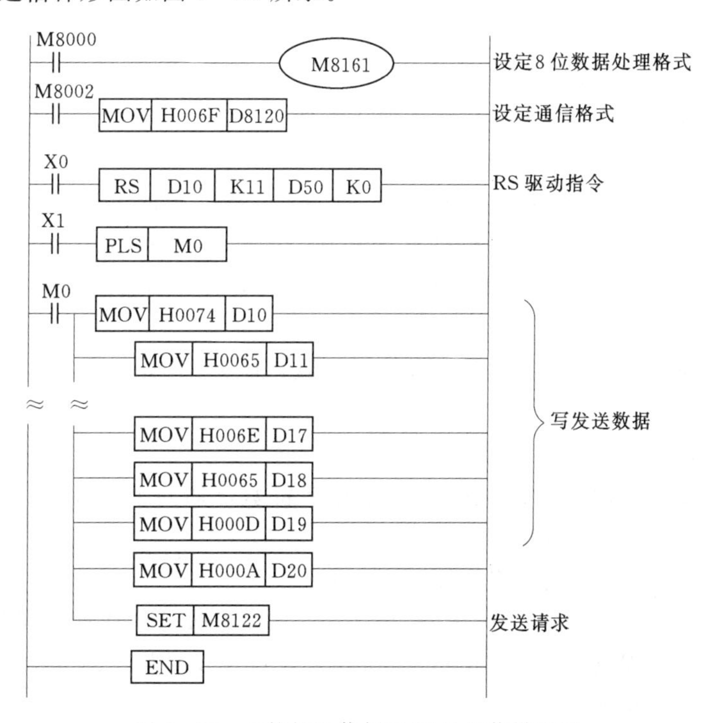

图9-23　无协议通信例程PLC通信梯形图

第四节　可编程控制器与PC通信的编程介绍

实现上位PC和下位PLC通信，除了通信模块的正确连接外，还需要分别在PC机和PLC编写相应的程序。在PC机上编写通信程序，可以实现PC对PLC的实时监测和控制，读取现场参数，设计监控人机界面，用PC代替触摸屏和图形显示终端对PLC的监控，其在Windows支持下，用高级编程语言、工业组态软件等编写可视化人机界面，功能全面，成本比专用的工作站要低。

组态软件如组态王、InTouch、WinCC、力控等，以其功能强大、界面友好、开发简洁等优点实现PLC与PC的互联通信，目前在PC监控领域已经得到了广泛的应用，但是一般价格比较昂贵。组态软件本身并不具备直接访问PLC寄存器或其他智能仪表的能力，必须借助I/O驱动程序，负责从设备采集实时数据并将操作命令下达给设备，它的可靠性将直接影响组态软件的性能。但是在大多数情况下，I/O驱动程序是与设备相关的，即针对某种PLC的驱动程序不能驱动其他种类的PLC，因此组态软件的灵活性也受到了一定的限制。

一、MSComm控件及VB处理通信的方式

VB6.0的MSComm（Microsoft Communications Control）控件是Microsoft公司提供的用于简化Windows环境下串行通信编程的ActiveX控件，它为应用程序提供了通过串行接口收、发数据的简易方法，在VC、VB、Delphi等编程语言中均可使用该控件。

1. MSComm控件的常用属性

MSComm控件的常用属性如下：

CommPort设置并返回通信端口号，默认值为COM1，可设置1～16个。还需注意的是必须在打开端口之前设置CommPort属性。

Settings设置并返回波特率、奇偶校验、数据位、停止位的字符串。其中波特率的范围为300～19200bit/s。Settings属性的默认值为“9600，N，8，1”。

PortOpen设置并返回通信口的状态，同时用来打开和关闭通信口。它是一个布尔值，即取值为True或False。

InputLen决定每次Input读入的字符个数，默认值为0，表示读取接收缓冲区的全部内容。

Input读入并清除接收缓冲区的字符。

InBufferCount返回接收缓冲区已接收的字符数，通过置0可清除接收缓冲区。Output将发送的字符串或数组写到发送缓冲区。

InputMode定义Input属性获得数据的方式。

Rthreshold设置或返回输入缓冲区中可以接收的字符数。当其属性值为1时，则缓冲区中每接收到一个字符就引发一次OnComm事件，以便及时从缓冲区中取走数据；当设为0时，则不引发OnComm事件。

SThreshold设置或返回发送缓冲区中的最少字符数。

CommEvent返回最近的通信事件或错误的数字代码。当CommEvent属性值为常数ComEvReceive=2时，收到Rthreshold个字符，就会触发OnComm事件，直到用Input属性从接收缓冲区中取出数据。

2. OnComm事件

MSComm通信控件产生的唯一事件是OnComm事件，每当出现通信错误或某个事件发生时，通信控件就会产生此事件。事件或错误的数字代码放在CommEvent属性中。常用的CommEvent属性值分为通信事件与通信错误两类。

3. 处理通信方式

(1) 事件驱动法当有数据到达端口，端口状态发生改变或有通信错误发生时，触发MSComm控件的OnComm事件，事件驱动实时性强，对外界情况可以作出快速响应，因而是处理串行端口交互作用的一种非常有效的方法。

(2) 查询法用软件或在程序中设置定时器实现对端口周期性扫描，通过读取CommEvent属性值来查询通信事件和错误，并做出相应处理。查询法编程简单，调试方便，如果应用程序较小，而且是自保持的，这种方法是可取的。

由于MSComm控件隐藏了调用过程，屏蔽了通信过程中的底层操作，使用该控件只需定义相应的属性，调用Send方法发送数据或等待处理相应的事件接收数据，就可以轻松地实现串行异步通信。

二、上位PC编程例程

【例9-4】 用三菱的基本单元和通信模块实现PC对温度的监控，图9-24所示为温度控制系统结构。

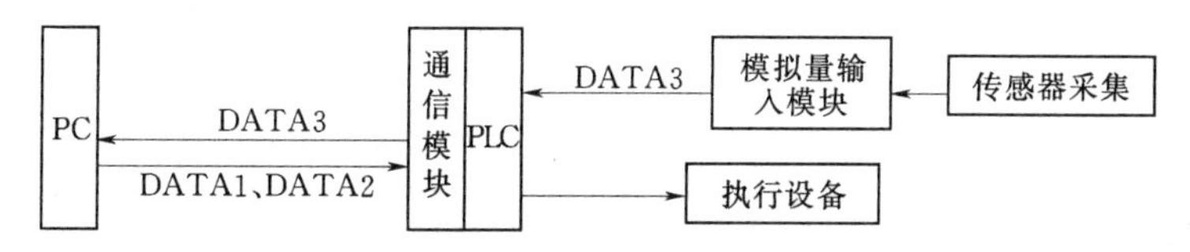

图9-24　温度控制系统结构

用户根据软件界面，利用键盘将要设定的温度值输入给计算机，计算机通过串口协议及计算机的通信程序将数字量DATA1、DATA2（设定温度范围值）直接输入给PLC，PLC将输入值与采集值进行比较，根据比较结果进行相应的动作（加热或冷却），同时把PLC采集到的温度值转换成对应的数值量DATA3（实时温度），并传给计算机并显示出来，实现随时对温度值进行监控。使温度保持在某个范围值内，实现温度控制目的。

1. 上位PC流程图

图9-25所示为温度控制系统上位PC流程。

2. 上位PC界面

要求编写的软件可以控制PLC的运行和停止，并显示PLC的运行状态。设备运行后，程序定时发送请求PLC上传温度测量值的报文，能对模拟量I/O模块采样到的温度进行实时监测。用户可以通过人机界面来设定要达到的温度范围，并传给PLC。只有在

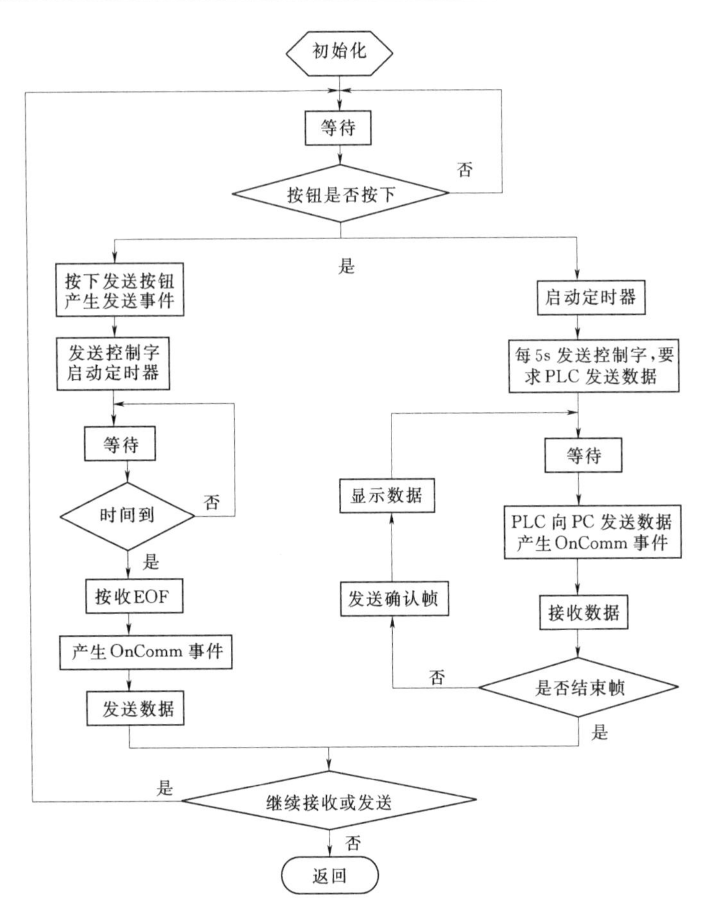

图 9-25　温度控制系统上位 PC 流程

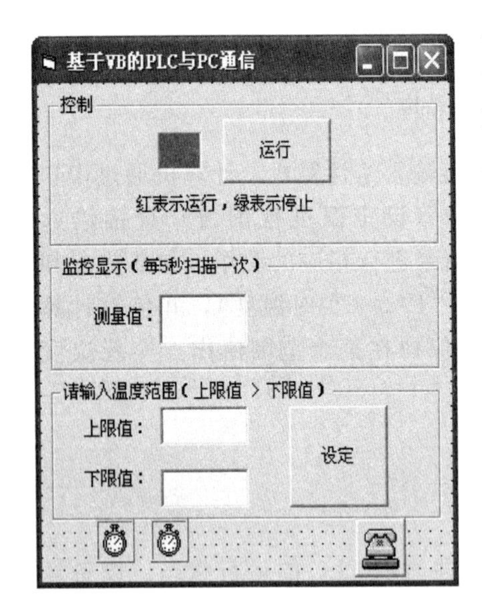

图 9-26　温度控制上位 PC 界面

单击“运行”按钮的情况下，才可能实现监控和设定功能。采用 VB 语言编写通信程序，选用的是 PLC 与计算机专有协议通信方式，可以通过计算机直接读、写操纵 PLC，监控 PLC 主要是通过模拟量输入模块将测得的数据传到 PLC 的寄存器中，然后软件读取寄存器的数据，从而达到温度实时监测的目的。设定温度主要是通过软件向 PLC 写入温度值，然后 PLC 内的程序根据设定数值进行相应的动作（加热或冷却）。图 9-26 所示为温度控制上位 PC 界面。

根据可视化界面的设计，对应的 FrmMain 窗体及其控件的主要属性和作用见表 9-11。

3. 主要子程序

(1) 串口及通信参数初始化。首先定义整个程序中用到的通用函数变量，然后根据前面选用的

表 9-11　　**FrmMain 窗体及其控件的主要属性和作用**

名　称	控件类型	主 要 属 性	说　　明
Form1	Form	Caption＝基于 VB 的 PLC 与 PC 通信	窗体标题显示程序名称，运行时固定大小
Frame1	Frame	Caption＝开启控制区	—
Frame2	Frame	Caption＝温度监控区	—
Frame3	Frame	Caption＝温度设定区	—
Cmdrun	CommandButton	Caption＝运行/停止	开机按钮，按下后自动转为停止按钮
Cmdset	CommandButton	Caption＝设定	温度设置按钮，处理输入文本框 TxtSet 中输入的数据，然后发送温度设定值
Picture1	Picturebox	—	显示 PLC 运行状态，红表示正在运行，绿表示停止
TxtView	Textbox	—	显示接收到的温度值的文本框
TxtSet1	Textbox	—	输入温度设定值的上限值
TxtSet2	Textbox	—	输入温度设定值的下限值
Label1	Label	Caption＝红表示正在运行，绿表示停止	状态提示
Label2	Label	Caption＝测量值	—
Label3	Label	Caption＝上限值	—
Label4	Label	Caption＝下限值	—
Label5	Label	Caption＝℃	温度单位标号
Label6	Label		
Label7	Label		
Timer1	Timer	Interval＝5000	每 5s 执行一次发送的定时器

通信格式，结合 MSComm 控件属性，设置软件的各项参数，包括选用通信端口、字符串通信形式、软件的初始界面等。

```
'控件初始化
Private Sub Form_Load()
With MSComm1
.CommPort = 1                           //选择串口 1
.Settings = "19200,n,8,1"               //19200bit/s,无奇偶校验,8 位数据位,1 位停止位
.InputMode = comInputModeBinary         //以二进制格式读取接收缓冲区
.RThreshold = 1                         //接收到的字符数不小于 1 时产生接收事件
.InputLen = 0                           //读出接收缓冲区所有内容
.OutBufferCount = 0                     //清空发送缓冲区
.InBufferCount = 0                      //清空接收缓冲区
End With
If Not MSComm1.PortOpen Then MSComm1.PortOpen = True
                                        //打开串口 1
```

```
Timer1.Interval = 4000                    //设定定时读到温度值的时间间隔
Timer1.Enabled = False                    //初始定时器1状态
Timer2.Interval = 500                     //设置超时判断定时器的中断时间
Timer2.Enabled = False                    //初始定时器2状态
No1 = 3                                   //初始化重发次数为3次,如果出现错误重发3次
No2 = 0                                   //初始化重发计数次数为0
rcvfinflag = True                         //初始化接收完成标志
resendflag = False                        //初始化重发标志
frame2.Visible = False                    //未启动则隐藏监控区域和设定区域
Frame3.Visible = False
End Sub
```

（2）发送子程序。计算机发送的命令报文的基本格式必须符合计算机链接协议的规定，其中控制代码和报文等待时间占一个字符，数据字符的个数与发送的命令有关，其他部分均占2个字符。因为选择了控制格式4，所以报文以CR/LF（回车、换行符，十六进制数0DH和0AH）结束。

如果前一条命令调用了发送子程序，但是该命令尚未顺利执行完毕，或正处于出错重发尚未结束之时，禁止其他命令调用发送子程序。在发送程序中，实现以下功能：保存发送子程序的输入参数inString，以备出错处理时重发命令使用。inString是命令报文中不包括ENQ、校验和及结束代码的字符串。将inString转换成ASCII码，送入发送数组中；调用校验和生成子程序，产生校验和；最后加上结束代码，形成并发送命令报文。

```
'发送子程序/
Private Sub send(inString As String)
If rcvfinflag = True Then                 //前一条命令执行完毕,接收完成标志初始化
    savestring = inString                 //保存命令字符串
    rcvlen = -1                           //接收数据存放数组的下标初始化
    rcvfinflag = False                    //接收完成标志复位
    length = Len(inString)                //求传过来命令字符数组的长度
ReDim outdata(0 To length) As Byte        //重新定义数据组
    outdata(0) = &H5                      //加上请求标志ENQ
    For i = 1 To length                   //字符串转为ASCII码,送入发送组
        outdata(i) = Asc(Mid(inString, i, 1))
    Next
    Call FCScheck(outdata)                //调用校验和函,产生校验和
    length = UBound(outdata)
ReDim Preserve outdata(0 To length + 2) As Byte
                                          //重新定义发送数组
    outdata(length + 1) = &HD             //因为是格式4,加上回车换行符
    outdata(length + 2) = &HA
    MSComm1.Output = outdata              //发送命令帧
    Timer2.Enabled = True                 //开启超时判断定时器
Else                                      //如果前一条命令未完,显示提示信息
    MsgBox "前一命令尚未执行完", vbExclamation, "操作提示"
```

```
End If
End Sub
```

（3）求和校验子程序。将报文的第一个控制代码与校验和代码之间所有字符的十六进制数形式的ASCII码求和，把和的最低两位十六进制数作为校验和代码，并且以ASCII码形式放在报文的末尾。

```
'求和校验子程序/
Private Sub FCScheck(outdata() As Byte)
Dim buflen As Integer, buf As String              //定义字符串长度变量和字符串变量
Dim i As Integer
Dim Checksum As Long                              //定义校验和变量
buflen = UBound(outdata)                          //求 outdata 数组可用的最大下标
Checksum = 0                                      //初始化校验和
For i = LBound(outdata) + 1 To UBound(outdata)
                                                  //求和时不包括控制代码
Checksum = (Checksum + outdata(i)) And &HFF
                                                  //求和,只保留低位字节
Next i
buf = IIf(Len(Hex(Checksum)) = 1, "0" & Hex(Checksum), Hex(Checksum))
                                                  //若校验和只有1位,则高位添0,补足2位
ReDim Preserve outdata(buflen + 2) As Byte
outdata(buflen + 1) = Asc(Mid(buf, 1, 1))
                                                  //校验和转换为ASCII码,低位在前
outdata(buflen + 2) = Asc(Mid(buf, 2, 1))
End Sub
```

（4）接收子程序。PLC接收到计算机发送的信息后，自动发送返回的报文。因为报文的正文中不会有回车、换行符（0DH和0AH），计算机在接收过程中进行判断，接收到回车、换行符则认为报文结束。

计算机向PLC发送命令报文后，启动超时判断定时器，若超时时间到，PLC仍未返回数据，则进入错误处理子程序。因为计算机在接收PLC返回的一个报文时可能产生几次OnComm事件，接收到PLC返回的数据后，首先判断报文是否结束。若接收尚未完成，则退出接收子程序，等待继续接收。

接收完成后，若为定时读命令，且接收到控制命令STX（表示文本开始，对应的十六进制数为&H2），用求和校验接收到的数据是否正确。若正确则向PLC发送确认报文。若数据出错或未接收到STX，则调用错误处理子程序。

ComEventFrame是硬件检测到一个报文帧错误（frame error）事件。当收、发双方设置的通信格式不同，或设置的传输速率不同时，便引发错误。但是并不能完全保证所有不同的设置格式或传输速率都能被检测到。

若为写命令，PLC正确执行后向计算机发送确认报文。若该过程出错，PLC向计算机发送出错报文，计算机进行错误处理。

下面是接收子程序的代码：

```
'接收数据子程序:接收和显示数据;若通信过程出错,进行出错处理
Private Sub MSComm1_OnComm()
Dim rcvtemp() As Byte                              //定义接收暂存数组
ReDim Preserve rcv(100) As Byte                    //预设接收字符数组 rcv
If rcvfinflag Then                                 //如果报文接收处理完成退出子程序
    Exit Sub
Else
Select Case MSComm1. CommEvent                     //控件产生通信事件或通信错误
Case comEventFrame                                 //检测到一个双方通信格式不同引发的错误
    MsgBox "双方通信格式设置不同",                  "提示"
    Timer1. Enabled = False                        //关闭定时发送定时器
    Timer2. Enabled = False                        //关闭超时判断定时器
    Exit Sub                                       //退出子程序
Case comEvReceive                                  //若接收到字符
    rcvtemp = MSComm1. Input                       //将缓冲区内容送入暂存数组
  For i = LBound(rcvtemp) To UBound(rcvtemp)
                                                   //接收字符个数加 1,Rcvlen 的初始值为-1
      rcvlen = rcvlen + 1
      If rcvlen > 100 Then                         //如果接收数据超过接收数上限
        rcvlen = -1                                //复位接收到的数据的长度变量
        Call errorhandle                           //进行错误处理
        Exit Sub
      End If
      rcv(rcvlen) = rcvtemp(i)                     //将接收到的各字节送入接收字节数组
  Next
  ReDim Preserve rcv(rcvlen) As Byte
                                                   //重新定义并保存接收字符数组
    If rcvlen >= 1 Then
    For i = LBound(rcv) + 1 To UBound(rcv)
      If rcv(i) = &HA And rcv(i - 1) = &HD Then
                                                   //如果接收到回车、换行符
        rcvfinflag = True                          //报文接收完成标志位置
          Finaldatalen = I                         //保存接收到的最终数据长度
            ReDim Preserve rcv(Finaldatalen) As Byte
                                                   //重新定义并保存接收字符数组
              rcvlen = -1                          //初始化接收到的数据的长度变量
            Exit For
          End If
        Next
    End If
  End Select
    End If
    '****************************************
    If rcvfinflag = True Then                      //若报文接收结束
```

```
    If readflag Then                                //若为定时读取数据命令
      If rcv(0) = &H2 Then                          //若报文以 STX(02)开始
        t = rcvdatachk(rcv)                         //调用接收数据检查程序
        If t Then                                   //若接收到的数据正确
          Call rcvdatadisplay(rcv, Finaldatalen)
                                                    //显示数据
          Call confirm(&H6)                         //向 PLC 发送 ACK(06)确认报文
            readflag = False                        //"读命令"标志复位
            No2 = 0                                 //重发计数次数复位
              Timer2.Enabled = False                //关闭通信超时定时器
                Else                                //若接收数据出错
                  Call confirm(&H15)                //向 PLC 发送 NAK 无法确认报文
                  Call errorhandle                  //进行错误处理操作
                End If
            ElseIf rcv(0) = &H15 Then Call confirm(&H15)
                  Call errorhandle                  //进行错误处理操作
            End If
        Else
          If rcv(0) = &H6 And Finaldatalen = 6 Then
                                                    //若 PLC 正确执行写命令
              Timer2.Enabled = False                //关闭通信超时定时器
              No2 = 0                               //复位重发计数次数
              Exit Sub                              //退出程序
          Else                                      //若 PLC 执行写命令出错
              Call errorhandle                      //进行错误处理
            End If
        End If
    End If
End Sub
```

（5）发送开关量命令子程序。单击软件界面中的“运行”按钮后，首先准备好要发送的命令报文的字符串 inString，然后调用发送子程序，发送给 PLC。

根据前面 PLC 程序，发送开机命令就是计算机向 PLC 的 D10 和 D11 分别写入 2A1H 和 1111H，报文格式如下：

名称	控制代码	站号	标识符	命令	等待时间	起始元件号	元件个数	D10 值	D11 值	校验和	结束代码
字符	ENQ (05)	00	FF	WW	A	D0010	02	02A1	1111	DA	CR/LF

停机命令就是计算机向 PLC 的 D10 和 D11 分别写入 2A1H 和 2222H，报文格式如下：

名称	控制代码	站号	标识符	命令	等待时间	起始元件号	元件个数	D10 值	D11 值	校验和	结束代码
字符	ENQ (05)	00	FF	WW	A	D0010	02	02A1	2222	DE	CR/LF

```
'开机按钮处理子程序
Private Sub Cmdrun_Click()
If Not MSComm1.PortOpen Then MSComm1.PortOpen = True
                                                    //如果串口未开,打开串口
    If Cmdrun.Caption = "运行" Then                 //如果软件正处于停止状态
      inString = "00FFWWAD00100202A11111"
                                                    //输入开机命令字符串
      Picture1.BackColor = &HFF&                    //提示背景颜色变红
      Cmdrun.Caption = "停止"                       //按钮变成"停止"按钮
      Timer1.Enabled = True                         //打开"定时读取温度"定时器
        frame2.Visible = True                       //监控框和设定框可用
    Frame3.Visible = True
Else                                                //如果软件正处于运行状态
      inString = "00FFWWAD00100202A12222"
                                                    //输出停机命令字符串
      Picture1.BackColor = &HFF00&                  //按下停止后,颜色变绿色
      Cmdrun.Caption = "运行"                       //按钮名称变为"运行"
      Timer1.Enabled = False                        //读计时器关断
      frame2.Visible = False                        //状态显示框不可见
      Frame3.Visible = False                        //设定框不可见
  End If
Call send(inString)                                 //调用发送程序
End Sub
```

(6) 定时读取监控值子程序。在计算机通信界面中，单击“运行”按钮后，“定时读取温度值”定时器 Timer1 被打开，每隔 5s 执行一次定时器操作，读取 PLC 的 D0102 温度测量值。

根据前面介绍的数据传输格式，读字元件分为 3 个步骤，首先计算机向 PLC 发送命令报文，请求读取 PLC 的字元件 D0102，请求格式如下：

名称	控制代码	站号	标识符	命令	等待时间	起始元件号	元件个数	校验和	结束代码
字符	ENQ (05)	00	FF	WR	A	D0102	01	3E	CR/LF

设 D0102 的数据为 0123H，PLC 正确地接收到数据后，返回的报文格式如下：

名称	控制代码	站号	标识符	D0102 的值	控制代码	校验和	结束代码
字符	STX (02)	00	FF	0123	ETX (03)	15	CR/LF

计算机正确地接收到数据后，向 PLC 发送确认报文格式如下：

名称	控制代码	站号	标识符	结束代码
字符	ACK（06）	00	FF	CR/LF

```
'读取温度值定时器操作
Private Sub Timer1_Timer()
readflag = True                          //置位"读命令"标志
inString = "00FFWRAD010201"              //输入定时读取 D102 的命令字符串
Call send(inString)                      //调用发送程序
End Sub
'超时判断定时器操作
Private Sub Timer2_Timer()
Call errorhandle                         //超时时间到,调用错误处理子程序
End Sub
```

（7）发送温度值设定子程序。在软件界面的温度设定值文本框内输入有效的温度值范围，单击“设定”按钮，温度设定子程序对输入数据进行处理，准备好要发送的报文的字符串后调用发送子程序，发送给 PLC。假设要设定的温度范围为 100～110℃，命令报文如下：

名称	控制代码	站号	标识符	命令	等待时间	起始元件号	元件个数	D0100值	D0101值	校验和	结束代码
字符	ENQ（05）	00	FF	WW	A	D0100	02	0064	006E	E7	CR/LF

PLC 正确地接收到数据后返回计算机的响应报文如下：

名称	控制代码	站号	标识符	结束代码
字符	ACK（06）	00	FF	CR/LF

温度设定按钮处理子程序首先判断用户输入的温度设定值是否正确，若错误，则用错误信息窗口提示用户重新输入数据；若正确，则对输入值进行处理，将它附到输入命令报文字符串后面，形成完整的温度设置命令字符串。最后调用发送子程序。

```
'设定数据
Private Sub Cmdset_Click()
inString = "00FFWWAD010002"              //输入命令报文的固定部分
Dim temp1 As Variant                     //定义两输入变量函数
Dim temp2 As Variant
temp1 = Trim(TxtSet1.Text)               //去掉两边空白字符
temp2 = Trim(TxtSet2.Text)
If Not IsNumeric(temp1) Then             //如果输入的数据有格式错误
```

```
        MsgBox "请按以下范围和格式输入数据：-100.0～300.0", vbExclamation, "输入数据格式错误"
        Exit Sub
    End If
    If Not IsNumeric(temp2) Then
        MsgBox "请按以下范围和格式输入数据：-100.0～300.0", vbExclamation, "输入数据格式错误"
        Exit Sub
    End If
    Dim temperature1 As Integer
    Dim temperature2 As Integer
    If temp > 300 Or temp < -100 Then
                                            //如果输入以℃为单位的输入数据超出规定范围
        MsgBox "请输入-100.0～300.0 之间的数", vbExclamation, "输入数据范围错误"
                                            //提示错误
        Exit Sub
    Else                                    //下限值处理
        temprature1 = CInt(10 * Val(temp1))
                                            //将输入的数据转换为以 0.1℃为单位的整数
        t1 = Hex(temprature1)               //将输入的数转换为十六进制数
        j1 = Len(t1)                        //求转换后的十六进制数位数
        t1 = String(4 - j1, "0") & t1       //如果不够 4 位在高位加 0 整合够 4 位
        temprature2 = CInt(10 * Val(temp2))
                                            //上限值处理,同下限值一样
        t2 = Hex(temprature2)
        j2 = Len(t2)
        t2 = String(4 - j1, "0") & t2
    End If
    readflag = False                        //复位"读"标志
    inString = inString & t1 & t2           //转换后的设定值加在命令字符串上
    If Timer1.Enabled = True Then           //若在开机状态下
      Timer1.Enabled = False                //发送温度设置命令前,暂时关闭定时器 1
      Call send(inString)                   //发送设定值到 PLC
      Timer1.Enabled = True                 //重新开启读定时器 1
    Else                                    //若在关机状态下
      Call send(inString)                   //直接发送设定值到 PLC
    End If
    End Sub
    '键盘字符输入判断子程序,用户用键盘输入数据时自动执行
    Private Sub txtset_keypress(keyAscii As Integer)
    temp = (Chr(keyAscii))                  //输入字符值
    If Not (temp Like "[0-9;. ;-]" Or keyAscii = 8 Or keyAscii = 13) Then
                                            //如果输入的字符不是 0～9、小数点、负号或退格和回车,则
                                            发出警告
    MsgBox "只允许输入 0～9、小数点、负号或退格和回车", vbExclamation, "键盘输入字符错误"
    Exit Sub
```

```
End If
End Sub
```

三、可编程控制器编写通信程序

1. PLC初始化程序

通信双方设置的通信参数应完全相同，并根据通信协议和通信规约中的规定编写通信程序。下面是PLC中的通信参数设置程序：

```
LD   M8002
MOV HE891   D8120          //设置通信参数
MOV H0000 D8121            //PLC站号为0号
MOV K10 D8129              //超时时间设置为100ms
```

上位机对下位机的开机命令可以用二进制的一位来表示。例如，上位机将开机命令送给PLC的M100，M100为ON表示需要开机。但是在通信过程中传送的一位（bit）数据受干扰的概率很大，即使采用了各种校验手段，也不一定保险。对于像合闸这一类与安全有关、极为重要的操作命令，不宜用二进制的一位来传送。为了确保系统的安全，用占一个字的命令代码来发送随机命令，提高了通信的可靠性。

上位机和PLC通过PLC的D10中的命令字传递开机命令，上位机将十六进制数命令字写入D10。PLC在每一扫描周期检查D10，若D10非0，表示上位机发出了开机命令字，PLC根据D10中的命令字执行相应的命令。执行完后，PLC将D10清零。上位机的某些命令伴随有数据字，PLC用来存放命令中的数据字的起始地址为D11。例如，开关量命令的命令代码为02A1H，当伴随的数据字为1111H时，要求开机；当伴随的数据字为2222H时，要求关机。设定的数据是任意的，只要与PLC设定的判断数据一致便可以。

PLC中简化程序如下：

```
LD= H2A1   D10             //如果是开关量命令
CALL P10                   //调用开关量命令处理子程序
CALL P11                   //进入开机或停机选择口
FEND                       //主程序结束
P10 LD= H1111 D11          //数据字为1111H
OUT M50                    //置位开机命令标志
LD= H2222 D11              //数据字为2222H
OUT M51                    //置位停机命令标志
SRET                       //子程序结束返回
```

2. 温度控制程序

PLC收到开机命令后，即开启定时器，每隔5s与模/数转换模块进行数据交换，并将数据存入D102，然后利用区间比较命令将设定温度与采集数据进行比较，当采集值小于设定的温度范围时，输出Y0，驱动相应的加热机构；当采集值在设定的温度范围内时，输出Y1，驱动正常显示灯；当采集值大于设定的温度范围时，输出Y2，驱动相应的冷却机构。PLC程序如下：

```
P11                      //子程序入口
LD M50                   //M50 通,M51 断时,将 Y007 置位
ANI M51
SET Y007                 //Y007 置 1,PLC 扫描运行
LD M51                   //M50 断,M51 通时,将 Y007 复位
ANI M50
RST Y007                 //Y007 复位扫描停止
LD M8000
AND Y007                 //当满足 Y007 通且循环 Y005 置 0 时,开启定时器
ANI Y005
OUT T0 K50               //开启定时器,每 5s 采集数据一次
MPS
AND T0
TO K1 K17 H0000 K1       //模拟量采集转换
MRD
AND T0
TO K1 K17 H0002 K1
MRD
AND T0
FROM K1 K0 D102 K1       //将采集的数据存放到数据寄存器 D102
MPP
AND T0
ZCP D100 D101 D102 M3    //将 D102 的数据与 D100～D101 数据进行区间比较
LD M3
OUT T1 K50               //D102 的数据小于设定范围,则启动定时器 T1
OUT Y000                 //同时输出 Y000,用作驱动加热机构
LD T1
RST Y005                 //T1 后,将 Y005 复位,循环采集,比较
LD M4
OUT T2 K50               //D102 数据在设定范围内,启动定时器 T2
OUT Y001                 //同时输出 Y001,用作正常温度指示灯
LD T2
RST Y005                 //T2 后,将 Y005 复位,循环采集,方法同上
LD M5
OUT T3 K50               //D102 大于设定范围,启动定时器 T3
OUT Y002                 //同时输出 Y002,用作驱动冷却机构
LD T3
RST Y005                 //5s 后再进行循环采集,将采集值与实际值比较
SRET                     //子程序结束返回
END
```

习 题 及 思 考 题

9-1　无协议通信方式有什么特点？

9-2　$N:N$ 链接各站间是怎样交换数据的？

9-3 两台并联运行的 PLC，将从站 X20～X27 的信号传送给主站，主站接收信号后，当信号全部为 ON 时，主站向从站发出命令，置辅助继电器 M820 为 ON。试分别编写主站、从站的梯形图。

9-4 简述 PC 与 PLC 进行数据通信时数据传输的数据流有几种形式，分别简述每种数据流的数据传输过程。

第十章　可编程控制器系统设计及应用

第一节　可编程控制器系统的设计与选型

一、可编程控制器控制系统设计的基本原则

（1）满足被控对象的控制要求。

（2）考虑到生产的发展和生产工艺的改进，设计 PLC 系统时要有适当裕量。

（3）在满足以上两个要求的前提下，应力求使该系统具有较高的性价比。

（4）确保控制系统的安全、可靠。

二、确定设计任务书

设计任务书是进行整个系统设计的依据和最终完成的目标，它取决于生产工艺流程，因此在制定设计任务书时必须对被控对象作详细分析。设计任务书在技术方面应包括以下几点：

（1）PLC 控制系统名称。

（2）控制任务和范围。指明控制对象范围及必须完成的动作，包括动作时序、动作条件、连锁与保护和操作方式（手动、自动；连续、单周期、单步等）。

（3）检测和控制的参数表（I/O）表。根据工艺指标、操作要求、安全措施等，确定检测点和控制点的含义、数量、量程、精度、特性、安置位置等。在满足控制要求、技术指标的前提下，一般尽可能地减少检查点和控制点，以降低 PLC 控制系统的复杂程度，削减系统费用。

（4）参数间的关系。明确在控制过程中各输入/输出量之间的逻辑、数量和时间关系。

三、可编程控制器控制系统设计内容及步骤

（1）深入了解被控系统，确定控制系统输入/输出量，输入设备（按钮、开关、传感器）、输出设备（继电器、接触器、信号灯等）、输出设备驱动的对象（电动机、电磁阀等），这是控制系统设计的基础。

（2）根据对被控对象控制所要达到的技术指标要求确定对 PLC 的选择，包括机型、容量、I/O 模块、功能模块等。

（3）I/O 分配，对每个输入/输出设备进行编号，并与 PLC 的 I/O 端口相一致，列出一张 I/O 信号表。

（4）绘制电路原理图、安装图、接线图，以及各种控制柜、操作台、非标准组件的图纸。

（5）编制用户控制程序，对于简单的控制系统，可采用经验设计方法绘制其梯形图，

对于复杂的控制系统，需要根据总体要求和系统的具体情况，确定用户程序的基本结构，绘制系统的控制流程图或菜单图，用以清楚表明动作的顺序和条件，然后设计相应的梯形图。系统控制流程图或菜单图要尽量详细、准确，以方便编程。

(6) 调试程序，包括模拟调试程序、联机调试程序。模拟调试要检验程序是否完全符合预定的要求，所以必须考虑到各种可能的情况，联机调试则是在控制台（柜）及现场施工完毕，程序的模拟调试完成后才进行的。

(7) 编写技术文件，包括设计说明书、电气图、组件明细表等，以后将这些完整的技术资料提供给用户，以利于系统的维修和改进。

四、可编程控制器的选择

PLC适用的情况如下：I/O点数较多，控制要求复杂，或工艺流程和产品多变，需经常改变控制电路的结构和控制参数，包括机型、容量、I/O模块、外围设备等。

PLC控制系统设计的一般步骤如图10-1所示。

（一）机型选择

1. PLC规模的选择

(1) 以开关量控制为主，只需少量的模拟量控制，可选用小型PLC。

(2) 含较多的I/O点，控制较复杂，要求较高的被控系统，可选用中、高档的PLC。

(3) 对工作过程固定、环境较好的场合，可选用整体结构，以降低成本；需扩展或需功能模块的场合，可选用模块式PLC。

2. 对时间和其他特殊功能的要求

(1) 对于开关量控制系统，不需考虑PLC的响应时间，而对于模拟量控制系统、闭环控制系统，需考虑PLC的响应时间。

(2) 需要时，可采用高速PLC或快速响应模块、中断模块提高PLC的响应速度，减少时间延迟。

3. PLC联网通信的考虑

需通信的场合，选用具有通信联网功能的PLC，使PLC与PLC之间，或PLC与PC之间可以通信，组成工厂自动化网。

4. 对系统可靠性的考虑

考虑冗余及系统备份。

5. PLC机型统一的考虑

一个企业内部，尽可能机型统一，以便于管理和维护。

（二）容量的选择

PLC容量包括I/O点数、用户程序存储器容量的选择。

1. I/O点数的选择

对于I/O点数，除了要考虑系统的当前要求之外，还要求适当留有10%～15%的裕量。

2. 用户程序存储器容量的选择

粗略估算如下：

(1) 只有开关量控制时为

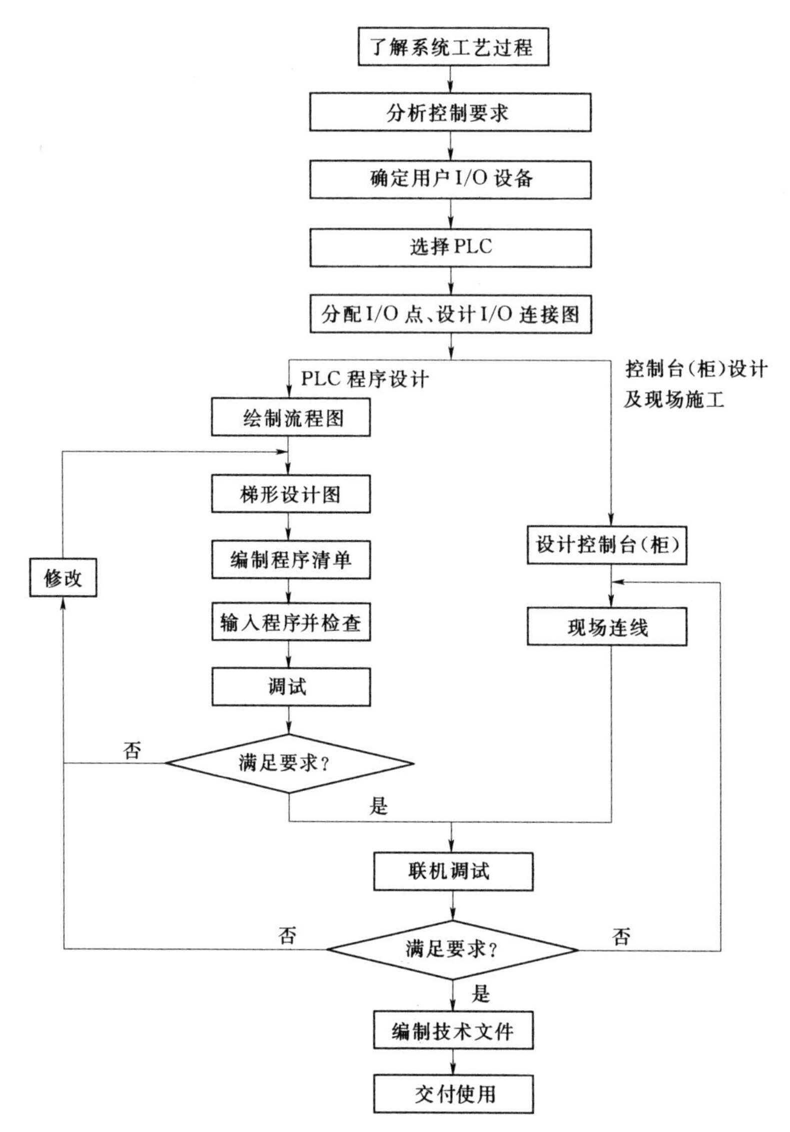

图10-1　PLC控制系统设计的一般步骤

$$\text{I/O点所需存储量} = \text{I/O点数} \times 8$$

（2）只有模拟量输入时为

$$\text{模拟量所需存储器字数} = \text{模拟量路数} \times 120$$

（三）I/O模块的选择

1. 开关量输入模块的选择

（1）模块点数：4、8、16、32、64。

（2）电压形式：直流5V、12V、24V、48V，交流110V、220V。

（3）电路结构：汇点式、分组式、隔离式。

2. 开关量输出模块的选择

（1）模块点数：16、32、48。

（2）输出方式：继电器输出、双向可控硅输出、晶体管输出。

（3）电路结构：汇点式、分组式、隔离式。

第二节　可编程控制器的应用举例

【例 10－1】　电动机正、反转控制。

许多生产机械常常要求具有上下、左右、前后等相反方向的运动，这就要求电动机能正、反向转动。对于交流异步电动机，可用正、反向接触器改变定子绕组通电电流的相序来实现。三相异步电动机正、反转接触器控制电路如图 10－2 所示，该电路具有正/反转互锁、过载保护功能，是许多中、小型机械的常用电路。

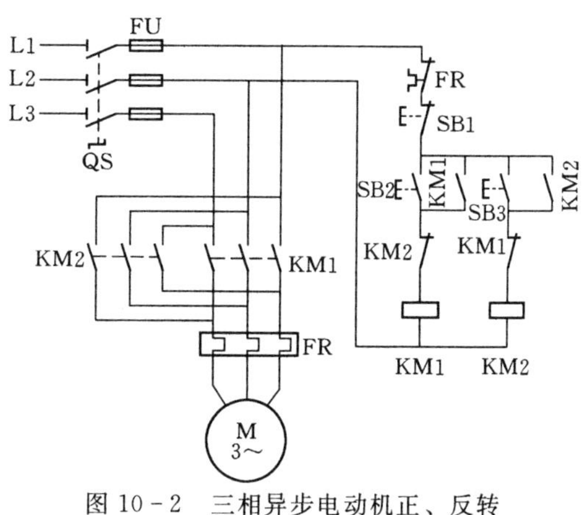

图 10－2　三相异步电动机正、反转接触器控制电路

应用 PLC 实现对电动机的正、反转控制时，先对 PLC 的输入/输出点（端子）进行分配，见表 10－1。PLC 外部接线如图 10－3（a）所示，PLC 控制梯形图如图 10－3（b）所示。

表 10－1　　电动机正、反转控制 PLC 输入/输出点分配

输入电器	输入点	输出电器	输出点
停止按钮 SB1（常闭）	X001	正转接触器 KM1	Y001
正转按钮 SB2	X002	反转接触器 KM2	Y002
反转按钮 SB3	X003		
热继电器触点 FR（常闭）	X004		

按下正转按钮 SB2，输入继电器常开触点 X002 接通，输出继电器 Y001 接通并自锁，接触器 KM1 闭合，电动机正转。按下停止按钮 SB1，输入继电器 X001 常闭触点断开，输出继电器 Y001 断开，接触器 KM1 断开，电动机停止。按下反转按钮 SB3，输入继电器 X003 接通，输出继电器 Y002 接通并自锁，接触器 KM2 闭合，电动机反转。按下停止按钮 SB1，电动机停转。如果电动机在运行中发生过载，热继电器 FR 触点动作，输入继电器 X004 常闭触点断开，输出继电器 Y001 或 Y002 都会断开，正转接触器或反转接触器会断开，电动机停止工作，避免损坏电动机。

【例 10－2】　电动机星形—三角形启动控制。

三相笼型异步电动机全压直接启动时，启动电流是正常工作电流的 5～7 倍，当电动机功率较大时，很大的启动电流会对电网造成冲击。对于正常运转时定子绕组作三角形（△）连接的电动机，启动时先使定子绕组接成星形（Y），电动机开始转动，待电动机达到一定转速时，再把定子绕组改成三角形连接，使电动机正常运行。

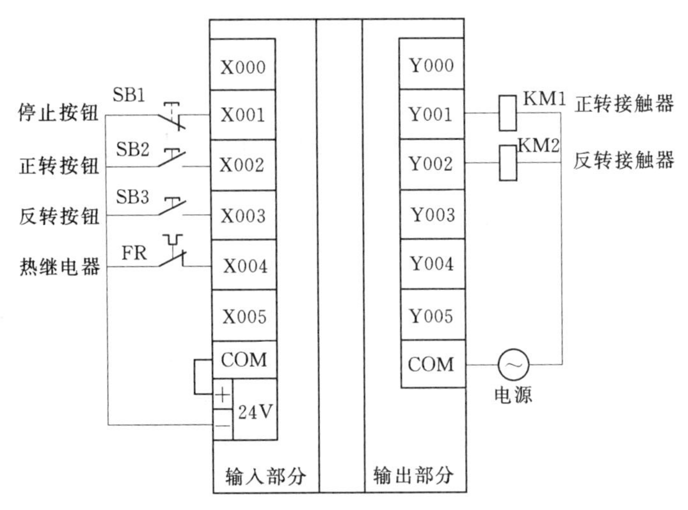

(a) 电动机正、反转控制 PLC 外部接线

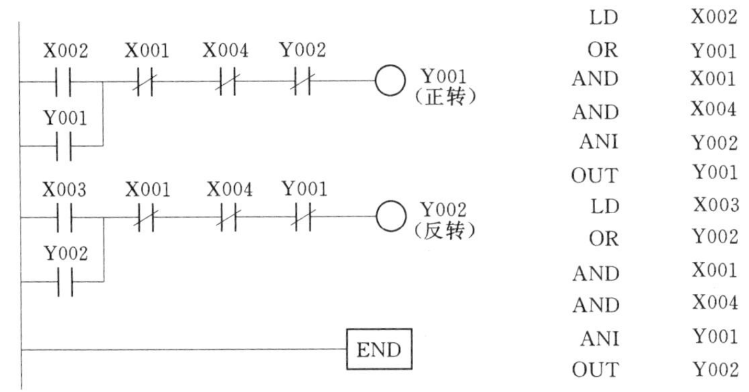

(b) 电动机正、反转 PLC 控制梯形图及对应的指令助记符

图 10-3　PLC 外部接线及其梯形图

电动机星形—三角形启动接触器控制电路如图 10-4 所示。控制要求：按启动按钮时，接触器 KM1 和 KM2 同时闭合，电动机按星形连接启动；3s 后 KM2 断开，换成 KM3 闭合，而 KM1 仍然保持闭合，电动机按三角形连接运行。任何时候按停止按钮，接触器 KM1、KM2 和 KM3 都断开。应用 PLC 控制电动机星形—三角形启动时，先对 PLC 的输入和输出点进行分配，见表 10-2。PLC 外部接线如图 10-5 (a) 所示，PLC 控制梯形图及指令助记符如图 10-5 (b) 所示。

表 10-2　电动机星形—三角形启动控制 PLC 输入/输出点分配

输入电器	输入点	输出电器	输出点
启动按钮 SB1	X001	接触器 KM1	Y001
停止按钮 SB2	X002	接触器 KM2	Y002
		接触器 KM3	Y003

按下启动按钮 SB1，输入继电器 X001 接通，输出继电器 Y001 和 Y002 接通，接触器

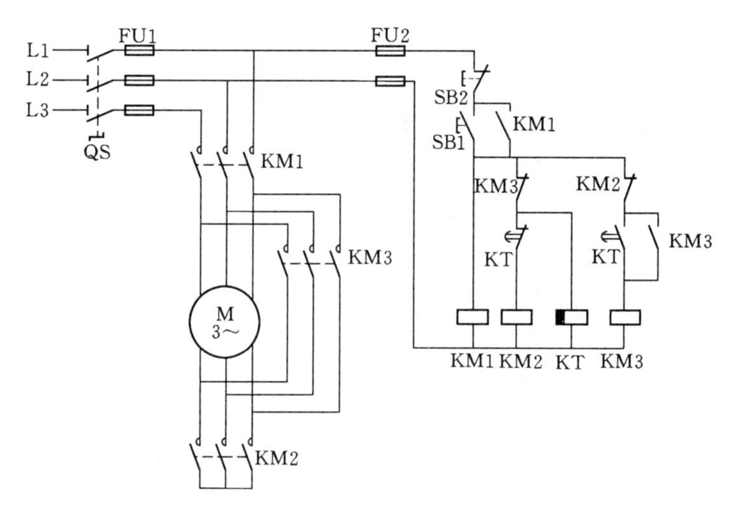

图 10-4　电动机星形—三角形启动接触器控制电路

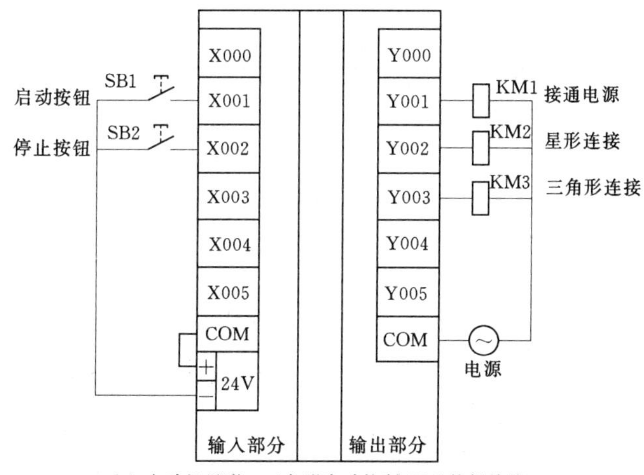

(a) 电动机星形—三角形启动控制 PLC 外部接线

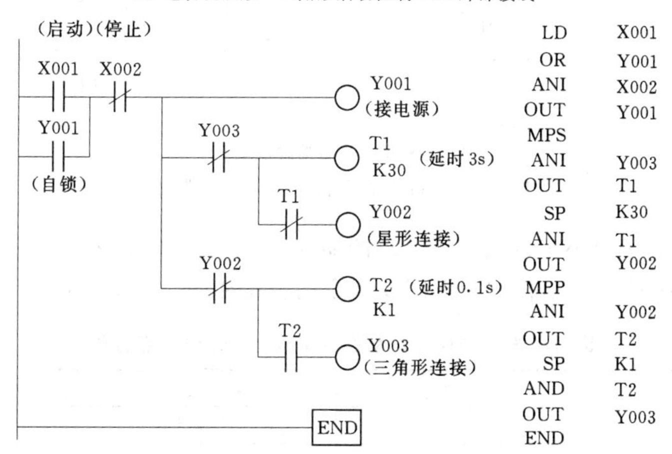

(b) 电动机星形—三角形启动 PLC 控制梯形图及指令助记符

图 10-5　PLC 外部接线及控制梯形图

KM1 和 KM2 闭合，电动机绕组接成星形启动。同时，定时器 T1 开始延时，3s 后其常闭接触点断开，输出继电器 Y002 断开，接触器 KM2 断开。定时器 T2 延时 0.1s 后其常开触点接通，输出继电器 Y003 接通，接触器 KM3 接通，电动机绕组接成三角形运行。按下停止按钮 SB2，输入继电器 X002 常闭接触点断开，输出继电器 Y001 断开并解除自锁，同时，输出继电器 Y003 也断开，接触器 KM1 和 KM3 都断开，电动机停止运转。程序中用定时器 T2 延时 0.1s 控制星形—三角形换接时间，以防止接换瞬间发生相间短路。

【例 10-3】　运料小车自动往返运动控制。

运料小车在左端（由行程开关 SQ1 限位）装料，右端（由行程开关 SQ2 限位）卸料，其运行示意图如图 10-6（a）所示。控制要求：运料小车启动后先向左行，到左端停下装料，20s 后装料结束，开始右行，到右端停下卸料，10s 后卸料完毕，又开始左行；如此自动往复循环，直到按下停止按钮，小车才停止工作。运料小车运行接触器控制电路如图 10-6（b）所示。

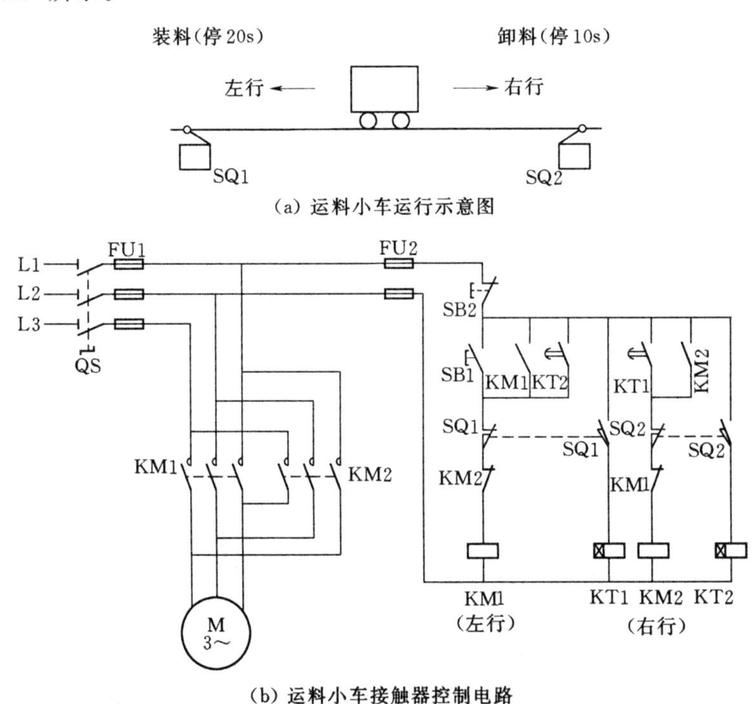

图 10-6　运料小车运行示意图及控制电路

应用 PLC 控制运料小车自动往返运动的输入/输出点分配见表 10-3。PLC 外部接线如图 10-7（a）所示，PLC 控制梯形图及指令助记符如图 10-7（b）所示。

表 10-3　　运料小车自动往返运动控制 PLC 输入/输出点分配

输入电器	输入点	输出电器	输出点
停止按钮（常开）	X000	左行接触器 KM1	Y001
行程开关 SQ1	X001	右行接触器 KM2	Y002
行程开关 SQ2	X002		
启动按钮 SB1	X003		

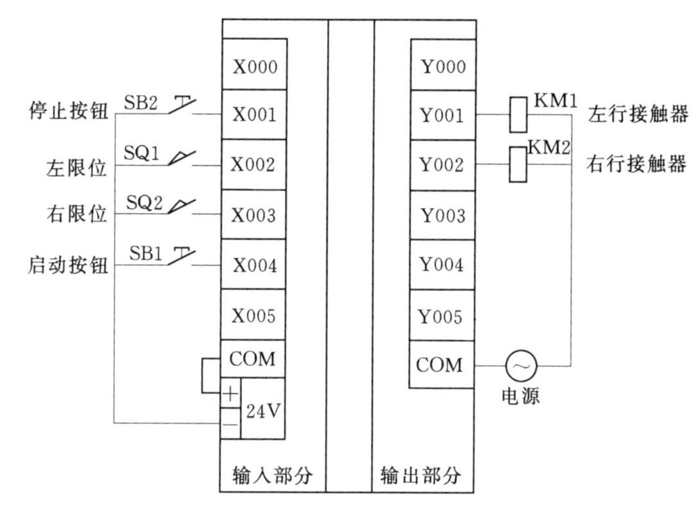

(a) 运料小车控制 PLC 外部接线

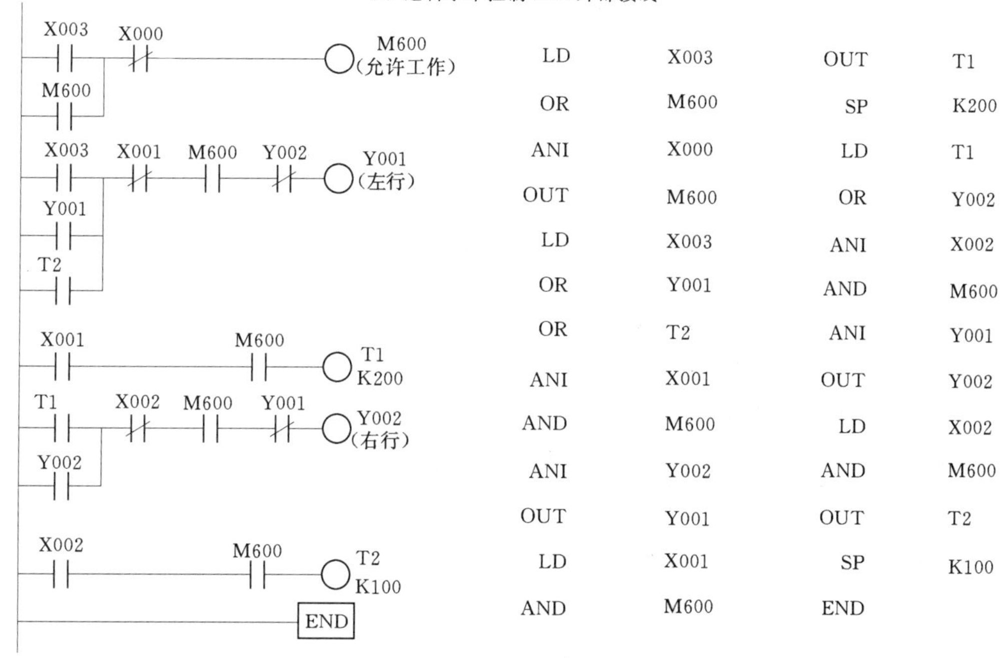

(b) 运料小车 PLC 控制梯形图及指令助记符

图 10-7　运料小车外部接线及其控制梯形图

按下启动按钮 SB1，输入继电器 X003 接通，内部辅助继电器 M600 接通并自锁，用作小车允许工作控制。同时，输出继电器 Y001 接通并自锁，左行接触器 KM1 接通，使小车向左运动。当碰到左端行程开关 SQ1 时，输入继电器 X001 常闭触点断开，使输出继电器 Y001 断开，左行接触器 KM1 断电，小车停止运动。同时，X001 常开触点闭合，定时器 T1 开始延时，20s 定时时间到，T1 触点闭合，使输出继电器 Y002 接通并自锁，右行接触器 KM2 接通，使小车向右运动。当碰到右端行程开关 SQ2 时，输入继电器 X002 常闭触点断开，使输出继电器 Y002 断开，右行接触器 KM2 断电，小车停止运动。同时，

X002 的常开触点闭合，定时器 T2 开始延时，10s 定时时间到，T2 触点闭合，使输出继电器 Y001 接通并自锁，左行接触器 KM1 又接通，小车又开始向左运动。如此周而复始，直到按下停止按钮，输入继电器 X000 的常闭触点断开，使内部辅助继电器 M600 断开，其常开触点都断开，使输出继电器都断开，因而接触器都断电，小车停止运动。

【例 10－4】 图 10－8 所示是一个 4 段的带运输机的传动系统示意图。

(1) 系统动作要求。此 4 段的带传送机，编号分别为 M1～M4，4 台电动机带动 4 段带，按下启动按钮 SBT 后，最末级电动机 M4 先启动，经过 5s 延时后，再启动前一级带机。

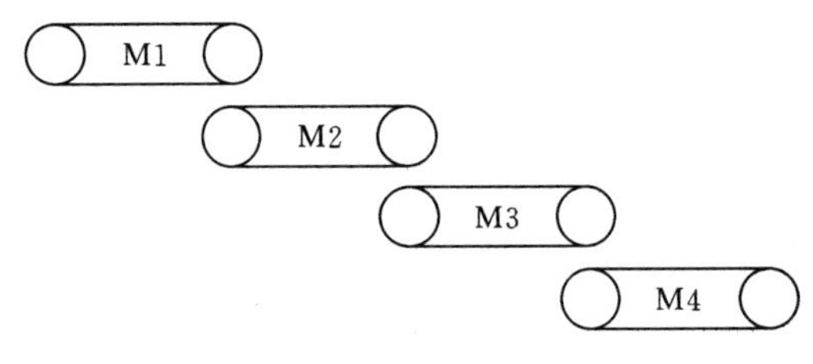

图 10－8　带运输机传送系统示意图

a. 启动顺序：M4→M3→M2→M1。

b. 停止时，按停止按钮 SBP，先停第一级电动机，依次停止顺序为 M1→M2→M3→M4。

c. 某台电机故障时，该电机前的带机立即停止，而之后的带机要等料送完后停止。

(2) 确定 I/O 点数及 PLC 选择。

a. 输入设备的数量。启动按钮 SBT，停止按钮 SBP，各带机速度正常感应继电器 BV1～BV4，共 6 个输入点。

b. 输出设备的数量。控制 4 台电机启停及 4 个电机故障指示灯，共 8 个开关量输出点。

c. PLC 选择：只有开关量，对响应也没有特别要求，定时固定，所以，可选用三菱的整体式小型 PLC F1—20M，12 个输入、8 个输出，能满足要求。

(3) I/O 地址分配表（表 10－4）。

表 10－4　I/O 地址分配表

<table>
<tr><th>输入地址</th><th>描　述</th><th>输出地址</th><th>描　述</th></tr>
<tr><td>X400</td><td>启动按钮</td><td>Y430</td><td>驱动 M4</td></tr>
<tr><td rowspan="2">X413</td><td rowspan="2">停止按钮</td><td>Y431</td><td>驱动 M3</td></tr>
<tr><td>Y432</td><td>驱动 M2</td></tr>
<tr><td>X402</td><td>M2 速度继电器</td><td>Y433</td><td>驱动 M1</td></tr>
<tr><td>X403</td><td>M3 速度继电器</td><td>Y434</td><td>M1 故障报警</td></tr>
<tr><td rowspan="2">X404</td><td rowspan="2">M4 速度继电器</td><td>Y435</td><td>M2 故障报警</td></tr>
<tr><td>Y436</td><td>M3 故障报警</td></tr>
<tr><td>X401</td><td>M1 速度继电器</td><td>Y437</td><td>M4 故障报警</td></tr>
</table>

(4) 绘制流程图。启动 4 种状态、停止 4 种状态、故障报警 4 种状态，所以共 12 种状态。其流程如图 10－9 所示。

【例 10－5】 电梯运行控制。

在高层建筑中，电梯是不可或缺的重要设备，早期的电梯采用继电接触系统，但由于

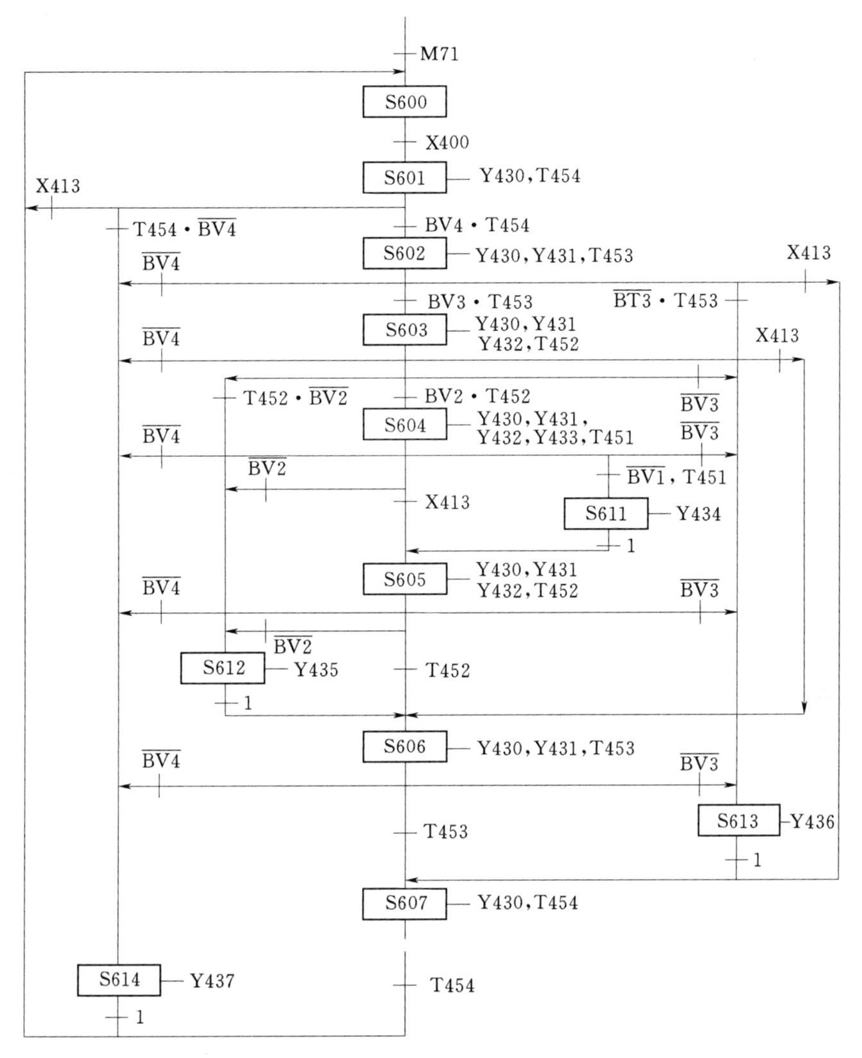

图 10－9　采用步进控制的流程

电梯控制系统的复杂性，继电接触控制系统的接线复杂，可靠性较低。因此现在的电梯都已采用了其他控制系统，PLC 就是最常用的一种。

（1）拖动系统的分析。电梯的拖动系统有许多种，性能好的有直流发电机——电动机可控硅励磁拖动系统、变频调压调速系统，价格较为昂贵；简单的有交流调压调速系统、单/双速交流电机拖动系统，在速度 1.5m/s 以下的中、低速电梯中经常采用后者，因为它结构简单、经济实用。现以双速交流电机拖动系统为例加以说明，如图 10－10 所示。

电梯的主要两个动作——上升和下降，可由电动机的正/反转来实现任意调换接入电动机的两根火线，此功能可由 1KM 和 2KM（电动机正/反转接触器）实现。双速电动机有两套绕组，正常运行时接通高速绕组，即 3KM 接通，在检修运行或停靠时接通低速绕组，即 4KM 接通。

电梯启动和运行时是接通高速绕组的，但直接启动时会对电网造成冲击，为了降低启

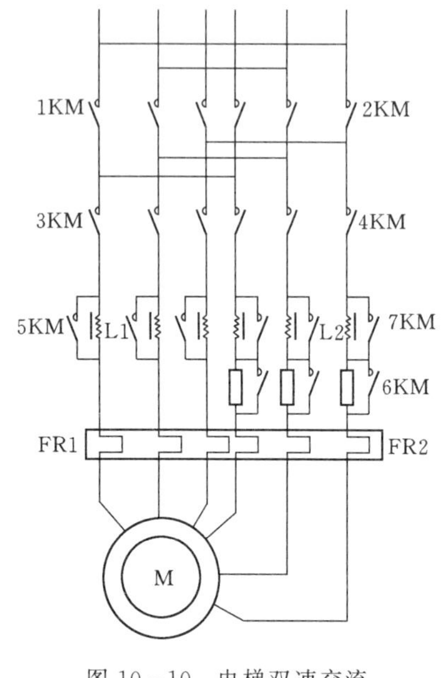

图 10－10　电梯双速交流电机拖动系统

动电流，减小机件的冲击，同时也为了改善乘客乘坐的舒适感，一般在启动电路中串入限流电阻或电抗，如图 10－10 中的 L1。工作过程为：启动时 3KM 闭合，而后 5KM 接通。限流电感 L1 串联在启动电路中，启动完成后（如经过 5s），5KM 接通，电机转入正常高速运行。

电梯停靠时，由高速运行转入低速运行，即 3KM 断开，同时 4KM 接通，因为速度相差较大时会出现回馈制动，为减小制动电流，防止对机件的冲击，也加入限流电阻或电抗，这里采用了两级限流电阻（电抗）。工作过程为：3KM 断开而 4KM 接通，但此时 6KM 和 7KM 并不接通，L2 和 R 串入制动电路，经过一段时间后（如 1s），6KM 接通，切除限流电阻。再过一段时间 7KM 接通，切除限流电抗，电机正常低速运行，最后控制电路切断 1KM 或 2KM，电动机停机。调整串联电阻或电抗的大小、级数，以及通过调整逐级切除电感或电抗的时间，就可以改变启、停的加/减速度，满足对舒适感、启停限流及加/减速度的要求。

（2）确定 I/O 点数及 PLC 的选择。由于楼层数量不同，所配电梯的规模就有差别，I/O 数量相差很大，这里以 5 层楼电梯为例。

1）输入设备的确定。先考察电梯轿厢内的操作。操作厢上应有各层的选层按钮，5 层共有 5 个。有司乘人员时，应有司机开、关门按钮，上行、下行按钮，需 4 点输入。考虑到乘客的安全，电梯在门未关好的情况下禁止启动，对轿厢门及厅门的开关极限均应设极限开关，需 3 点输入，为防止关门夹住乘客，再设一个红外感应输入。共需 13 个开关量输入点。

再考虑井道与轿厢的关系。井道内每层都应设置感应器，以便感知轿厢当前所在层。由于上行和下行时，轿厢进入该层的顺序不同，所以每层设上行、下行两个楼层感应器。为保证轿厢停靠时对层准确，在轿厢上设置了上平层感应器、下平层感应器和门枢感应器，用以感知停靠偏上还是偏下。当停层准确时，3 个感应器均接通。共需 13 点输入。

各门厅乘客召唤时，除底层和顶层只有一个召唤按钮外，其他各层均设上、下两个召唤按钮，5 层共需 8 个输入按钮。其他输入有超载、有/无司机方式选择等开关或触点。

经以上分析，可知共需 36 点开关量输入端口。

2）输出设备的确定。

a. 控制电梯的上行、下行（即电机正、反转）需两点输出。

b. 控制电梯快行、慢行需两点输出。快速启动限流电阻切除、慢速运行限流电阻（电抗）一级和二级切除 3 点输出。

c. 开、关门接触器两点输出。

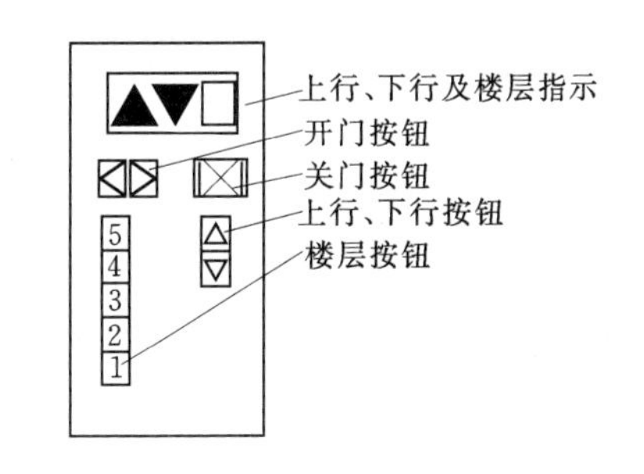

d. 楼层指示灯 5 点输出。

e. 上、下行指示灯两点输出。

f. 超载指示、报警一点输出。

g. 经分析共需 17 点开关量输出端口。

h. 门厅及轿厢内部分输入/输出示意图如图 10－11 所示。

3）PLC 的选择。电梯简单的控制只有开关量输入和输出，对时间的响应要求也不高，只是输入/输出点数较多。据此可选择三菱公司的 F1—60M 小型 PLC，输入/输出点数紧张时可再配一块 I/O 扩展单元（如 F1—20E）。也可结合编码器和译码器节约 I/O 点，从而可以选择较少点数的 PLC，节约成本。

（3）建立 I/O 地址分配表。电梯控制 I/O 地址分配表见表 10－5。

（4）绘制流程图。从总体上讲，电梯的运行可分为正常运行状态、消防运行状态和慢行检修状态，可以用一个转换触点（开关）来实现，3 种运行状态为并行，关系简单，因此可以省去此流程图。3 种运行状态中正常运行最为关键也最为复杂，并且电梯的运行并无明显的状态步骤，即非顺序运行。所以设计时以经验设计法为主，把控制电路分成几个部分，无需统一的程序流程图。

（5）编制用户程序。考虑到电梯运行的复杂性和无序性，可以把电梯的控制电路分为楼层感应、门梯召唤、轿内控制、电梯选向、电梯换速、电梯平层及电梯启动等部分。

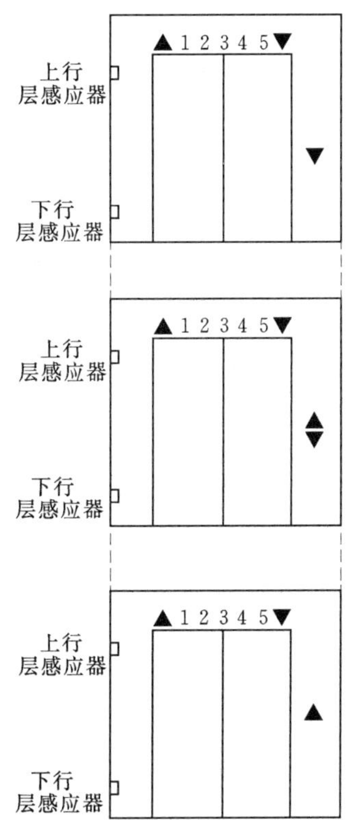

图 10－11　门厅及轿厢内部示意图

1）楼层感应电路。楼层感应信号是电路中重要的信号，因为它涉及其他控制电路中的许多环节，诸如轿厢指令、门厅召唤、指层、选向等。一般认为，当电梯上升时，以轿厢底部为准，即当轿厢底部进入底层作为该层的起始信号。而当电梯下降时，以轿厢的顶部

表 10－5　　电梯控制 I/O 地址分配表

X000	1～5 层上行楼层感应干簧管触点	M100～M104	楼层指示中间继电器	Y030	楼层指示灯
X001				Y031	
X002				Y032	
X003				Y033	
X004				Y034	

续表

X005	1～5层下行楼层感应干簧管触点	M120～M124 M200～M204	楼层感应中间继电器	Y035	上行指示灯
X006				Y036	
X007		M130	上行中间继电器		
X010		M131	下行中间继电器		
X011		M132	运行中间继电器		
X012	上行平层感应器	M112	上平层中间继电器		
X013	下行平层感应器	M113	下平层中间继电器		
X400	1～5层轿厢内按钮指令	M200～M204	轿厢内按钮指令中间继电器	Y430	上行接触器
X401				Y431	下行接触器
X402		M232	消除换速中断继电器	Y432	快速运行接触器
X403		M233	换速中间继电器	Y433	慢速运行接触器
X404				Y434	开门继电器
X405	有/无司机选择开关			Y435	关门继电器
X406	司机上行选择开关	M206	司机上行中间继电器	Y436	慢速运行1接触器
X407	司机下行选择开关	M207	司机下行中间继电器	Y437	慢速运行2接触器
X410	开门按钮				
X411	关门按钮				
X412	人员进出红外感应器	M212	红外中间继电器		
X413	门枢感应器	M213	门枢感应中间继电器		
X500	1～4层上行召唤按钮	M300～M303	1～4层上行召唤中间继电器	Y530	全速运行接触器
X501					
X502					
X503					
X504	门锁触点	M304			
X505	超重输入触点	M305	开门允许中间继电器	Y535	超重指示报警
X506	2～5层下行召唤按钮	M306～M311	2～5层下行召唤中间继电器		
X507					
X510					
X511					
X512	开门行程开关				
X513	关门行程开关				

信号为准，这就是每层都设上行感应器和下行感应器的原因，该感应信号应该是连续的。如果采用脉冲感应信号，就需要有保持环节。

如图10－12所示，X000～X004为上行楼层感应脉冲信号，X005～X011为下行感应信号，M120～M124为楼层感应中间继电器，M100～M104作为1～5层感应信号中间继电器（保持环节）兼楼层指示中间继电器。工作原理：当轿厢在2层时，M101接通并保持，当轿厢上升到3层时，M122经M130、X002接通，随即由M122接通M102并保持，同时M122断开2层指示M101。如果是下行，当轿厢到1层时，M120经M131、X005

接通，然后由 M120 接通 M100 并保持，M120 同时把 M101 断开。

2）门厅召唤电路。门厅召唤是一个保持环节（召唤按钮一般是脉冲信号），除顶层只有一个下召唤，底层只有一个上召唤外，其余层都有上、下召唤按钮，需要考虑的是怎样消除已响应过的召唤。梯形图如图 10－13 所示，其中 X500～X503 为 1～4 层上召唤按

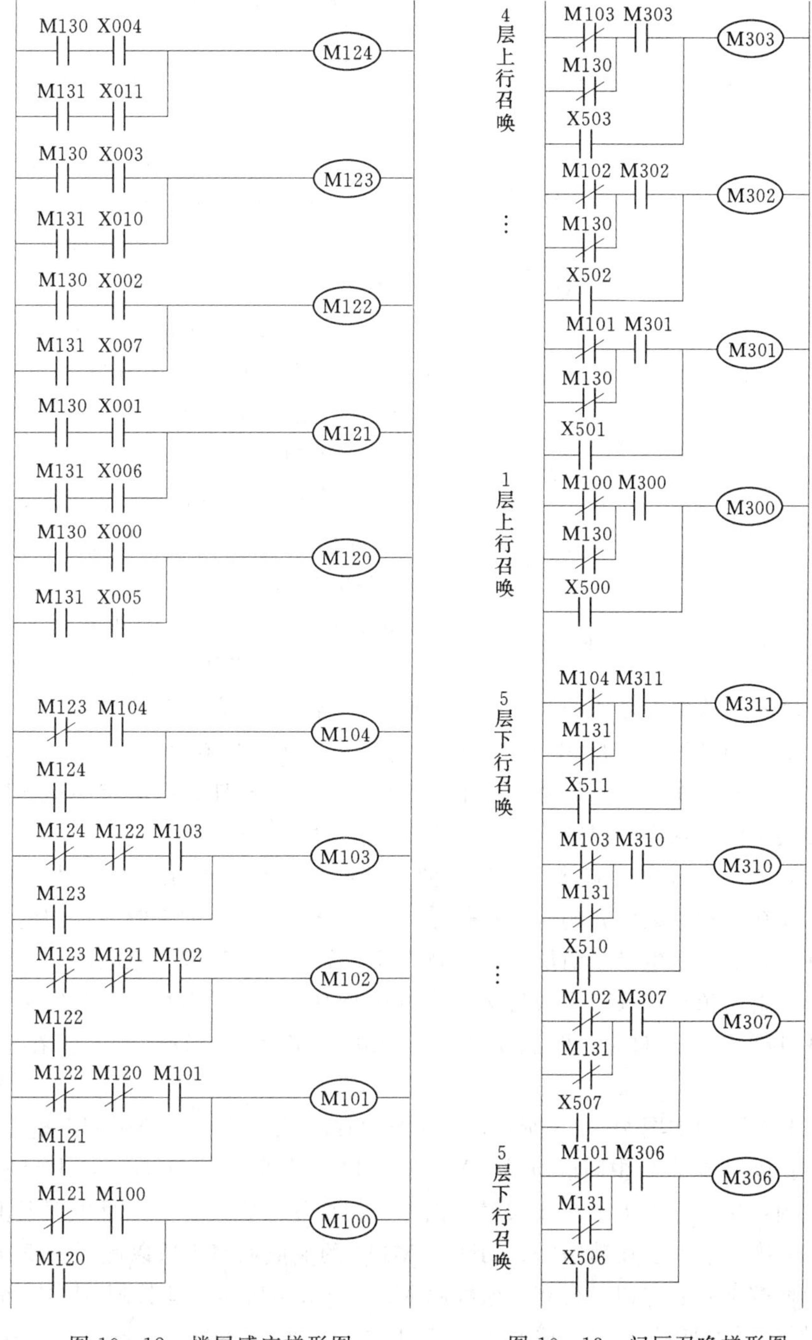

图 10－12　楼层感应梯形图

图 10－13　门厅召唤梯形图

钮，M300～M303 为对应的中间继电器；X506～X511 为 2～5 层下召唤按钮，M306～M311 为对应中间继电器；M100～M104 为 1～5 层楼层信号。

工作原理：例如，当电梯在 1 层时，4 层有一上召唤，3 层同时有上、下召唤，则 M303、M302、M307 同时接通，电梯上行；当电梯到达 3 层，M302 保持环节断开，即已经响应了 3 层的召唤，而 307 不会断开，即下行召唤依然保留。

3）轿厢内指令。轿厢内选取层电路比较简单，只有信号的保持和消号两项功能。如图 10－14 所示，其中 X400～X404 是选层按钮，M100～M104 为楼层感应信号，X512 为开门行程开关。

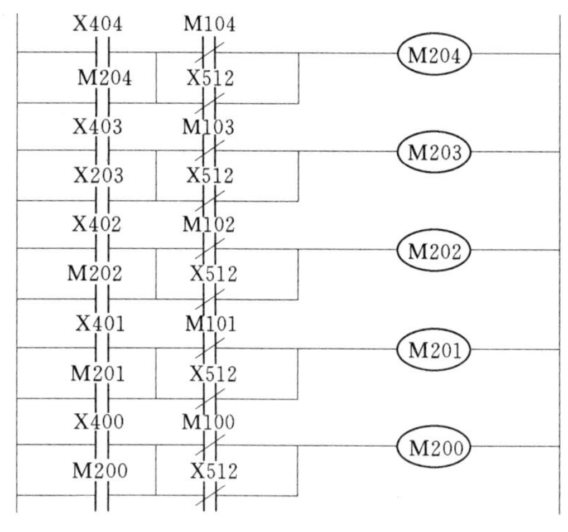

图 10－14　轿厢指令梯形图

工作原理：例如，按下第 3 层按钮，M202 接通并保持，当电梯到达第 3 层时并未消号，直到电梯门打开到位，M202 断开消号。

4）电梯选向电路。选用交流拖动电梯，可通过改变三相电源的相序改变电机转向。在图 10－10 中 1KM 接通时电机正转，2KM 接通时电机反转，与此接触器对应的是 PLC 的输出端口 Y430、Y431。因为此信号在其他电路控制中还要用到，为使用方便，又使用了 M130（上行）、M131（下行）两个中间继电器。

选向电路从总体来看受两个信号的控制。一是受轿厢内选层信号的控制，控制的原则是响应一个方向上的信号，当这个方向上的所有信号都被响应后才响应另一个方向上的信号。例如电梯在 2 层，若按下了 3 层选择，则上行继电器动作，这时如果又按下了 1 层和 4 层的按钮，则电梯到达 3 层后，还要响应 4 层的按钮而不响应 1 层的信号；如果在向上的运行期间又按下了 5 层的选择按钮，则还要响应 5 层，然后才响应下行，只有向上行的信号都得到响应后，才响应向下的信号。如果电梯在下行，则优先响应下行信号。二是受门厅召唤的控制，控制的原则是在电梯下行过程中只响应比电梯当前层低的下行召唤，而在上行过程中只响应比电梯当前层高的上行召唤。由于顶层和底层比较特殊，需单独处理。顶层的下行召唤其实是一个上行信号，只能在电梯上行时响应，而底层的上行召唤其实是个下行信号，需在电梯下行时响应。

选向控制梯形图如图 10－15 所示，M200～M204 为轿厢内指令中间继电器，M300～M303 为门厅 1～4 层召唤中间继电器，M306～M311 为 2～5 层下行召唤中间继电器。

工作原理：例如，当电梯在 2 层时，按下 3 层按钮，则上行中间继电器及上行输出口 M130、Y035 接通，由于互锁作用，切断了 M131 的响应回路，所以此时按下 1 层按钮得不到响应，而按下 4 层按钮又会有一条线路 M203、M104、M102 接通 M130 和 Y035，只有当 3、4 层信号都响应过了，这时电梯在 4 层，M202、M203 均已复位，M130 断开，互锁环节 M130 的常闭复位，下行中间继电器 M131 才会通过 M200、M100、M206、

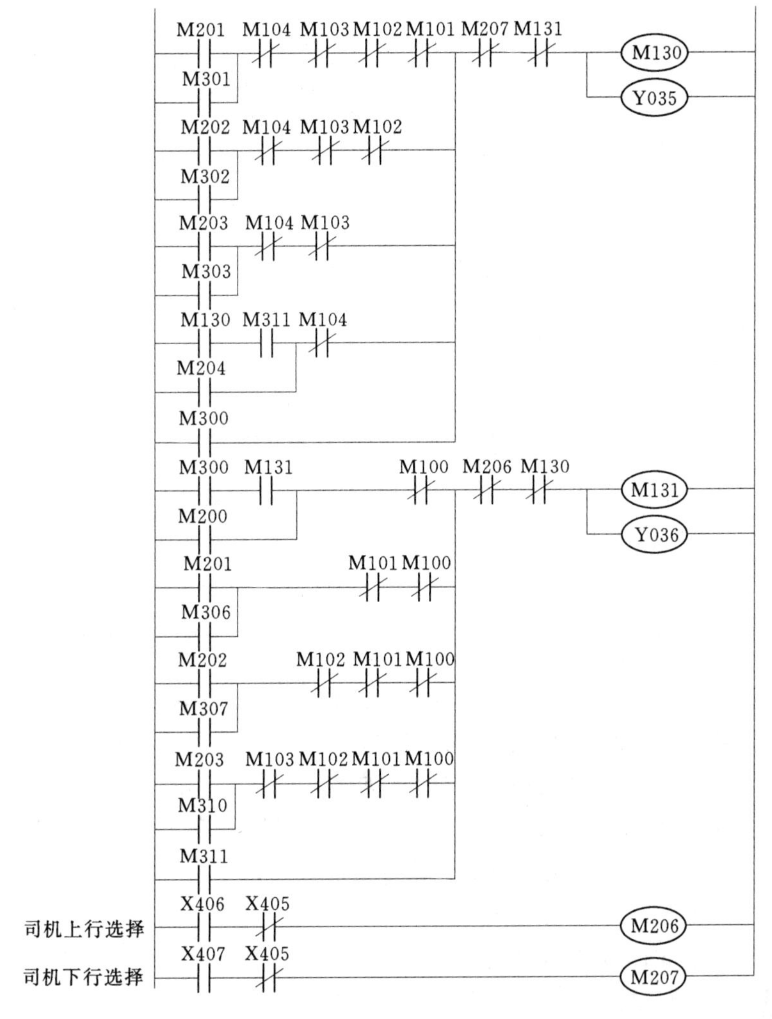

图 10－15　选向控制梯形图

M130 接通。

图 10－15 中 X405 为有无司机触点，X406、X407 为司机上行、下行选择按钮。司机可以在电梯启动前强行改变电梯的运行方向。

5）电梯启动、换速电路。电梯的启动、换速梯形图如图 10－16、图 10－17 所示，其中 M132 为电梯运行中间继电器；Y432、Y433 为快速、慢速运行输出，对应于图 10－10 中的接触器 3KM 和 4KM；Y530 为全速运行输出，对应图 10－10 中的 5KM，用于切断快速绕组中的限流电抗（电阻）；Y436、Y437 对应于 6KM、7KM，用以切换慢速绕组中的一、二级限流电阻（电抗）。

工作原理：当电梯门关好后 Y432 接通，电梯高速绕组接通，快速启动。启动完成后（如 5s）Y530 接触，切除限流电抗，电梯全速运行。当电梯接近停靠层时，接通慢速绕组制动。

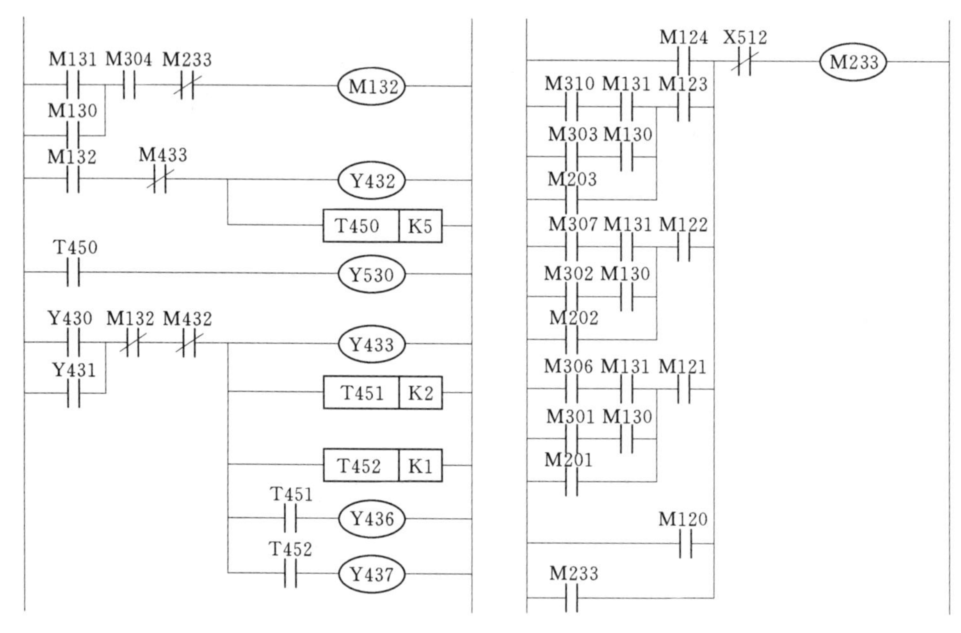

图 10－16　电梯启动梯形图

图 10－17　电梯换速梯形图

例如，4 层有指令，当电梯接近 4 层时，M203、M123 接通使 M233 接通，发出换速信号，断开高速绕组 Y432 接通低速绕组 Y433，再逐级切除限流电阻（抗）。

6）电梯平层控制。电梯平层控制梯形图如图 10－18 所示，X012、X013 分别为上行平层感应器和下行平层感应器的输入端，X413 为门枢感应器输入端。当电梯上行时，越过平层位置，则 X012 会断开，而 X013 依然接通，这样会断开上行接触器（由 Y430 控制）而接通下行接触器（由 Y431 控制），电梯向下平层。平层后 X012、X013、X413 均接通，Y430、Y431 断开，跳闸制动。

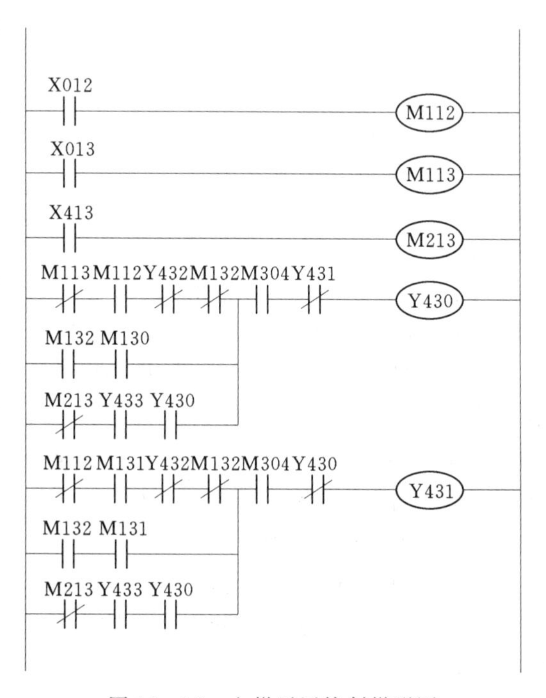

图 10－18　电梯平层控制梯形图

7）开关门控制电路。开关门控制电路如图 10－19 所示。

工作原理：只有在电梯平层后不运行状态才允许开门，M305 为允许开门中间继电器。开门分手动和自动两种：自动开门在允许开门一段时间后（如 2s）由于时间继电器 T453 动作，接通开门继电器 Y434。如果手动，则按下开门按钮 X410 立即动作。关门也分为自动和手动两种。手动时按下关门按钮 X411 立即关门，自动时，当开门到位之后触动极限开关 X512，接通关

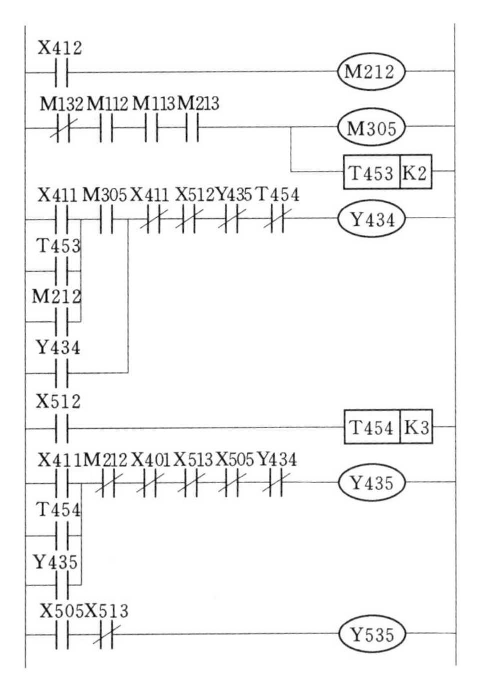

图 10-19　电梯开关门控制电路

门定时器 T454，一段时间（如 3s）后，由 T454 动作关门。为防止关门过程中夹住乘客，设置红外探测器 X412，当它探测到门间有障碍物时会停止关门并重新接通开门继电器。

习 题 及 思 考 题

10-1　PLC 控制系统设计一般包含哪些内容及步骤？

10-2　小车按图 10-20 所示运行：小车先于 X4 处装料，装料需 5s；X5、X3 处轮流卸料，卸料需 3s；小车在一次工作循环中两次右行都要碰到 X5，第一次碰到 X5 停下来卸料，第二次碰到它时继续前进。试设计能实现此功能的梯形图。

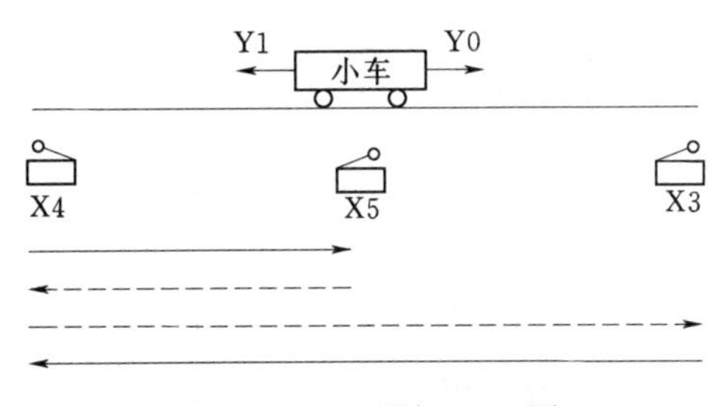

图 10-20　习题 10-2 图

10-3　用接在 X0 输入端的光电开关检测传送带上通过的产品，有产品通过时 X0 为 ON，如果 10s 内没有产品通过，由 Y0 发出报警信号，用 X1 输入端外接的开关解除报警信号，请画出能实现该控制功能的梯形图，并将它转换为指令表序列。

附录一　三菱 FX 系列 PLC 指令

基本指令简表见附表 1－1，功能指令见附表 1－2。

附表 1－1　　　　**基 本 指 令 简 表**

助记符	名称	功　　能	电路表示和可用软组件
LD	取	触点运算开始 a 触点 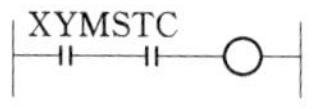 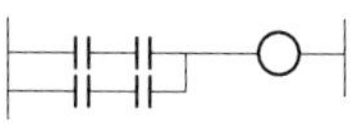	XYMSTC
LDI	取反	触点运算开始 b 触点 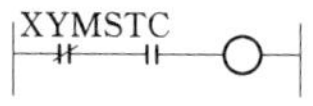 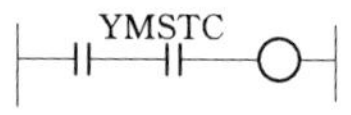	XYMSTC
LDP	取脉冲 上升沿	上升沿检测 运算开始 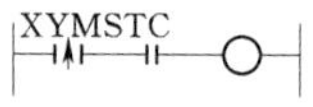 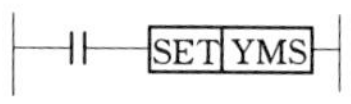	XYMSTC
LDF	取脉冲 下降沿	下降沿检测 运算开始 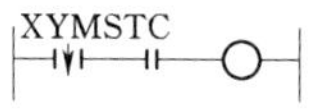 	XYMSTC
AND	与	串联连接 a 触点 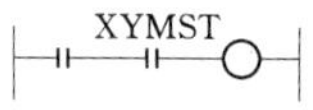 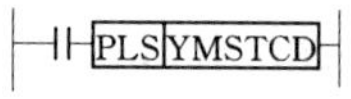	XYMST
ANI	与非	串联连接 b 触点 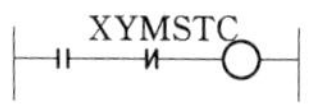 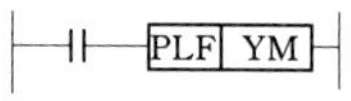	XYMSTC
ANDP	与脉冲 上升沿	上升沿检测 串联连接  	XYMST
ANDF	与脉冲 下降沿	下降沿检测 串联连接  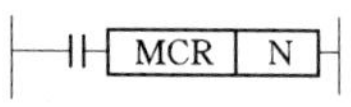	XYMSTC
OR	或	并联连接 a 触点 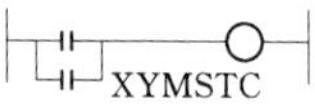 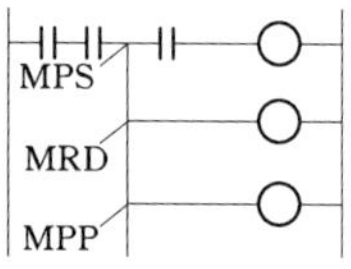	XYMSTC
ORI	或非	并联连接 b 触点	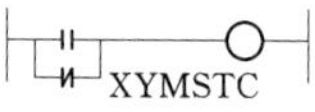 XYMSTC
ORP	或脉冲 上升沿	脉冲上升沿 检测并联连接	 XYMSTC
ORF	或脉冲 下降沿	脉冲下降沿 并联连接 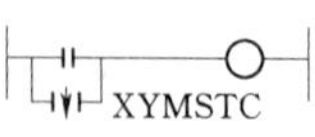 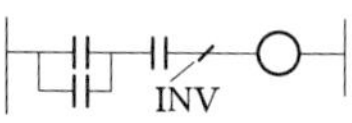	XYMSTC
ANB	电路块与	并联电路块 的串联连接	

助记符	名称	功　　能	电路表示和可用软组件
ORB	电路块或	串联电路块的 并联连接	
OUT	输出	线圈驱动指令	YMSTC
SET	置位	线圈接通 保持指令	SET YMS
RST	复位	线圈接通 清除指令	RST YMSTCD
PLS	上沿脉冲	上升沿检测指令	PLS YMSTCD
PLF	下沿脉冲	下降沿检测指令	PLF YM
MC	主控	公共串联点的 连接线圈指令	MC N Y、M
MCR	主控复位	公共串联 点的清除指令	MCR N
MPS	进栈	运算存储	MPS MRD MPP
MRD	读栈	存储读出	
MPP	出栈	存储读出 与复位	
INV	反转	运算结果大反转	INV
NOP	空操作	无动作	
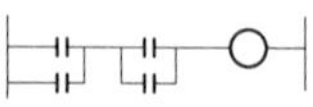 END	结束	顺序程序结束	顺序过程控制结束， 回到“0”步

附表 1-2 功能指令

功能分类	功能号 FNC NO.	助记符	指令名称及功能	对应PLC型号			
				FX_{1S}	FX_{1N}	FX_{2N}	FX_{2NC}
程序流控制	00	CJ	条件跳转指令	○	○	○	○
	01	CALL	子程序调用指令	○	○	○	○
	02	SRET	子程序返回指令	○	○	○	○
	03	IRET	中断返回指令	○	○	○	○
	04	EI	允许中断指令	○	○	○	○
	05	DI	禁止中断指令	○	○	○	○
	06	FEND	主程序结束指令	○	○	○	○
	07	WDT	监控定时器指令	○	○	○	○
	08	FOR	重复循环开始指令	○	○	○	○
	09	NEXT	重复循环结束指令	○	○	○	○
传送和比较	10	CMP	比较指令	○	○	○	○
	11	ZCP	区间比较指令	○	○	○	○
	12	MOV	数据传送指令	○	○	○	○
	13	SMOV	移位传送指令	—	—	○	○
	14	CML	取反传送指令	—	—	○	○
	15	BMOV	块传送指令	○	○	○	○
	16	FMOV	多点传送指令	—	—	○	○
	17	XCH	数据交换指令	—	—	○	○
	18	BCD	BCD 变换指令	○	○	○	○
	19	BIN	BIN 变换指令	○	○	○	○
四则运算和逻辑运算	20	ADD	二进制加法指令	○	○	○	○
	21	SUB	二进制减法指令	○	○	○	○
	22	MUL	二进制乘法指令	○	○	○	○
	23	DIV	二进制除法指令	○	○	○	○
	24	INC	二进制加 1 指令	○	○	○	○
	25	DEC	二进制减 1 指令	○	○	○	○
	26	WAND	字逻辑与指令	○	○	○	○
	27	WOR	字逻辑或指令	○	○	○	○
	28	WXOR	字逻辑异或指令	○	○	○	○
	29	NEG	求补指令	—	—	○	○
循环移位和移位	30	ROR	循环右移指令	—	—	○	○
	31	ROL	循环左移指令	—	—	○	○
	32	RCR	带进位循环右移指令	—	—	○	○
	33	RCL	带进位循环左移指令	—	—	○	○

续表

功能分类	功能号 FNC NO.	助记符	指令名称及功能	对应 PLC 型号			
				FX_{1S}	FX_{1N}	FX_{2N}	FX_{2NC}
循环移位和移位	34	SFTR	位右移指令	○	○	○	○
	35	SFTL	位左移指令	○	○	○	○
	36	WSFR	字右移指令	—	—	○	○
	37	WSFL	字左移指令	—	—	○	○
	38	SFWR	移位写入指令	○	○	○	○
	39	SFRD	移位读出指令	○	○	○	○
数据处理	40	ZRST	区间复位指令	○	○	○	○
	41	DECO	解码指令	○	○	○	○
	42	ENCO	编码指令	○	○	○	○
	43	SUM	置 1 位数求和指令	—	—	○	○
	44	BON	置 1 位判定指令	—	—	○	○
	45	MEAN	平均值指令	—	—	○	○
	46	ANS	报警器置位指令	—	—	○	○
	47	ANR	报警器复位指令	—	—	○	○
	48	SQR	数据平方根指令	—	—	○	○
	49	FLT	二进制整数—二进制浮点数转换指令	—	—	○	○
高速处理	50	REF	输入/输出刷新指令	○	○	○	○
	51	REFF	刷新及滤波时间调整指令	—	—	○	○
	52	MTR	矩阵输入指令	○	○	○	○
	53	HSCS	高速计数器置位指令	○	○	○	○
	54	HSCR	高速计数器复位指令	○	○	○	○
	55	HSZ	高速计数器区间比较指令	—	—	○	○
	56	SPD	速度检测指令	○	○	○	○
	57	PLSY	脉冲输出指令	○	○	○	○
	58	PWM	脉冲调制指令	○	○	○	○
	59	PLSR	带加、减功能的脉冲输出指令	○	○	○	○
方便指令	60	IST	状态初始化指令	○	○	○	○
	61	SER	数据搜索指令	—	—	○	○
	62	ABSD	绝对值式凸轮顺控指令	○	○	○	○
	63	INCD	增量式凸轮顺控指令	○	○	○	○
	64	TIMR	示教定时器指令	—	—	○	○
	65	STMR	特殊定时器指令	—	—	○	○
	66	ALT	交替输出指令	○	○	○	○
	67	RAMP	斜坡信号输出指令	○	○	○	○
	68	ROTC	旋转工作台控制指令	—	—	○	○
	69	SORT	数据排序指令	—	—	○	○

续表

功能分类	功能号 FNC NO.	助记符	指令名称及功能	对应 PLC 型号			
				FX_{1S}	FX_{1N}	FX_{2N}	FX_{2NC}
外部 I/O 设备	70	TKY	10 键输入指令	—	—	○	○
	71	HKY	16 键输入指令	—	—	○	○
	72	DSW	数字开关指令			○	○
	73	SEGD	7 段译码指令	—	—	○	○
	74	SEGL	带锁存的 7 段显示指令			○	○
	75	ARWS	方向开关指令	—	—	○	○
	76	ASC	ASCII 码变换指令	—	—	○	○
	77	PR	ASCII 码打印指令	—	—	○	○
	78	FROM	BFM 读出指令	—	○	○	○
	79	TO	BFM 写入指令	—	○	○	○
外部设备	80	RS	串行数据传送指令	—	○	○	○
	81	PRUN	八进制位传送指令	○	○	○	○
	82	ASCII	HEX—ASCII 转换指令	○	○	○	○
	83	HEX	ASCII—HEX 转换指令	○	○	○	○
	84	CCD	校验码指令	○	○	○	○
	85	VRRD	电位器值读出指令	○	○	○	○
	86	VRSC	电位器刻度指令	○	○	○	○
	87						
	88	PID	PID 运算指令	○	○	○	○
	89						
浮点数运算	110	ECMP	二进制浮点数比较指令	—	—	○	○
	111	EZCP	二进制浮点数区间比较指令	—	—	○	○
	118	EBCD	二进制浮点数—十进制浮点数转换指令			○	○
	119	EBIN	十进制浮点数—二进制浮点数转换指令	—	—	○	○
	120	EADD	二进制浮点数加法指令	—	—	○	○
	121	ESUB	二进制浮点数减法指令	—	—	○	○
	122	EMUL	二进制浮点数乘法指令	—	—	○	○
	123	EDIV	二进制浮点数除法指令	—	—	○	○
	127	ESQR	二进制浮点数开方指令	—	—	○	○
	129	INT	二进制浮点数—BIN 整数转换指令	—	—	○	○
	130	SIN	运算浮点数 SIN 运算指令	—	—	○	○
	131	COS	运算浮点数 COS 运算指令	—	—	○	○
	132	TAN	运算浮点数 TAN 运算指令	—	—	○	○
	147	SWAP	上下字节变换指令	—	—	○	○

续表

功能分类	功能号 FNC NO.	助记符	指令名称及功能	对应 PLC 型号			
				FX_{1S}	FX_{1N}	FX_{2N}	FX_{2NC}
点位控制	155	（D）ABS	ABS 当前值读取指令	○	○	—	—
	156	ZRN	原点回归指令	○	○	—	—
	157	PLSV	变速脉冲输出指令	○	○	—	—
	158	DRVI	相对位置控制指令	○	○	—	—
	159	DRVA	绝对位置控制指令	○	○	—	—
实时时钟处理	160	TCMP	时钟数据比较指令	○	○	○	○
	161	TZCP	时钟数据区间比较指令	○	○	○	○
	162	TADD	时钟数据加法指令	○	○	○	○
	163	TSUB	时钟数据减法指令	○	○	○	○
	166	TRD	时钟数据读出指令	○	○	○	○
	167	TWR	时钟数据写入指令	○	○	○	○
	169	HOUR	计时表指令	○	○	○	○
外围设备用	170	GRY	格雷码转换指令	—	—	○	○
	171	GBIN	格雷码逆转换指令	—	—	○	○
	176	RD3A	模拟量模块读出指令	—	○	—	—
	177	WR3A	模拟量模块写入指令	—	○	—	—
触点比较	224	LD＝	（S1）＝（S2）	○	○	○	○
	225	LD＞	（S1）＞（S2）	○	○	○	○
	226	LD＜	（S1）＜（S2）	○	○	○	○
	228	LD＜＞	（S1）＜＞（S2）	○	○	○	○
	229	LD⩽	（S1）⩽（S2）	○	○	○	○
	230	LD⩾	（S1）⩾（S2）	○	○	○	○
	232	AND＝	（S1）＝（S2）	○	○	○	○
	233	AND＞	（S1）＞（S2）	○	○	○	○
	234	AND＜	（S1）＜（S2）	○	○	○	○
	236	AND＜＞	（S1）＜＞（S2）	○	○	○	○
	237	AND⩽	（S1）⩽（S2）	○	○	○	○
	238	AND⩾	（S1）⩾（S2）	○	○	○	○
	240	OR＝	（S1）＝（S2）	○	○	○	○
	241	OR＞	（S1）＞（S2）	○	○	○	○
	242	OR＜	（S1）＜（S2）	○	○	○	○
	244	OR＜＞	（S1）＜＞（S2）	○	○	○	○
	245	OR⩽	（S1）⩽（S2）	○	○	○	○
	246	OR⩾	（S1）⩾（S2）	○	○	○	○

注　○表示该机型适用；—表示无此指令。

附录二　并行链接的辅助继电器和数据寄存器

附表 2-1　　并行链接的辅助继电器和数据寄存器

辅助继电器数据寄存器	功　　能
M8070	并行链接时，PLC 是主站时驱动
M8071	并行链接时，PLC 是从站时驱动
M8072	并行链接运行时，M8072＝1
M8073	并行链接运行时，M8070/M8071 不正确被设置时为 ON
M8162	M8162＝1 为并行链接高速运行模式，仅两个数据读/写
D8070	并行链接监视时间（默认值：500ms）

附录三　N：N 网络有关的标志和数据寄存器

附表 3-1　　N：N 网络有关的标志和数据寄存器

N：N 网络有关的标志			
辅助继电器		名　称	描　述
FX_{1S}/FX_{0N}	$FX_{2N}/FX_{2NC}/FX_{1N}$		
M8038		N：N 网络参数设置	用来设置 N：N 网络参数
M504	M8183	主站点的通信错误	当主站点产生通信错误时，为 ON
M504～M511	M8184～M8191	从站点的通信错误	当从站点产生通信错误时，为 ON
M503	M8191	数据通信	当与其他站点通信时，为 ON
N：N 网络数据寄存器			
D8173		站点号	存储自己的站点号
D8174		从站点总数	存储从站点的总数
D8175		刷新范围	存储刷新范围
D8176		站点号设置	设置自己的站点号
D8177		总从站点数设置	设置从站点的总数
D8178		刷新范围设置	设置刷新范围
D8179		重试次数设置	设置重试次数
D8180		通信超时设置	设置通信超时
D201	D8201	当前网络扫描时间	存储当前网络扫描时间
D202	D8202	最大网络扫描时间	存储最大网络扫描时间
D203	D8203	主站点的通信错误数目	主站点的通信错误数目
D204～D210	D8204～D8210	从站点的通信错误数目	从站点的通信错误数目
D211	D8211	主站点的通信错误代码	主站点的通信错误代码
D212～D218	D8212～D8218	从站点的通信错误代码	从站点的通信错误代码
D219	—	未用	用于内部处理

参 考 文 献

［1］ 郁汉琪，郭健．可编程控制器原理及应用［M］．2 版．北京：中国电力出版社，2010.
［2］ 张兴国．可编程控制器技术及应用［M］．北京：中国电力出版社，2006.
［3］ 邹金慧．可编程控制器及其系统［M］．重庆：重庆大学出版社，2002.
［4］ 吴亦锋．可编程控制器原理与应用速成［M］．2 版．福州：福建科学技术出版社，2009.
［5］ 王卫星．可编程控制器原理与应用［M］．北京：中国水利水电出版社，2002.
［6］ 张万中．可编程控制器应用技术［M］．4 版．北京：化学工业出版社，2016.
［7］ 徐德．可编程控制器（PLC）应用技术［M］．济南：山东科学技术出版社，2003.
［8］ 王建华，黄河清．计算机控制技术［M］．北京：高等教育出版社，2003.
［9］ 邱公伟．可编程控制器网络通信及应用［M］．北京：清华大学出版社，2000.
［10］ 廖常初．FX 系列 PLC 编程及应用［M］．3 版．北京：机械工业出版社，2020.